油田常用
井下工具与修井技术

何登龙　朱艳华　贾广生　编著

石油工业出版社

内 容 提 要

　　本书主要介绍了油田常用井下工具、修井工具、打捞工具，包括抽油泵、封隔器、防砂工具等的结构特点、工作原理、主要技术参数、用途、使用方法及注意事项等；介绍了油田常用的井下工艺管柱，各种工具、注水工艺管柱的结构特点、用途、使用范围及注意事项等，阐述了各种井下落物的类型、大修故障类型、小件落物的故障处理方式和方法及案例解疑；并介绍了打捞和钻铣的相关操作规程。

　　本书是从事井下作业施工的工程技术人员、技术工人常备的实用型工具书，也可供石油院校的师生参考。

图书在版编目（CIP）数据

　　油田常用井下工具与修井技术／何登龙，朱艳华，贾广生编著.— 北京：石油工业出版社，2017.4
　　（石油名匠工作室）
　　ISBN 978-7-5183-1790-5

　　Ⅰ.①油… Ⅱ.①何… ②朱… ③贾 Ⅲ.①井下作业-工具-基本知识②油井-修井-基本知识 Ⅳ.①TE358

　　中国版本图书馆 CIP 数据核字（2017）第 023822 号

出版发行：石油工业出版社
　　　　　（北京安定门外安华里 2 区 1 号楼　100011）
　　　　　网　址：www.petropub.com
　　　　　编辑部：（010）64523712
　　　　　图书营销中心：（010）64523633
经　　销：全国新华书店
印　　刷：北京中石油彩色印刷有限责任公司

2017 年 4 月第 1 版　2017 年 4 月第 1 次印刷
710×1000 毫米　开本：1/16　印张：25
字数：490 千字

定价：68.00 元

序

　　大国工匠，匠心筑梦；彰显大国风范，托起巨龙腾飞。2016 年，"培育工匠精神"被写进《政府工作报告》，这说明"工匠精神"已经得到了党和国家的高度重视。"大国工匠"的感人故事、生动实践表明，只有那些热爱本职工作、脚踏实地、尽职尽责、精益求精的人，才可能成就一番事业，才可望拓展人生价值。

　　"工匠精神"是一种热爱工作的职业精神。工匠的工作不单是谋生，并且能从中获得成就感和快乐，这也是很少有工匠会去改变自己所从事职业的原因。这些工匠都能够耐得住清贫和寂寞，数十年如一日地追求着职业技能的极致化，靠着传承和钻研，凭着专注和坚守，去缔造一个又一个的奇迹。培育"工匠精神"重在弘扬精神，不仅限于物质生产，还需各行各业培育和弘扬精益求精、一丝不苟、追求卓越、爱岗敬业的品格，从而提供高品质产品和高水准服务。

　　中国石油把"石油精神"和"工匠精神"巧妙融合，在整个石油石化系统有序推进"石油名匠"培育计划。这些"大国工匠"，基本都是奋斗在生产第一线的杰出劳动者，他们行业不同，专业不同，岗位不同，但他们有着鲜明的共同之处，就是心有理想，身怀绝技，敬业爱岗。通过"石油名匠"培育为高技能人才搭建平台，让沉心干事的企业工匠，得到应有的尊重和待遇，不仅需要个人的匠心独运，更需要营造一个企业乃至社会大环境的文化氛围，需要打造一个讲究品质、尊重知识、尊重人才的氛围。

　　为了更好地发挥高技能人才的引领带动作用，推动企业基层员工素质的整体提升，石油工业出版社策划出版"石油名匠工作室"系列丛书，通过总结、宣传石油技师等高技能人才在工作中的使用技巧、窍门以及技术革新的方式、方法，提高石油一线员工操作水平，激发广大基层工作者的劳动兴趣，并促使一线员工主动提高自身劳动技能，提高劳动效率。不断深化岗位练兵、劳动竞赛、技术革新等群众性经济技术活动，为广大职工立足岗位开源节流、降本增效建载体搭平台创条件。

本系列丛书是一批技艺精湛、业绩突出、德艺双馨的技能领军人才的多年工作心得、体会、成果的经验总结，有必要在各个专业一线员工中大力推广。通过在各个专业领域充分发挥引领、示范作用，加强优秀技能人才典型事迹宣传，展现良好形象，推进操作技能人才队伍素质整体提升，让"石油精神"焕发新的光芒。大国工匠彰显大国风范，石油名匠托起巨龙腾飞。

刘志华

自 序

在油田作业中，打捞是将落物或被卡物体从井筒中捞出的一门技术。打捞工作可分为三种类别：裸眼井打捞，在落鱼区域没有下套管；套管井打捞，落鱼掉在已下套管的井中；过油管打捞，打捞作业必须通过较小管径的油管才能捞出落物。

"打捞"一词源自早期的顿钻钻井。当时，如果钢丝绳断了，作业人员就在绳子下面固定一个挂钩，用它去抓住井下断脱的绳子，捞出井下工具（或叫落鱼）。客观的需要和主观的努力使从事油田打捞工作的人们不断创新打捞工具，早期的工业试验和失败的方法为许多今天使用的抓起工具奠定了基础。

打捞工作是钻井和修井作业计划中非常重要的一部分。由于井越深、钻井时间越长、井况越复杂，钻井成本越高，操作者通常要做打捞作业的预算。当打捞作业是在修井计划之中时，操作者可与打捞工具公司紧密配合，设计打捞流程并做出预算。在打捞作业成功的情况下，打捞作业的成本必须小于重钻一口井或侧钻井的成本。

落鱼有很多种，包括被卡管柱、断脱管、钻键、钻头、牙轮、丢手工具、砂或钻井液卡管柱、被卡封隔器以及其他井筒落物等。套铣、打捞筒打捞、打捞锚打捞、钢丝绳打捞、同时起出抽油杆和油管打捞以及震击器震击解卡打捞等都在不断发展，用于各种井下落鱼的打捞工作。

可以把打捞作业当作"风险管理"的工具，因为用得好，它可以挽救一口井。打捞作业与其说是一门科学，不如说它是一门艺术，因此，对同一问题，可以有不同的解决方法。打捞工具的工作人员通过各种条件下的打捞工作，积累了丰富的经验。但是，在很多特定情况下，这些经验只能解决一些特定的问题。尽管无法保证每一次打捞作业一定成功，但是有经验的工作人员，再加上不断成熟的工具打捞技术，会使作业成功的可能性越来越大。

大修工艺的发展，是伴随着油田开发时间的延长，采油工艺的发展而发展的。大修井工艺技术是采油工艺技术的一部分，由于工艺的需要，大修井有时要改变原井身结构，例如钻、磨、铣等工序，又吸取了部分钻井工艺技术及参数，实际上，从发展的观点来看，大修井工艺技术将在钻井工艺和采油工艺的基础上，发展为一门独立的工艺技术。

大修的目的是解除井下事故、维护井身和改善油井出油条件（注水井注水条件），从而恢复单井出油（注水）能力，提高油井利用率，保持油井稳产，最终提高油田的采收率，使油田开发获得最大经济效益。

大修的工作原则是，在大修作业中，严格执行技术标准及操作规程，只能解除井下事故，不能增加井下事故；只能保护和改善油层，不能破坏和伤害油层；只能保护井身，不能损坏井身。这是大修作业设计、施工及检验的基本依据，也是大修工作最基本的原则。

大修工作的方针是依靠科技、保证质量、安全第一、突出成效。无论是从井下工艺的发展，还是适应市场竞争的需求，科学技术始终是后盾和基础。工艺技术不发展，就无法适应油田开发的要求，也无法参与市场竞争。这充分体现了"科学技术是第一生产力"的精神。质量是企业生存的需要，过硬的质量、信誉良好的产品才是顾客的需要。

本书能够使读者对打捞工作、打捞工具及打捞中可能碰到的问题有基本的了解。当必须进行打捞作业时，这些知识能帮助作业人员进行更充分的准备、做出更正确的决定。

前　　言

随着油田的开发和建设、井下作业工艺技术的不断发展，现场使用的井下工具种类繁多，管柱类型也较多。针对现场的实际应用情况，为方便广大工程技术人员了解、熟悉井下工具的工作原理和性能特点，结合油田现场实际，组织编写了本书，对从事油田开发的技术人员进行井下工具专业知识的普及、补充和拓宽，并给广大技术人员提供一些参考，便于查阅有关数据和技术资料。

本书主要介绍了油田矿场常用的井下工具、采油工艺和注水工艺管柱。系统介绍了井下工具、打捞工具、各种类型的井下故障及案例；详细地解析了各种井下工具结构原理、性能特点、使用方法及注意事项；列举了部分油水井井下各类管柱、杆柱、工具、测井施工中存在问题的类型、案例现象、基本技能操作等；并介绍了近年来出现的井下作业新工艺、新工具、新技术。便于技术人员掌握井下修井的工作原理和使用特点，也有利于在此基础上开发新型井下作业工具，以最佳的施工工艺、最有效的技术手段、合理的处理工艺流程、高尖端的打捞操作技巧来解决油井生产中的各种技术难题。

本书主要由何登龙、朱艳华、贾广生撰稿，参加编写的人员还有王克新、赵春海、刘璞、刘霞、张友兴、赵海涛、司建元、张艳华、朱广海等。

本书由井下作业技能专家潘晓春、刘丽、黄高义、鲁河清同志审订。

在编写的过程中，得到了大庆油田有关单位和部室、大庆兴华天义石油钻采设备制造有限公司、牡丹江天庆石油机械设备有限公司和各位工人师傅、朋友的大力支持和帮助，在此一并表示衷心感谢！

由于笔者水平有限，疏漏、错误之处恳请广大读者提出宝贵意见。

目　　录

第一部分　油田井下工具

第二部分　打捞作业

第三部分　打捞实例及新技术

第一部分
油田井下工具

第一章　油、水井井下封隔器

第一节　封隔器的分类及型号

封隔器是为了满足油水井某种工艺技术目的或油层技术措施的需要，由钢体、胶皮封隔件部分与控制部分构成的井下分层封隔的专用工具。

试油、采油、注水和油层改造都需要相应类型的封隔器。有的封隔器可用于试油、采油、注水和油层改造；有的主要用于试油、采油、注水；有的仅用于采油、注水和堵水等；有的适用于常温，有的适用于高温。下面分别介绍。

一、封隔器的分类

按封隔器封隔件实现密封的方式可分为 4 类。

（1）自封式：封隔器的封隔件与套管过盈配合，实现密封，如 Z331 型封隔器。

（2）压缩式：靠轴向力压缩封隔件，使其变大实现密封，如 Y211、Y341、Y441 型封隔器。

（3）扩张式：一定压力的液体作用于封隔件内腔，扩大封隔件外径，密封套管，如 K344 型封隔器。

（4）组合式：由以上 3 种方式组合实现密封的封隔器。

二、封隔器型号的编制方法

1. 编制方法

封隔器型号按照封隔器分类代号、固定方式、坐封方式、解封方式、封隔器钢体最大外径、工作温度/工作压差 6 项参数依次排列进行统一编制，如图 1-1 所示。

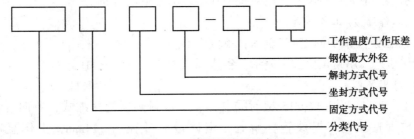

图 1-1　封隔器编号示意图

2. 代号说明

1）分类代号

封隔器型号的第一项，用字母表示，表示分类代号，有 4 种分类，见表 1-1。

表 1-1　分类代号

分类名称	自封式	压缩式	楔入式	扩张式	组合式
序号	1	2	3	4	5
分类代号	Z	Y	X	K	用各式的分类代号组合表示

2）固定方式代号

封隔器型号的第二项，用数字表示，表示固定方式，有 5 种形式，见表1-2。

表 1-2　固定方式代号

固定方式名称	尾管支撑	单项卡瓦	悬挂	双向卡瓦	锚瓦
固定方式代号	1	2	3	4	5

3）坐封方式代号

封隔器型号的第三项，用数字表示，表示坐封方式，有 6 种形式，见表1-3。

表 1-3　坐封方式代号

坐封方式名称	提放管柱	转动管柱	自封	液压	下工具	热力
坐封方式代号	1	2	3	4	5	6

4）解封方式代号

封隔器型号的第四项，用数字表示，表示解封方式。有 6 种形式，见表1-4。

表 1-4　解封方式代号

解封方式名称	提放管柱	转动管柱	钻铣	液压	下工具	热力
解封方式代号	1	2	3	4	5	6

5）钢体最大外径

表示钢体最大外径尺寸，用阿拉伯数字表示，单位为 mm。

6）工作温度/工作压差

工作温度：用阿拉伯数字表示，单位为℃。

工作压差：用阿拉伯数字表示，省略到个数位，单位为 MPa。

7）应用举例

例 1：Y211-114-120/15 型封隔器，表示该封隔器为压缩式，单向卡瓦固定，提放管柱坐封，提放管柱解封，钢体最大外径为 114mm，工作温度为 120℃，工作压力为 15MPa。

例2：YK341-114-90/100 型封隔器，表示封隔器为压缩、扩张组合式，悬挂式固定，液压坐封，提放管柱解封，钢体最大外径为 114mm，工作温度为 90℃，工作压差为 100MPa。

三、封隔器的基本用途

封隔器的使用范围几乎遍及勘探和开发的各个生产过程。但油、水井维修中所遇到的封隔器多数实现下列目的：

（1）封隔产层或施工目的层，防止层间流体和压力互相干扰，以适应各种分层技术措施的需要；大修中进行堵漏、封窜等作业。

（2）隔绝层间液体和压力，以保护套管免受影响，从而改善套管工作条件。

（3）保存并充分利用地层能量，以提高油井生产效率。

（4）便于采用机械采油的方式，如为气举和水力活塞泵抽油提供必要的生产通道，或将套管分隔为吸入和排出两部分，以利于无杆泵抽油。

第二节　自封式封隔器

自封式封隔器主要有 Z331 型封隔器，其又称皮碗封隔器。

一、使用范围

自封式封隔器主要用于酸化、找漏和验窜等特殊工艺。

二、结构组成

自封式封隔器的结构如图 1-2 所示。主要有以下特点：

（1）随管柱下入就可封隔油、套环空，不需动管柱或打压坐封。

（2）皮碗可对装，也可同向（向上或向下）。

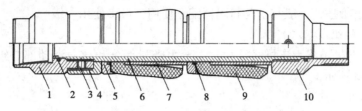

图 1-2　Z331 型封隔器结构示意图

1—上接头；2—密封圈；3—销钉；4—调节环；5—挡碗；
6—中心管；7—衬管；8—密封圈；9—皮碗；10—F 接头

三、工作原理

自封式封隔器采用自封形式密封。

四、主要技术参数

自封式封隔器的主要技术参数见表1-5。

表1-5 自封式封隔器的主要技术参数

参　　数	规　格　型　号		
	Z331-102	Z331-115	Z331-150
钢体最大外径（mm）	102	115	150
最小通径（mm）	50.3	62	76
总长度（mm）	502	552	633
工作压差（MPa）	30	30	30
适应套管内径（mm）	108.6~114	118~127	154~166
两端连接螺纹（in）	2⅞TBG	2⅞TBG	2⅞TBG

第三节 压缩式封隔器

一、支撑压缩式封隔器

支撑压缩式封隔器，是以井底（或卡瓦封隔器和支撑卡瓦）为支点，通过加压一定管柱重力来坐封的封隔器。这种封隔器的结构均较简单，各油田的支撑压缩式封隔器也基本相同。

1. Y111型封隔器

1）使用范围

Y111型封隔器与卡瓦封隔器及配套工具组成分层采油、测试、找水、堵水、酸化等工艺管柱，一般与卡瓦封隔器配套使用，最多使用一级。

2）结构组成

Y111型封隔器为支撑式结构，主要由密封部分和导向滑动部分组成，其结构如图1-3所示。

3）工作原理

封隔器下入井筒预定位置，上提管柱一定位置，以卡瓦封隔器或井底为支撑点，下放管柱，靠管柱重量压缩封隔器封隔件，使胶筒径向张开，密封油套环形空间。解封时上提管柱，释放封隔件，即可起出封隔器。

4）主要技术参数

Y111型封隔器的主要技术参数见表1-6。

表 1-6 Y111 型封隔器的主要技术参数

参　　数	规　格　型　号			
	Y111-115	Y111-150	Y111-138	Y111-208
钢体最大外径（mm）	115	150	138	208
最小通径（mm）	62	62	62	62
总长度（mm）	777	919	816	1014
工作压差（MPa）	上 15 下 8	上 15 下 8	上 15 下 8	上 15 下 8
适应套管内径（mm）	117.7~132	155.8~166.1	146.3~152.3	220.5~278.5
两端连接螺纹（in）	2⅞TBG	2⅞TBG	2⅞TBG	3½TBG
坐封载荷（kN）	80~100	100~102	80~100	120~140
工作温度（℃）	120	120	120	120

5）技术要求

（1）须借助卡瓦式封隔器或支撑卡瓦和井底为支撑点，如用尾管作支撑点，长度小于 50m 为宜。

（2）上提坐封高度取决于下入深度、坐封载荷及封隔件压缩距离等因素。

（3）根据封隔器规格，坐封负荷一般以 80~120kN 为宜。

（4）封隔器坐封位置应避开套管接箍位置。

6）支撑式封隔器坐封高度计算

为了加压一定管柱重量，以保证封隔器密封时所需的坐封载荷，封隔器就必须有一定的坐封高度（油管挂距顶丝法兰的高度），此高度取决于封隔器下入深度、坐封载荷、密封件压缩距及套管内径大小等因素。如图 1-4 所示，支撑式封隔器在坐封情

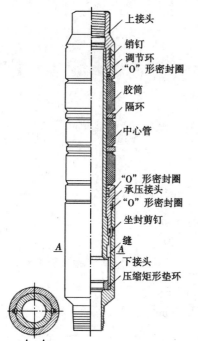

图 1-3 Y111 型封隔器结构示意图

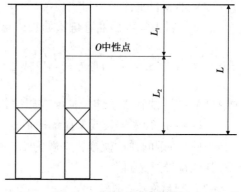

图 1-4 管柱受力示意图

况下，管柱受力分为两部分（当坐封载荷小于管柱重量时），一部分受拉力（如图 1-4 中 L_1），管柱处于自重伸长状态；一部分受拉力（如图 1-4 中 L_2），管柱处于自重伸缩状态。当管柱受拉与受压之间，处于既不受拉也不受压的一点 O 叫中性点，所以坐封高度的近似计算公式为：

$$H = \Delta L - \Delta L_1 + \Delta L_2 + S \tag{1-1}$$

式中　H——封隔器坐封高度，mm；

　　　ΔL——坐封前封隔器以上油管柱为 L 时的自重伸长，mm；

　　　ΔL_1——中性点以上油管自重伸长长度，mm；

　　　ΔL_2——中性点以下油管自重压缩长度，mm；

　　　S——密封件压缩距，mm。

（1）中性点。

封隔器坐封时加的管柱质量就是封隔器的坐封载荷，由此得封隔器坐封载荷的近似计算公式为：

$$P = L_2 F(\rho - \rho_0)$$

或

$$P = L_2 q \tag{1-2}$$

则中性点深度的近似计算公式为：

$$L_2 = \frac{p}{(\rho - \rho_0)F} \text{ 或 } L_2 = \frac{p}{q} \tag{1-3}$$

式中　p——封隔器的坐封负荷，kg；

　　　q——油管的线密度，kg/mm；

　　　F——油管环形截面积，mm^2；

　　　ρ——钢的密度，kg/mm^3；

　　　ρ_0——井内液体的密度，kg/mm^3。

（2）油管自重伸长或自重压缩。

根据材料力学可得油管自重伸长或自重压缩长度的计算公式为：

$$\Delta L = \frac{PL}{2EF} \text{ 或 } \Delta L = \frac{(\rho - \rho_0)L^2}{2E} \tag{1-4}$$

式中　ΔL——油管自重伸长长度或压缩长度，mm；

　　　L——油管未伸长或未压缩时的长度，mm；

　　　E——钢的弹性模数，一般为 $2.1 \times 10^3 \text{kg/mm}^2$。

其他符号意义同上。

（3）密封件压缩距。

封隔器件压缩距是封隔器坐封前密封件的自由长度减封隔器坐封后密封件受

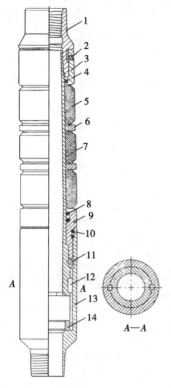

图 1-5 胜利 Y111-114 型封隔器
结构示意图

1—上接头；2—销钉；3—调节环；
4—"O" 形胶圈；5—胶筒；6—隔环；
7—中心管；8—"O" 形胶圈；9—承压接头；
10—"O" 形胶圈；11—坐封剪钉；12—键；
13—下接头；14—压缩距垫环

压时的长度。

2. 胜利 Y111 型封隔器

1）胜利 Y111-114 型封隔器

（1）用途。用于分层试油、采油、找水、堵水和酸化。不仅能单独使用，也可和卡瓦式封隔器或支撑卡瓦配套使用。

（2）结构。结构如图 1-5 所示。

（3）主要技术参数（系列）。

主要技术参数（系列）见表 1-7。

（4）技术要求。

封隔器（或下级封隔器）下端要接尾管，其尾管长度一般不能大于 50m。最宜于浅井使用。封隔器坐封高度，决定于下入深度、坐封载荷和胶筒密封压缩距等因素。

2）大庆 Y111-114 型封隔器

（1）用途。主要用于分层压裂、堵水和酸化。

（2）结构。结构如图 1-6 所示。

（3）技术参数。

总长：770mm；最大外径：ϕ114mm；最小内径 ϕ58mm。

3）新疆 Y111-114 型可洗井封隔器

（1）用途。使用时配合不同类型的套子，可进行洗井，可用于分层采油、注水、找水、堵水和压裂。

表 1-7 支撑式封隔器（系列）主要技术参数

封隔器型号	Y111-102	Y111-114	Y111-150
总长（mm）	725	790	1040
最大外径（mm）	102	114	150
最小通径（mm）	50	62	78
胶筒型号	YS100-12-15	YS113-12-15	YS146-12-15
坐封载荷（kN）	60~80	60~80	100~120
工作压力（MPa）	8.0	8.0	8.0
工作温度（℃）	120	120	120
适用套管内经（in）	5		7

（2）结构。结构如图 1-7 至图 1-11 所示。

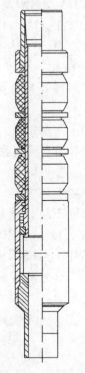 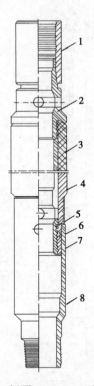

图 1-6　大庆 Y111-114 型封隔器
结构示意图

图 1-7　新疆 Y111-114 型可洗井
封隔器结构示意图

1—油管接箍；2—中心管总成；3—胶筒；
4—胶筒座；5—"O"形胶圈；6—"O"
形胶圈；7—滑动接头；8—下接头

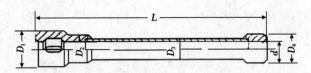

图 1-8　新疆 Y111-114 型可洗井封隔器

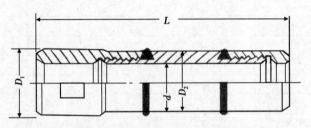

图 1-9　新疆 Y111-114 型可洗井封隔器短采注套

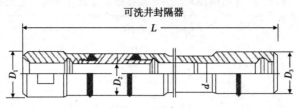

可洗井封隔器

图 1-10　新疆 Y111-114 型可洗井封隔器长采注套

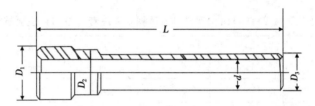

图 1-11　新疆 Y111-114 型可洗井封隔器压裂套

（3）主要技术参数（系列）。

主要技术参数（系列）见表 1-8 至表 1-12。

表 1-8　新疆 Y111-114 型可洗井封隔器（系列）主要技术参数

参数	总长 （mm）	钢体最大外径 （mm）	d_1 （mm）	d_2 （mm）	胶筒型号	坐封载荷 （kN）	工作压力 （MPa）	工作温度 （℃）
Y111-70	625	70	$36^{+0.1}$		自制	60	8.0	50
Y111-96	775	96	$44^{+0.1}$	$43^{+0.1}$	自制	60	8.0	50
Y111-96	775	96	$36^{+0.1}$	$35^{+0.1}$	自制	60	8.0	50
Y111-115	805	115	$55^{+0.1}$	$54^{+0.1}$	自制	60~80	8.0	50
Y111-115	785	115	$44^{+0.1}$	$43^{+0.1}$	自制	60~80	8.0	50
Y111-115	770	15	$36^{+0.1}$	$35^{+0.1}$	自制	60~80	8.0	50
Y111-135	815	135	$55^{+0.1}$	$54^{+0.1}$	自制	80~100	8.0	50
Y111-135	795	135	$44^{+0.1}$	$43^{+0.1}$	自制	80~100	8.0	50
Y111-135	780	135	$36^{+0.1}$	$^{+0.1}$	自制	80~100	8.0	50

注：为适应不同套管内径，5in 外径有 110mm 和 105mm，4in 外径有 92mm 之别，可按需加工。不同种类但同一级别的中心管尺寸均相同，因此形成系列均可通用。

表 1-9　新疆 Y111-114 型可洗井封隔器洗井套（系列）主要技术参数

参数	D_1 （mm）	D_2 （mm）	D_3 （mm）	D_4 （mm）	d （mm）	L （mm）	流通面积 （mm²）
Ⅰ	56.5	$55^{-0.50}_{-0.80}$	38	$54^{-0.50}_{-0.80}$	30	510	1156
Ⅱ	46	$44^{-0.50}_{-0.80}$	32	$43^{-0.50}_{-0.80}$	25	510	648
Ⅲ	37	$36^{-0.50}_{-0.80}$	27	$35^{-0.50}_{-0.80}$	22	480	389

表 1-10　新疆 Y111-114 型可洗井封隔器短采注套（系列）主要技术参数

参数	D_1 （mm）	D_2 （mm）	d_2 （mm）	L （mm）
I	56.5	$55^{-0.40}_{-0.50}$	$41^{\pm0.10}$	195
II	46	$44^{-0.40}_{-0.50}$	$31^{\pm0.10}$	195
III	$37^{\pm0.10}$	$36^{-0.40}_{-0.50}$	$23^{\pm0.10}$	169

表 1-11　新疆 Y111-114 型可洗井封隔器长采注套（系列）主要技术参数

参数	D_1 （mm）	D_2 （mm）	D_3 （mm）	d_3 （mm）	L （mm）
I	56.5	$55^{-0.40}_{-0.50}$	$54^{-0.50}_{-0.80}$	$40^{\pm0.10}$	520
II	46	$44^{-0.40}_{-0.50}$	$43^{-0.50}_{-0.80}$	$30^{\pm0.10}$	520
III	$37^{\pm0.10}$	$36^{-0.40}_{-0.50}$	$35^{-0.50}_{-0.80}$	$22^{\pm0.10}$	490

表 1-12　新疆 Y111-114 型可洗井封隔器压裂套（系列）主要技术参数

参数	D_1 （mm）	D_2 （mm）	D_3 （mm）	d （mm）	L （mm）	流通面积 （mm²）
I	56.5	$55^{-0.50}_{-0.80}$	$54^{-0.50}_{-0.80}$	40	530	1257
II	46	$44^{-0.50}_{-0.80}$	$43^{-0.50}_{-0.80}$	35	30	962
III	37	$36^{-0.50}_{-0.80}$	$35^{-0.50}_{-0.80}$	25	490	491

（4）技术要求。

封隔器（或下级封隔器）下端要接尾管，其尾管长度一般不能大于 50m；最宜于浅井使用。

封隔器坐封高度决定于下入深度、坐封载荷和胶筒密封压缩距等因素。

二、卡瓦压缩式封隔器

卡瓦压缩式封隔器可防止油管柱的轴向移动（单向移动或双向移动），所用胶筒为压缩式，一般均靠下放一定管柱重力坐卡和坐封（压缩胶筒，使其直径变大，封隔油、套管环形空间），也有靠从油管柱内加液压来坐卡和坐封的。不管是靠管柱重力坐卡和坐封也好，还是靠液压坐卡、坐封也好，都不能多级使用。

1. Y211 型卡瓦压缩式封隔器结构组成、工作原理及技术要求

1）使用范围

Y211 型封隔器用于分层试油、采油、测试、找水、堵水、酸化等工艺，可单独使用，也可和 Y111 型封隔器配合使用。

12

2) 结构组成

Y211型封隔器主要由密封、锚定、扶正换向3部分组成。密封部分：封隔件密封油套环形空间。锚定部分：用于在套管内壁建立支撑点以实现坐封。扶正换向部分：坐封时，使轨道销钉起换向作用。封隔器整体结构如图1-12所示。

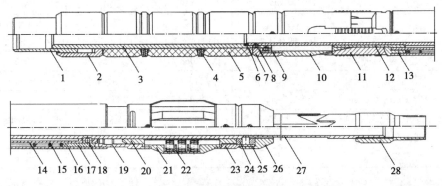

图1-12　Y211型卡瓦压缩式封隔器结构示意图

1—上接头；2—调节环；3—中心管；4—隔环；5—胶筒；6—"O"形圈；7—锥体帽；8—防松销钉；9—挡环；10—锥体；11—卡瓦；12—锥体连接套；13—卡瓦托；14—锁球套；15—弹簧；16—护套；17—挡球套；18—钢球；19—顶套；20—扶正体；21—摩擦块；22—小弹簧；23—压环；24—转环；25—轨道销钉；26—挡环；27—下中心管；28—下接头

Y211-150型封隔器主要部分与Y211-114型封隔器相同，不同之处在于有外中心管与中心构成循环通道。密封件部位有循环通道，在起下管柱过程中，用来减小液流阻力及解封负荷。坐封时，循环通道关闭；解封时，通道打开，封隔器上下液体即可连通。

3) 工作原理

封隔器下井时，轨道销钉处于短轨道上死点，卡瓦被锁球锁存中心管上，保证顺利下井。当下至设计位置时，上提油管一定高度，轨道销钉滑至轨道下死点，再下放管柱，轨道销钉滑入长轨道。顶套推动挡球套上移，锁球脱离中心管而使卡瓦与锥体产生相对运动，使卡瓦张开卡在套管内壁上。同时管柱的部分重量压在封隔的封隔件上，使封隔件径向胀大密封油套环形空间。

起封时，上提管柱即可解封。

4) 主要技术参数

Y211型封隔器的主要技术参数见表1-13。

5) 技术要求

（1）封隔器本身只能单级使用，可与支撑式封隔器配套使用。

（2）封隔器坐封位置必须避开套管接箍。

（3）坐封前井口须装指示表。观察坐封情况，以保证坐封成功。

（4）下封时，封隔器防坐距小于0.5m。

表 1-13 Y211 型封隔器的主要技术参数

参　　数	规　格　型　号			
	Y211-102	Y211-115	Y211-138	Y211-150
钢体最大外径（mm）	102	115	138	150
最小通径（mm）	42	48	61	61
摩擦块外径（mm）	122（张开） 99（压缩）	134（张开） 112（压缩）	147（张开） 135（压缩）	170（张开） 47（压缩）
总长度（mm）	1873	2068	2050	2066
工作压差（MPa）	上 15 下 8	上 15 下 8	上 15 下 8	上 15 下 8
适应套管内径（mm）	107~115.2	117.7~132	144~153	155.8~166.1
两端连接螺纹（in）	$2\frac{7}{8}$TGB	$2\frac{7}{8}$TGB	$2\frac{7}{8}$TGB	$2\frac{7}{8}$TGB
坐封载荷（kN）	80~120	80~120	80~120	80~120
工作温度（℃）	120	120	120	120

2. 大港 Y221-114 型卡瓦压缩式封隔器常用类型

1）大港 Y221-114 型封隔器

（1）用途。用于分层试油、采油、找水、堵水、压裂、酸化和防砂。

（2）结构。结构如图 1-13 所示。

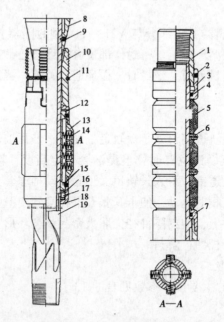

图 1-13 大港 Y211-114 型封隔器结构示意图

1—上接头；2—定位销钉；3—调节环；4—"O"形胶圈；5—胶筒；6—隔环；7—限位套；
8—锥体；9—坐封剪钉；10—卡瓦；11—箍簧；12—卡瓦座；13—扶正块；14—弹簧；
15—扶正器座；16—滑环；17—滑环销钉；18—滑环套；19—轨迹中心管

(3) 主要技术参数。

大港 Y221-114 型封隔器（系列）的主要技术参数见表 1-14。

表 1-14　大港 Y221-114 型封隔器（系列）主要技术参数

封隔器型号		大港 Y221-104	大港 Y221-114	大港 Y221-150
总长（mm）		1565	1575	1720
最大外径（mm）		104	114	142
最小通径（mm）		40	54	65
扶正器外径（mm）	张开	120	131（135）[①]	170
	压缩	105	116（120）[①]	143
胶筒型号		YS100-12-15	YS113-12-15	YS140-12-15
工作压力（MPa）	上压	25.0	25.0	25.0
	下压	8.0	8.0	8.0
坐封载荷（kN）		60~80	60~80	100~120
工作温度（℃）		120	120	120
防坐距		480	500	530

注：①括号内尺寸用于 5¾in 套管，括号外尺寸用于 5½in 套管。

(4) 技术要求。

下管柱时，管柱上提高度必须小于防坐距，一般不得超过 0.4m，否则会使封隔器中途坐封。如遇封隔器中途坐封时，可上提管柱 1m 左右，解封后继续下管柱。

在井下条件允许时，封隔器下部应接 30~40m 尾管。

坐封封隔器的坐封高度，决定于下入深度、坐封载荷和胶筒密封压缩距等因素。

2）玉门 Y221-114 型封隔器

(1) 用途。用于分层试油、采油、找水和堵水。

(2) 结构。结构如图 1-14 及图 1-15 所示。

(3) 主要技术参数。

封隔器（系列）主要技术

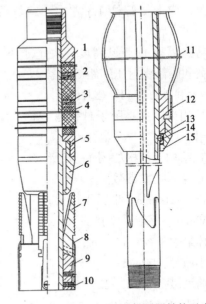

图 1-14　玉门 Y211-114 型封隔器结构示意图

1—上接头；2—轨迹中心管；3—隔环；4—胶筒；5—提帽；6—锥体；7—卡瓦；8—弹簧片；9—卡瓦座；10—埋头螺钉；11—扶正弹簧片；12—护环；13—滑环扶正块；14—钢球；15—滑环套

15

参数见表1-15。

表1-15 玉门Y221-114型封隔器（系列）主要技术参数

封隔器型号	玉门Y221-114	玉门Y221-136	玉门Y221-148
总长（mm）	1660	1685	1685
最大外径（mm）	114	136	148
最小通径（mm）	55	55	55
扶正器直径（mm）	152	172	128
胶筒型号	玉门自制	玉门自制	玉门自制
工作压力（MPa）	10	10	10
坐封载荷（kN）	60~80	60~80	100~120
工作温度（℃）	70	70	70
防坐距（mm）	150	150	150

（4）技术要求。

下管柱时，管柱的上提高度必须小于防坐距，一般不超过0.4m，否则封隔器会中途坐封。如遇中途坐封，应上提管柱1m左右，解封后再继续下管柱。

坐封封隔器的坐封高度，决定于下入深度、坐封载荷和胶筒密封压缩距等因素。

3）胜利Y211-114型封隔器

（1）用途。主要用于悬挂滤砂管，作防砂封隔器使用。

（2）结构。结构如图1-16所示。

（3）主要技术参数。

总长：1260mm（带丢手接头）；

1060mm（不带丢手接头）；

钢体最大外径：114mm；

最小通径：60mm；

胶筒型号：YS113-12-15；

丢手压力：20.0MPa；

坐封载荷：60~80kN；

工作压力：上压15.0MPa；

下压：8.0MPa；

工作温度：120℃。

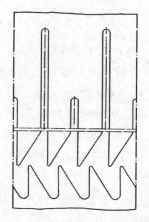

图1-15 玉门Y211-114型封隔器
轨迹中心管轨迹展开示意图

16

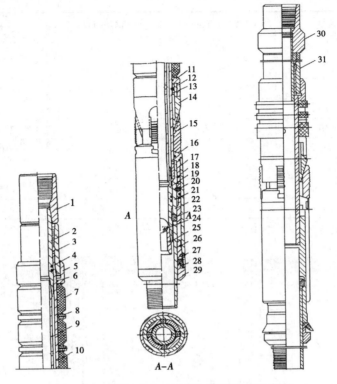

图 1-16　胜利 Y211-114 型封隔器结构示意图

1—丢手接头；2—上密封短节；3—上接头；4—"O" 形胶圈；5—调节环；6—"O" 形胶圈；
7—胶筒；8—隔环；9—内中心管；10—中心管；11—锥体帽；12—限位螺钉；13—挡环；
14—锥体；15—卡瓦；16—卡瓦座；17—活塞套；18—"O" 形胶圈；19—下密封短节；
20—丢手剪钉；21—活塞；22—下中心管；23—锁块；24—钢球；25—球座；26—皮碗挡环；
27—坐卡剪钉；28—皮碗；29—皮碗压环；30—加压接头；31—密封短节

4）大港 Y415-114 型双卡瓦丢手封隔器

（1）用途。主要用于代替水泥塞。

（2）结构。结构如图 1-17 所示。

（3）主要技术参数。

大港 Y415 型双卡瓦丢手封隔器（系列）主要技术参数（表 1-16）。

表 1-16　大港 Y415 型双卡瓦丢手封隔器（系列）主要技术参数

封隔器型号	Y415-104	Y415-111	Y415-142
总长（mm）	1910	1970	2200
最大外径（mm）	104	111	142
最小通径（mm）	40	51	65

封隔器型号		Y415-104	Y415-111	Y415-142
扶正器外径（mm）	张开	120	131（135）①	170
	压缩	105	116（120）	145
胶筒型号		YS100-12-15	YS113-12-250	YS110-12-250
工作压力（MPa）		25.0	25.0	25.0
丢手压力（MPa）		20.0~25.0	20.0~25.0	20.0~25.0
坐封载荷（kN）		60~80	60~80	100~120
工作温度（℃）		120	120	120
适用套管内径（mm）		108~114	118~132	150~164
防坐距（mm）		480	500	530

注：①括号内尺寸用于5½in 套管，括号外尺寸用于5¾in 套管。

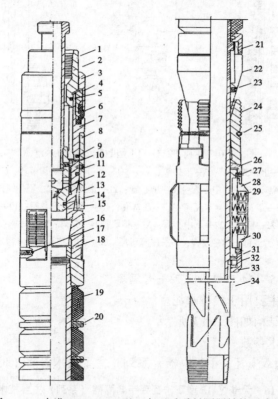

图1-17 大港 Y415-114 型双卡瓦丢手封隔器结构示意图

1—丢手接头；2—连杆；3—护套；4—皮碗压环；5—"O"形胶圈；6—皮碗；7—二接头；8—卡瓦壳体；9—"O"形胶圈；10—限位销钉；11—丢手剪钉；12—钢球；13—上锥体；14—"O"形胶圈；15—连杆接头；16—上卡瓦；17—限位销钉；18—卡瓦挡环；19—胶筒；20—隔环；21—限位环；22—下锥体；23—坐封剪钉；24—下卡瓦；25—箍簧；26—卡瓦座；27—限位销钉；28—扶正块；29—弹簧；30—扶正器座；31—滑环；32—滑环销钉；33—滑环套；34—轨迹中心管

（4）技术要求。

将此封隔器用于代替水泥塞时，下部应接一根油管短节。

下管柱时，管柱上提高度必须小于防坐距，否则封隔器会中途坐封；上提高度一般小于0.4m。如遇中途坐封时，应上提管柱1m左右，解封后再继续下管柱。

坐封封隔器的坐封高度，决定于下入深度、坐封载荷和胶筒密封压缩距等因素。

打捞或丢手时，开始时均需慢提慢放。

打捞时，管柱压重控制在10kN左右。

5）大港Y411-114型封隔器

（1）用途。用于分层试油、找水、堵水、压裂和酸化等。

（2）结构。结构如图1-18及图1-19所示。

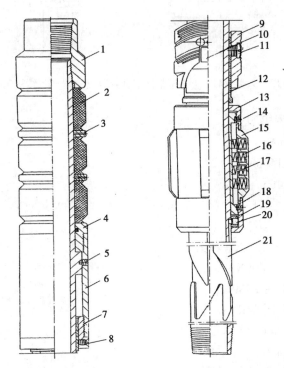

图1-18 大港Y411-114型整体卡瓦封隔器结构示意图

1—上接头；2—胶筒；3—隔环；4—限位套；5—坐封剪钉；6—压缩外套；7—支承接头；8—顶丝；
9—整体卡瓦；10—提升管；11—转动销钉；12—加压管；13—扶正套；14—定位销钉；15—扶正块；
16—弹簧；17—扶正器座；18—滑环套；19—滑环；20—滑环销钉；21—轨迹中心管

该封隔器卡瓦机构与其他卡瓦封隔器不同，其卡瓦是个圆环，整体卡瓦（图1-20）套在加压管上，二者用转动销钉连接，挂在提升管的凸坎上。

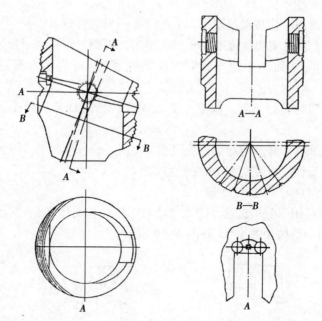

图 1-19　大港 Y411-114 型整体卡瓦封隔器整体卡瓦结构示意图

（3）主要技术参数。

总长：1660mm；

最大外径：114mm；

最小通径：54mm；

扶正块外径：张开 131（135）mm；

　　　　　　压缩 116（120）mm；

胶筒型号：YS113-12-25；

坐封载荷：60~80kN；

工作压力：上压 25MPa；

　　　　　　下压 8MPa；

工作温度：120℃；

防坐距：500mm。

括号内数据用于 5¾in 套管，括号外数据用于 5½in 套管。

（4）技术要求。

下管柱时，为防止封隔器中途坐封，管柱上提高度必须小于防坐距，一般不超过 0.4m。如遇中途坐封时，应上提管柱 1m 左右，解封后再继续下管柱。

在井下条件允许时，封隔器下部应接 3~4 根油管作尾管。

坐封封隔器的坐封高度，决定于下入深度、坐封载荷和胶筒密封压缩距等因素。

6）江汉 Y441-114 型双向卡瓦封隔器

（1）用途。主要用于代替水泥塞。

（2）结构。结构如图 1-20 至图 1-23 所示。

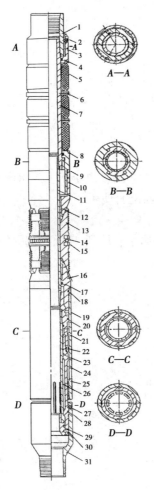

图 1-20　江汉 Y441-114 型双向卡瓦
封隔器结构示意图

1—上接头；2—防松销钉；3—上调节环；4—"O"
形胶圈；5—胶筒；6—隔环；7—上中心管；8—下
调节环；9—锁紧螺母；10—锥体；11—下中心管；
12—卡瓦挂环；13—卡瓦；14—弹簧；15—限位环；
16—下锥体；17—"O"形胶圈；18—"O"形胶
圈；19—坐封剪钉；20—特殊接箍；21—锥环座；
22—锁环；23—"O"形胶圈；24—锁紧接头；
25—锁套；26—锁块；27—防松销钉；28—"O"
形胶圈；29—解封套；30—解封剪钉；31—下接头

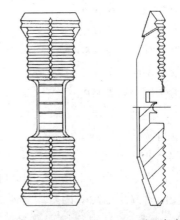

图 1-21　江汉 Y441-114 型双向卡
瓦封隔器卡瓦结构示意图

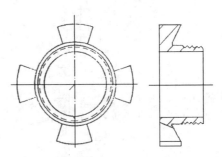

图 1-22　江汉 Y441-114 型双向卡
瓦封隔器卡瓦挂环结构示意图

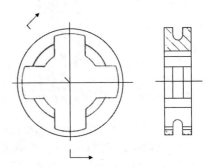

图 1-23　江汉 Y441-114 型双向卡
瓦封隔器限位环结构示意图

（3）主要技术参数。

总长：1370mm；

最大外径：114mm；

最小通径：44mm；

坐封压力：5MPa；

坐封载重：60~80kN；

胶筒型号：YS113-12-25：

工作压力：25MPa；

工作温度：120℃；

解封载荷：25kN。

（4）技术要求。

卡瓦组装外径为110mm。坐封封隔器的坐封高度，决定于下入深度、坐封载荷和胶筒密封压缩距等因素。与专用解封打捞器配套使用。

7）胜利 Y221-114 型封隔器

（1）用途。用于分层试油、采油、找水、堵水、压裂、酸化和防砂等。

（2）结构。结构如图1-24至图1-26所示。

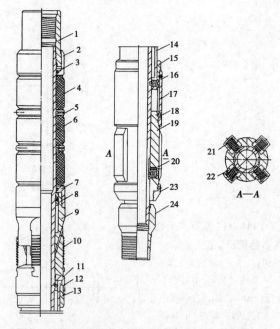

图1-24　胜利 Y221-114 型封隔器结构示意图

1—上接头；2—调节环；3—"O"形胶圈；4—胶筒；5—隔环；6—中心管；7—锥体帽；
8—上挂环；9—锥体；10—卡瓦；11—卡瓦座；12—下挂环；13—上压；14—定位套；
15—下压帽；16—滑动销钉；17—连接套；18—锁紧螺母；19—扶正体；20—紧固螺钉；
21—螺帽；22—扶正块；23—保护环；24—下接头

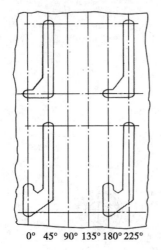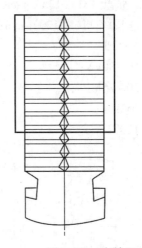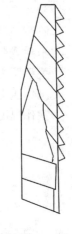

图 1-25　胜利 Y221-114 型封隔器　　　图 1-26　胜利 Y221-114 型
中心管"J"形槽展开图　　　　　　封隔器卡瓦结构示意图

（3）主要技术参数。

总长：1210mm；

钢体最大外径：114mm；

最小通径：50mm；

扶正器外径：张开 138mm；

压缩 116mm；

坐封载荷：60~80kN；

胶筒型号：YS113-12-15；

工作压力：上压 15MPa；

下压 8MPa；

工作温度：120℃。

（4）技术要求。

在井下条件允许时，封隔器下部应接 3~4 根油管作尾管。下井管柱螺纹必须上紧。坐封封隔器的坐封高度，决定于下入深度、坐封载荷和胶筒密封压缩距等因素。

8）大港 Y425-114 型双卡瓦填砂丢手封隔器

（1）用途。用于防砂、悬挂金属筛管和人工填砂。

（2）结构。结构如图 1-27 及图 1-28 所示。

（3）主要技术参数。

总长：1835mm；

钢体最大外径：114mm；

最小通径：40mm；

扶正器外径：张开 131（135）mm；

　　　　　　压缩 116（120）mm；

胶筒型号：YS113-12-15；

坐封载荷：60~80kN；

丢手压力：20~25MPa；

工作压力：15MPa；

工作温度：120℃。

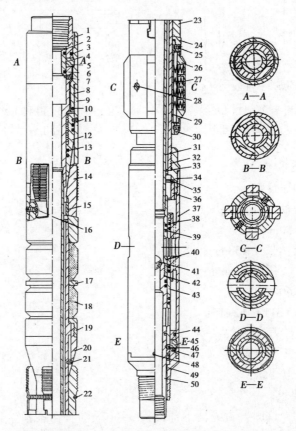

图 1-27　大港 Y425-114 型双卡瓦填砂丢手封隔器结构示意图

1—丢手接头；2—卡簧；3—"O"形胶圈；4—上滑套；5—上锁块；6—"O"形胶圈；7—丢手剪钉；8—锁接头；9—卡瓦壳体；10—"O"形胶圈；11—坐卡剪钉；12—上锥体；13—"O"形胶圈；14—上卡瓦；15—卡瓦挡环；16—固定螺钉；17—隔环；18—胶筒；19—锥体压盖；20—下锥体；21—坐封剪钉；22—箍簧；23—下卡瓦；24—卡瓦座；25—固定销钉；26—扶正块；27—压簧；28—滑位销钉；29—扶正器座；30—扶正器压帽；31—内中心管；32—外中心轨迹管；33—"O"形胶圈；34—分水器上接头；35—防退卡簧；36—卡瓦座；37—分水筒；38—"O"形胶圈；39—"O"形胶圈；40—分水短节；41—钢球；42—"O"形胶圈；43—下滑套；44—"O"形胶圈；45—下锁块；46—剪钉；47—螺钉；48—二次丢手剪钉；49—二次丢手接头；50—内分水管

括号内数据用于 5¾in 套管。括号外数据用于 5½in 套管。

（4）技术要求。

下管柱过程中和坐封前都不能正转管柱，否则封隔器会中途坐封。如遇中途坐封，可一提管柱 1m 左右解封，然后才下管柱。

坐封封隔器的上提高度，决定于下入深度、坐封载荷和胶筒密封压缩距等因素。

9）大港 Y245-114 型双卡瓦填砂丢手封隔器

（1）用途。主要用于防砂、悬挂防砂衬管。

（2）结构。结构如图 1-29 所示。

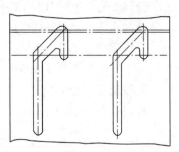

图 1-28 大港 Y425-114 型双卡瓦填砂丢手封隔器中心管轨迹 "J" 形槽展开图

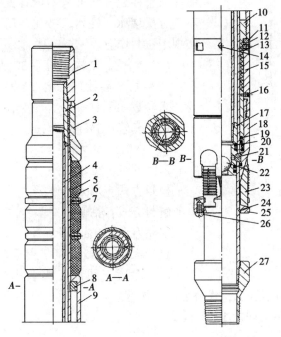

图 1-29 大港 Y245-114 型双卡瓦填砂丢手封隔器结构示意图

1—变扣接箍；2—变扣接头；3—上接头；4—丢手中心管；5—中心管；6—胶筒；7—隔环；8—中心管挡环；9—压缩套；10—加压套；11—制动爪护套；12—制动爪；13—制爪弹簧；14—定位螺钉；15—锥体接头；16—坐封剪钉；17—锁紧接头；18—锥体；19—"O" 型胶圈；20—"O" 形胶圈；21—锁块；22—钢球；23—卡瓦；24—解封剪环；25—卡瓦座；26—半圆头螺钉；27—下接头

（3）主要技术参数。

总长：1290mm；

刚体最大外径：114mm；

最小通径：62mm；

25

胶筒型号：YS-113-12-15；

坐封压力：25MPa；

工作压力：上压 15MPa；

下压 8MPa；

工作温度：120℃；

解封载荷：50kN。

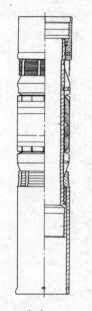

图 1-30　大庆 Y443-114 型
封隔器结构示意图

（4）技术要求。

起丢手管柱和解封打捞时，井口一定安装指重表（或拉力计）。卡瓦伸缩必须灵活可靠。

10）大庆 Y443-114 型封隔器

（1）用途。可钻式封隔器与可带有井下工具的插入管柱配合，可与不压井配套，实现调整层系、分层堵水、注水、酸化、压裂等工艺措施及实现不压井作业。

（2）结构。结构如图 1-30 所示。

（3）技术参数。大庆 Y443-114 型封隔器主要技术参数如下。

适用套管：$5\frac{1}{2}$in~$5\frac{3}{4}$in；

承　　压：40MPa；

最大外径：114mm；

坐封方式：水力坐封；

解封方式：钻铣；

使用寿命：10a 以上。

11）大庆 Y445-114 型封隔器

（1）用途。可用于机采井不压井起下管柱，还可用于试油、封堵底水，代替悬空水泥塞。

（2）结构。结构如图 1-31 所示。

（3）技术规范见表 1-17。

表 1-17　大庆 Y445-114 型封隔器技术规范

参　　数	最大外径 （mm）	最小通径 （mm）	长度 （mm）	试验压力 （MPa）	最大工作压力 （MPa）	质量 （kg）
DQ253-4 丢手封隔器	114	50.3	1380	35	18	56
扶正器	114	58	325			12.5
打捞器	90	20	350			8.5
捅杆	48	21~35	2150			
253 筛管	73		1365			

12）大庆 Y221-114 型张力封隔器

（1）用途。用于锚定油管柱。在抽油机井可减少冲程损失，提高泵效。负压抽油，还可密封油套环空；热水洗井时可防止伤害油层。用于螺杆泵井，可防止油管倒扣。

（2）结构。结构如图1-32所示，主要由中心管、扶正体、单向卡瓦及三组胶筒等部件组成。

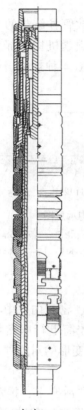

图 1-31　大庆 Y445-114 型
封隔器结构示意图

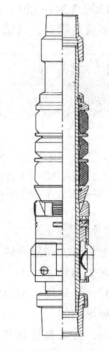

图 1-32　大庆 Y221-114 型
张力封隔器结构示意图

（3）Y221-114 型张力封隔器技术参数见表1-18。

表 1-18　Y221-114 型张力封隔器技术参数

名称	最大外径 （mm）	最小通径 （mm）	长度 （mm）	连接扣型 （in）	适应套管内径 （MPa）
张力封隔器	114	58	1080	2½油管扣	117～132

三、水力压缩式封隔器

1. Y341 型水力压缩式封隔器的结构组成、工作原理及技术要求

1）使用范围

Y341 型水井封隔器可单级或多级用于井深 3500m 以内、井温低于 120℃（或 150℃）的不同井径水井的分层注水。

2）结构组成

Y341 型水井封隔器是一种靠油管憋压坐封、提放管柱解封的水力压缩式封隔器。Y341 型封隔器主要由坐封机构、密封机构、锁紧机构 3 部分组成。该工具有 Y341-115、Y341-150、Y341-115G、Y341-150G 4 种规格。该封隔器可一次打压坐封多级封隔器，其结构如图 1-33 所示。

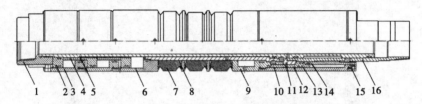

图 1-33　Y341-115 型油井封隔器结构示意图

1—上接头；2—活塞；3—上缸套；4—浮动活塞；5—中心管；6—下缸套；7—胶筒；8—隔环；
9—上活塞；10—锁块；11—剪钉；12—下活塞；13—缸套；14—锁环座；15—锁环套；16—下接头

3）工作原理

封隔器坐封时，高压液体一边推动洗井活塞下行，密封内外中心管的洗井通道；一边推动坐封活塞上行。并由活塞带动锁套和胶筒上行压缩封隔件径向变形。与此同时，卡环进入锁套的锯齿扣内。锁紧径向变形的封隔件，使封隔器始终密封油套环形空间。

反洗井时，井口高压液体通过进水孔作用于洗井活塞上，推动洗井活塞上行，打开洗井通道。高压液体由内、外中心管间的通道进入密封封隔件以下的油套环形空间，经底部球阀从油管返出地面。

Y341 型水井封隔器采用下放管柱进行解封，安全可靠。多级使用时，封隔器之间的受力能起到平衡作用，便于封隔器密封。

4）主要技术参数

Y341 型封隔器的主要技术参数见表 1-19。

5）使用方法

（1）封隔器坐封：将封隔器按设计要求下至预定深度，从油管打压 16～20MPa，稳压 5～10min。即可实现封隔器的坐封。

（2）反洗井：打开油管阀门，从油套环空注入洗井液即可实现反洗井。

（3）封隔器解封：上提油管，卸下油管挂，接 3～5m 油管短节，下放管柱，即可实现封隔器的解封。

表 1-19   Y341 型封隔器的主要技术参数

规格型号	总长度（mm）	钢体最大外径（mm）	最小通径（mm）	适应套管内径（mm）	坐封压差（MPa）	工作压差（MPa）	工作温度（℃）	两端连接螺纹参数
Y341-115	1248	115	59	117.7~127.7	16~20	<15	≤120（150）	2⅞TBG
Y341-115G	1218	115	59	117.7~127.7	18~20	<35	≤120（150）	2⅞TBG
Y341-150	1288	150	62	153.8~166.1	16~20	<15	≤120（150）	2⅞TBG
Y341-150G	1288	150	62	153.8~166.1	16~20	<35	≤120（150）	2⅞TBG

6）注意事项

（1）Y341 型水井封隔器下井前必须通井、刮管，并应根据实际情况验窜，否则不得下井。

（2）Y341 型水井封隔器和 ZJK 空心配水器组配管柱时，配水器可直接携带所需水嘴下井。但和现场常规配水器（无通道）组配管柱时，配水器必须配装死芯子方可下井。

（3）Y341 型水井封隔器下井前应仔细检查底球或打压滑套的密封性，合格后方能下井。

（4）下井油管应内外干净，且用 φ59mm 的通管规通管。

（5）封隔器下井应操作平稳，严禁猛提猛放。

（6）封隔器坐封位置必须避开套管接箍。

2. 江汉 Y341-114 型水力压缩式封隔器常用类型

1）江汉 Y341-114 型封隔器

（1）用途。

主要用于分层试油、分层采油和分层找水、堵水。

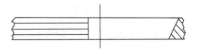

图 1-34   江汉 Y341-114 型封隔器锁环结构示意图

（2）结构。

结构如图 1-34 及图 1-35 所示。

（3）主要技术参数。

总长：1180mm；

最大外径：114mm；

最小通径：50mm；

坐封压力：15MPa；

胶筒型号：YS113-12-15；

工作压力：15MPa；

工作温度：120℃。

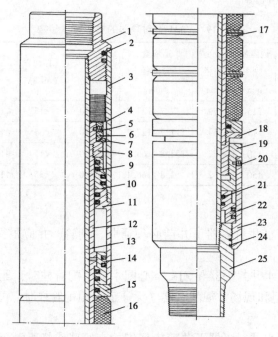

图 1-35　江汉 Y341-114 型封隔器结构示意图

1—上接头；2—"O"形胶圈；3—锁套；4—解封剪钉座；5—解封剪钉；6—锥环；7—锁环；
8—锁紧座；9—"O"形胶圈；10—上平衡活塞；11—缸套；12—外中心管；13—内中心管；
14—下平衡活塞；15—密封环；16—胶筒；17—隔环；18—上调节环；19—下调节环；20—坐
封剪钉；21—"O"形胶圈；22—坐封活塞；23—活塞套；24—"O"形胶圈；25—下接头

（4）技术要求。

解封剪钉的材质性能必须稳定。

2）大庆 Y341-114 型封隔器

（1）用途。用于分层采油、分层找水、堵水、分层试油和油井热油循环清蜡。

（2）结构。结构如图 1-36 所示。

（3）主要技术参数。

主要技术参数见表 1-20。

表 1-20　大庆 Y341-114 型封隔器主要技术参数

参　　数	Y341-114	Y341-140
总长（mm）	1070	1085
最大外径（mm）	114	140
最小通径（mm）	52	62
胶筒型号	YS113-12-15	YS140-9-15

参　　数	Y341-114	Y341-140
坐封压力（MPa）	12	12
工作压力（MPa）	上压≤8	上压≤8
	下压 15	下压 15
工作温度（℃）	90	90
解封压力（MPa）	20	20

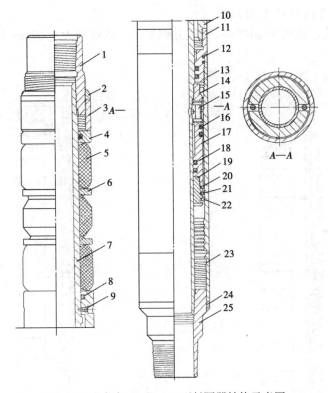

图 1-36　大庆 Y341-114 型封隔器结构示意图

1—上接头；2—锁套；3—调节环；4—密封环；5—胶簧；6—隔环；7—中心管；8—"O"形胶圈；
9—剪钉；10—承压套；11—承压接头；12—"O"形胶圈；13—活塞套；14—拉钉挂；
15—解封拉钉；16—"O"形胶圈；17—活塞；18—"O"形胶圈；19—卡簧压帽；
20—卡簧；21—衬簧；22—卡簧挂圈；23—上并帽；24—下并帽；25—下接头

（4）技术要求。经地面试验合格后，才能下井。

3）大庆 Y141-114 型可洗井封隔器

（1）用途。用于注水井的分层注水。

（2）结构。如图 1-37 所示，主要由上下接头、上下中心管、钢球、钢球套、阀套、坐封活塞、释放销钉、大小卡簧、密封圈等 35 个部件组成。

（3）技术参数见表 1-21。

表 1-21　大庆 Y141-114 型可洗井封隔器技术参数

连接扣型	最小内径（mm）	最大外径（mm）	总长（mm）		洗井通道面积（m²）	进水孔面积（m²）	现场坐封压力（MPa）	适应套管内径（mm）	工作压力（MPa）		寿命
			下井时	起出时					上端	下端	
2½ in 平式油管扣	54	114	1560	1780	968	1880	15~18	117~132	15	15	3a 以上

4）大庆 Y144-95 型封隔器

（1）用途。适用于 ϕ140mm 套损井修复后，内通径大于 99mm 条件下的分层注水。

（2）结构。结构如图 1-38 所示。

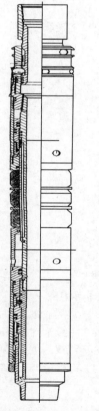

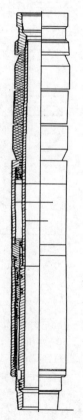

图 1-37　大庆 Y141-114 型
可洗井封隔器结构示意图

图 1-38　大庆 Y141-95 型
封隔器结构示意图

（3）技术指标。

外径：95mm；

内径：50mm；

长度：1320mm；

座封压力：15MPa；

工作压力：12MPa；

工作温度：70℃；

井下工作寿命：3a 以上。

5）四川 Y344-114 型封隔器

（1）用途。用于酸化和压裂。

（2）结构。结构如图 1-39 所示。

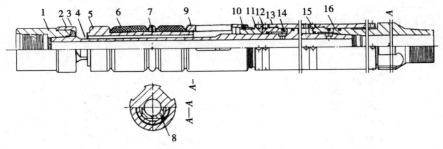

图 1-39　四川 Y344-114 型封隔器结构示意图

1—上接头；2—压帽；3—"梯"形胶圈；4—中心管；5—外中心管；6—胶筒；
7—隔环；8—坐封剪钉；9—胶筒座；10—固定螺钉；11—调节环；12—坐封
活塞；13—活塞套；14—"O"形胶圈；15—"O"形胶圈；16—下接头

（3）主要技术参数。主要技术参数见表 1-22。

表 1-22　四川 Y344-114 型封隔器主要技术参数

参　　数	Y344-102	Y344-114	Y344-148
总长（mm）	1090	1090	1350
最大外径（mm）	102	114	148
最小通径（mm）	38	38	55
胶筒型号	YS102-12-25	YS113-12-25	YS140-9-25
坐封压力（MPa）	1.5~2.0	1.5~2.0	1.5~2.0
工作压力（MPa）	60	60	60
工作温度（℃）	120	120	120

6）胜利 Y342-114 型封隔器

（1）用途。分层采油和分层测试。

（2）结构。结构如图 1-40 所示。

（3）主要技术参数。

总长：1680mm；

最大外径：114mm；

最小通径：62mm；

坐封压力：16MPa；

胶筒型号：胜利油田自制；

工作压力：8MPa；

工作温度：70℃。

7）胜利 Y141-114 型封隔器

（1）用途。与卡瓦封隔器等井下工具配套，可用于分层采油、分层试油和分层找水、堵水。

（2）结构。结构如图 1-41 所示。

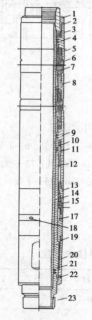

图 1-40　胜利 Y342-114 型封隔器结构示意图

1—上接头；2—承拉环；3—调节环；4—"O"形胶圈；5—上胶筒座；6—中心管；7—胶筒；8—胶筒座；9—下胶筒座；10—"O"形胶圈；11—活塞；12—上叉；13—卡瓦座；14—卡瓦；15—弹簧；16—弹簧垫片；17—弹簧座；18—剪钉；19—挡叉；20—外套；21—下叉；22—销钉；23—护丝

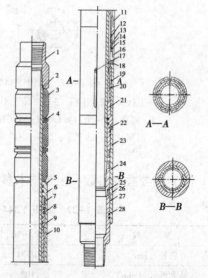

图 1-41　胜利 Y141-114 型封隔器结构示意图

1—上接头；2—中心管；3—胶筒；4—隔环；5—"O"形胶圈；6—液缸外套；7—限位环；8—"O"形胶圈；9—活塞；10—卡套；11—卡瓦座；12—卡瓦；13—卡瓦垫环；14—弹簧座；15—弹簧；16—弹簧座；17—助释销；18—剪钉；19—卡块；20—锁套；21—中间接头；22—防松销；23—承拉套；24—卡簧座；25—卡簧；26—卡簧挡环；27—下部接头

（3）主要技术参数。

总长：1485mm；

最大外径：114mm；

最小通径：62mm；

坐封压力：20MPa；

胶筒型号：YS113-12-15；

工作压力：8MPa；

工作温度：120℃。

（4）技术要求。

坐封前必须先坐好配套的下支点的卡瓦封隔器或支承卡瓦。

8）大庆 Y141-114 型封隔器

（1）用途。

用于分层试油、分层采油、分层注水、分层堵水、气举找水、油井热油循环清蜡和机械采油井的分层采油。

（2）结构。结构如图1-42所示。

（3）主要技术参数。

总长：880mm；

最大外径：114mm；

最小通径：62mm；

坐封压力：13MPa；

胶筒型号：YS113-12-15；

工作压力：上压 15MPa；

　　　　　　下压≤8MPa；

工作温度：90℃。

（4）技术要求。

使用 Y141-114 型封隔器时，必须用活动油管头和支承卡瓦，以将封隔器上下固定。

9）玉门 Y344-114 型封隔器

（1）用途。主要用于下层和分层酸化和压裂。

（2）结构。结构如图1-43所示。

（3）主要技术参数。

总长：860mm；

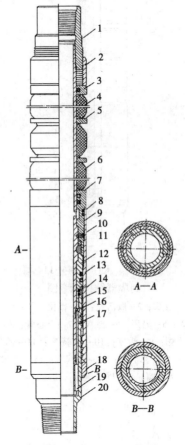

图 1-42　大庆 Y141-114 型封隔器结构示意图

1—上接头；2—调节环；3—挡环；4—胶筒；5—隔环；6—中心管；7—"O"形胶圈；8—"O"形胶圈；9—活塞；10—剪钉；11—卡块；12—悬挂体；13—"O"形胶圈；14—"O"形胶圈；15—活塞套；16—小卡簧；17—大卡簧；18—保护环；19—键；20—下接头

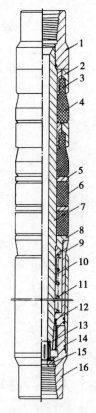

图 1-43 玉门 Y344-114 型
封隔器结构示意图

1—上接头；2—胶筒座；3—硫化芯子；4—上
胶筒；5—隔环；6—胶筒；7—中心管；8—胶
筒压帽；9—活塞；10—弹簧座；11—弹簧；
12—"O"形胶圈；13—滤网罩；14—"O"
形胶圈；15—网罩压帽；16—下接头

最大外径：115mm；

最小通径：30mm；

坐封压力：3MPa；

胶筒型号：玉门自制；

工作压力：下压 85MPa；

工作温度：100℃。

（4）技术要求。

与节流器配套使用，节流器启开压
力必须大于封隔器的坐封压力。

10）玉门 Y344-115 型封隔器

（1）用途。用于酸化、压裂和找窜、
封窜。

（2）结构。结构如图 1-44 所示。

（3）主要技术参数。

总长：1140mm；

最大外径：115mm；

最小通径：40mm；

坐封压力：1.5MPa；

胶筒型号：玉门自制；

工作压力：下压 80MPa；

工作温度：100℃。

（4）技术要求。

与节流器配合使用，节流器启开压
力必须大于封隔器的坐封压力。

11）玉门 Y341-115 型封隔器

（1）用途。主要用于分层测试和堵
水。

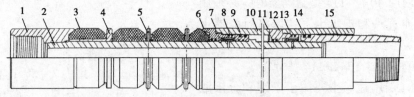

图 1-44 玉门 Y344-115 型封隔器结构示意图

1—上接头；2—中心管；3—胶筒；4—限位套；5—隔环；6—上活塞；7—卡簧；
8—滤网罩；9—承压环；10—缸套；11—"O"形胶圈；12—下活塞；
13—"O"形胶圈；14—"O"形胶圈；15—下接头

（2）结构。结构如图1-45所示。

（3）主要技术参数。

总长：900mm；

最大外径：115mm；

最小通径：62mm；

坐封压力：10MPa；

胶筒型号：玉门自制；

工作压力：7MPa；

工作温度：100℃；

解封载荷：380kN。

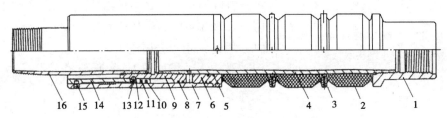

图1-45　玉门Y341-115型封隔器结构示意图

1—上接头；2—胶筒；3—隔环；4—中心管；5—"O"形胶圈；6—活塞；7—活塞套；

8—"O"形胶圈；9—下接头；10—卡簧；11—衬簧；12—剪钉垫；

13—剪钉；14—卡簧座；15—剪钉；16—短节

（4）技术要求。

封隔器承受上压时，压力不大于7MPa。上压过高会造成剪钉剪断，封隔器解封。

12）江汉Y345-114型封隔器

（1）用途。主要用于找水、堵水。

（2）结构。结构如图1-46及图1-47所示。

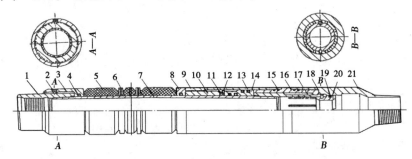

图1-46　江汉Y345-114型封隔器结构示意图

1—上接头；2—防松销钉；3—上密封环；4—"O"形胶圈；5—胶筒；6—隔环；7—中心管；8—下密封环；9—锁套；10—内套；11—锥环；12—锁环；13—"O"形胶圈；14—坐封活塞；15—"O"形胶圈；16—特殊接头；17—弹簧爪；18—解封剪钉；19—"O"形胶圈；20—解封套；21—下接头

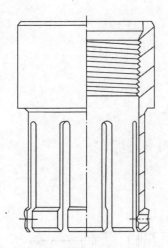

图 1-47 江汉 Y345-114 型封
隔器弹簧爪结构示意图

（3）主要技术参数。

总长：935mm；

最大外径：114mm；

最小通径：36mm 和 48mm 两种；

坐封压力：15MPa；

胶筒型号：SY113-12-15；

工作压力：15MPa；

工作温度：120℃；

解封压力：8.0~10MPa。

（4）技术要求。

解封剪钉的材质性能必须稳定。

13）江汉 Y341-114 型封隔器

（1）用途。用于分层注水。

（2）结构。结构如图 1-48 所示。

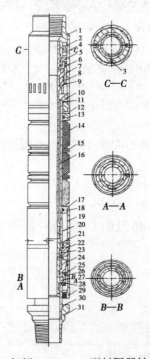

图 1-48　江汉 Y341-114 型封隔器结构示意图

1—上接头；2—解封拉钉；3—定位销；4—上反洗套；5—销钉挂；6—"O"形胶圈；7—反洗活塞；8—上中心管；9—"O"形胶圈；10—活塞座；11—"O"形胶圈；12—并帽；13—上密封环；14—胶筒；15—隔环；16—内中心管；17—"O"形胶圈；18—下密封环；19—下反洗套；20—外中心管；21—解封短节；22—坐封活塞；23—上部锁块；24—"O"形胶圈；25—锁环；26—锥环；27—下部锁块；28—定位销钉；29—锁套；30—下中心管；31—下接头

（3）主要技术参数。

总长：1000mm；

最大外径：114mm；

最小通径：47mm；

反洗活塞启开压力：0.4MPa；

坐封压力：15MPa；

工作压力：上压不大于5MPa；

　　　　　下压15MPa；

胶筒型号：YS113-12-15；

解封负荷：35kN。

（4）技术要求。

随着使用封隔器级数的增加，各级封隔器在解封时所要克服的摩擦力也不断增大，因而各级解封拉钉的直径也在增大，所以承受上压的能力也在增大。

为了提高封隔器承受上压的能力，可在油层下部加下一级封隔器。

第四节　水力扩张式封隔器

水力扩张式封隔器，是靠胶筒向外扩张来封隔油、套管环形空间的。因此，胶筒的内部压力必须大于外部压力，也就是油管压力必须大于套管压力。所以，水力扩张式封隔器必须和节流器配套使用。

一、K344 型扩张式封隔器结构组成

1. K344 型扩张式封隔器的结构如图 1-49 所示。

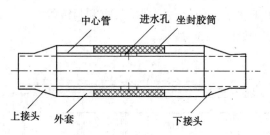

图 1-49　K344 型封隔器结构原理示意图

2. 工作原理

从油管内加液压，当管内外压差达 0.5～0.7MPa 时，液压经滤网罩、下接头的孔眼和中心管的水槽，作用于胶筒的内腔，使胶筒胀大，密封油套环形空间；放掉油管内的压力，当其油管内外压差低于 0.5～0.7MPa 时，胶筒即收回解封。

3. 主要技术参数

K344 型封隔器的主要技术参数见表 1-23。

表 1-23 K344 型封隔器的主要技术参数

参 数	规 格 型 号		
	K344-110	K344-135	K344-95
钢体最小内径（mm）	62	62	50
钢体长度（mm）	930	920	870
油管内外压差（MPa）	0.5~0.7	0.5~0.7	0.5~0.7
封隔器全长（mm）	500	520	490
封隔器工作面长度（mm）	240	280	240
工作压差（MPa）	12	12	12
工作温度（℃）	50	50	50
两端连接螺纹（in）	2⅞TGB	2⅞TGB	2⅞TGB

4. 使用条件及特点

扩张式封隔器必须与节流器配套使用，其优点是结构简单，洗井方便。缺点是必须在油管内外造成一定压差方能正常工作，停注时层间易窜通，胶筒经常扩张收缩，影响使用寿命。

二、大庆 K344-114 型水力扩张式封隔器结构组成、工作原理及技术要求

1. 大庆 K344-114 型封隔器

（1）用途。用于注水、酸化、压裂、找窜和封窜等。

（2）结构。结构如图 1-50 所示。

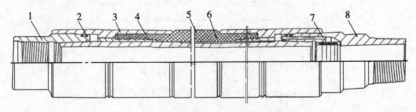

图 1-50 大庆 K344-114 型封隔器结构示意图

1—上接头；2—"O"形胶圈；3—胶筒座；4—硫化芯子；5—胶筒；
6—中心管；7—滤网罩；8—下接头

（3）主要技术参数。

水力扩张式封隔器主要技术参数见表 1-24。

表 1-24　水力扩张式封隔器主要技术参数

封隔器型号	总长（mm）	最大外径（mm）	最小通径（mm）	胶筒型号	坐封压力（MPa）	工作压力（MPa）	工作温度（℃）
DJL441-1	850	95	62	KZ94-5-12	0.5~0.7	12.0	50
大庆 K344-114	910	114	62	KZ110-7-15	0.5~0.7	12.0	70
大庆 K344-114	870	114	55	KZ114-5-50	1.3~1.5	50.0	50
JH457-8	850	110	62	KZ110-7-15	0.5~0.7	15.0	70
DJH453	960	114	55	KZ114-9-50	1.0~1.5	50.0	90
玉门 K344-115	860	115	62	玉门自制	1.0~1.5	70.0	50
大庆 K344-136	990	136	62	KZ135-5-12	0.5~0.7	12.0	50
大庆 K344-140	950	140	55	KZ140-5-50	1.0~0.7	50.0	50
玉门 K344-136	860	136	62	玉门自制	1.0~1.5	12.0	50
玉门 K344-146	860	146	62	玉门自制	1.5~1.5	12.0	50
玉门 K344-186	860	186	62	玉门自制	1.5~2.0	12.0	50

三、大港 K344-112 型封隔器

（1）用途。用于防砂、化学堵水、水泥浆封窜和压裂等施工。

（2）结构。结构如图 1-51 所示。

（3）主要技术参数。

总长：1245mm；

最大外径：112mm；

最小通径：62mm；

工作压力：25MPa；

坐封压力：1.0~1.5MPa；

工作温度：50℃；

胶筒型号：KZ110-5-25。

（4）技术要求。

封隔器组装时应从上到下进行，活塞和下接头要待机油注入液缸后再装。装机油时，首先将塞钉卸下，待流出机油排尽缸内气体后再将塞钉上扣拧紧。

与此种封隔器配合使用的节流工具的启开压力应大于封隔器的坐封压力。

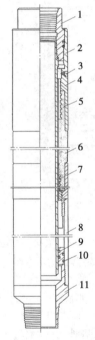

图 1-51　大港 K344-112 型
封隔器结构示意图

1—上接头；2—上钢碗；3—塞钉；4—中心管；
5—硫化芯子；6—胶筒；7—下钢碗；8—液缸套；
9—活塞；10—"O"形胶圈；11—下接头；

第五节　组合式封隔器

本节只介绍一种组合式封隔器，即玉门 K344-115 型封隔器。

（1）用途。用于中深井合层、任意一层或分层的压裂和酸化等。

（2）结构。结构如图 1-52 所示。

当用该封隔器进行一次两层施工时，上封隔器装有滑套控制封隔器坐封，只有从油管投球并加液压剪断剪钉，滑套下移后，封隔器才能坐封。

（3）主要技术参数。

总长：1160mm；

最大外径：115mm；

最小通径：30mm；

起封压力：1.0MPa；

剪钉剪断压力：8.0~10.0MPa；

胶筒型号：玉门自制

工作压力：100MPa；

工作温度：90℃。

（4）技术要求。

与节流器配套使用，节流器的启开压力必须小于封隔器的起封压力。

组装后，封隔器胶筒能在中心管上灵活滑动。

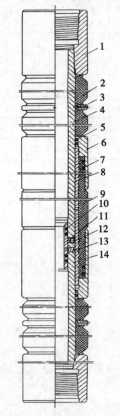

图 1-52　玉门 K344-114 型
封隔器结构示意图

1—接头；2—胶筒；3—隔环；4—中心管；5—"O"形胶圈；6—胶筒座；7—"O"形胶圈；8—硫化芯管；9—胶筒；10—"O"形胶圈；11—滤网；12—滤网帽；13—剪钉；14—滑套

第六节　特殊用途封隔器

一、裸眼封隔器

（1）用途。适用于直径为 150~180mm 的裸眼井分层作业工艺及注水采油。

（2）结构。K340-140 型裸眼封隔器结构如图 1-53 所示。

（3）技术参数见表 1-25 与表 1-26。

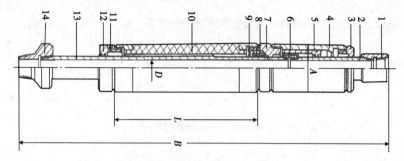

图 1-53　K340-140 型裸眼封隔器结构示意图

1—上接头；2—中心管；3—钢盖；4—钢套；5—活塞；6—特殊接箍；7—密封阀座；8—密封阀；
9—弹簧；10—胶筒；11—泄压丝堵；12—浮动接头；13—下中心管；14—下接头

表 1-25　裸眼封隔器技术参数

型号	外型尺寸（mm）	最小通径 D（mm）	胶筒长度 L（mm）	连接螺纹代号
K341-140	140×2800	62	1680	2⅞TBG
K341-137	137×2280	45	1660	2⅞TBG
K341-137	137×2940	55	1660	2⅞TBG
K341-137	137×2552	45	1660	2⅞TBG

表 1-26　裸眼封隔器技术参数

项　　目	型　　号			
	K341-137	K340-140	K344-137	K345-137
胶筒扩张压力（MPa）	≤0.5	0.7~1	≤0.5	≤0.5
最大密封压差（MPa）	44	25	44	44
工作压差（MPa）	34	15	34	34
偏心	≤4	≤5	≤4	≤4
坐封压力（MPa）	9~10	10~12	—	9~10
解封载荷（N）	≤1500	≤3500	—	≤2000
滑套释放压力（MPa）	—	—	—	6~10
工作温度（℃）	150	150	150	150

二、套管外封隔器

（1）用途。适用于油、气、水井固井作业。

（2）结构。结构如图 1-54 所示。

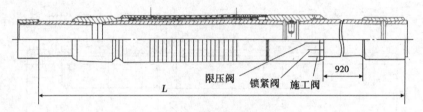

限压阀　锁紧阀　施工阀　920

图 1-54　套管外封隔器结构示意图

（3）技术参数见表 1-27。

表 1-27　套管外封隔器的基本参数和尺寸

型号	公称直径 d (mm)	最大外径 D (mm)	最小内径 d_0 (mm)	有效长度 L (mm)	胶筒密封长度 L_0 (mm)	适用井径 (mm)		连接螺纹代号		壁厚 (mm)	许用载荷 (kN)
						最小	最大	上端内螺纹	下端外螺纹		
TFS-114	114	154	100	2941	<700	190	235	$4\frac{1}{2}$LCSG	$4\frac{1}{2}$CSG	6.35	800
TFS-127	127	172	112	2960	<700	205	249	5LCSG	5CSG	7.52	1100
TFS-140	140	180	122	2967	<700	220	260	$5\frac{1}{2}$LCSG	$5\frac{1}{2}$CSG	7.72	1240
TFS-140	140	185	122	2967	<700	220	260	$5\frac{1}{2}$LCSG	$5\frac{1}{2}$CSG	7.72	1470
TFS-168	168	208	150	2986	<700	248	295	$6\frac{5}{8}$LCSG	$6\frac{5}{8}$CSG	8.94	1680
TFS-178	178	218	180	2992	<700	255	308	7LCSG	7CSG	8.05	1780
TFS-194	194	234	177	3000	<700	275	324	$7\frac{5}{8}$LCSG	$7\frac{5}{8}$CSG	8.33	1750
TFS-219	219	259	199	3018	<700	300	350	$8\frac{5}{8}$LCSG	$8\frac{5}{8}$CSG	10.16	2330
TFS-245	245	285	224	3030	<700	325	380	9LCSG	9LCSG	10.03	2510
TFS-273	273	313	253	2967	<700	355	410	$10\frac{3}{4}$LCSG	$10\frac{3}{4}$CSG	11.43	2680
TFS-299	299	344	278	2967	<700	380	440	$11\frac{3}{4}$LCSG	$11\frac{3}{4}$CSG	12.42	2820
TFS-340	340	386	320	2967	<700	425	480	$13\frac{3}{8}$LCSG	$13\frac{3}{8}$CSG	13.06	2990

注：（1）Ⅲ型封隔器已代替Ⅰ、Ⅱ型封隔器，除 TFE-140B 外均为Ⅲ型。

（2）TFE-140B 型封隔器胶筒为高压胶筒，用于水平井。

（3）中心管：提升短节、短节、接箍材料选用：140B 选用 D75（P-110）；其余规格选用 D55（N-80）。

（4）螺纹抗滑扣最小载荷按相应壁厚的短圆螺纹选用。

（5）有效长度 L 是胶筒密封长度为 700mm 时的长度。

三、静液压封隔器

（1）用途：用于斜井的分层找水、堵水或注水。

（2）结构：结构如图 1-55 所示。

（3）主要技术参数见表 1-28。

表 1-28　静液压封隔器（ZBE14001-89）

参　数	Y541-100	Y541-110			Y541-115			Y541-148		Y541-185	
套管内径（mm）	108~115	118~122			121~127			157~162		195~203	
内通径（mm）	≥36	≥40			≥50			≥62		≥73	
工作压差（MPa）	30	10	15	25	10	15	25	10	20	10	15
解封载荷（kN）	60~70	30~45	45~60	60~80	35~45	55~65	90~100	45~55	90~100	60~70	90~100
水力锚密封压差（MPa）	30	25			25			20		15	
坐封载荷（kN）	45	55								65	
工作温度（℃）	120	150			120						
适用井斜角（°）		≤45									
适用井深（m）	≤3200	≤4000			≤3000			≤2500			
两端连接螺纹		油管螺纹									
锁环　顺齿推力(N)		<300									
锁环　逆齿锁紧力（kN）		>300									
大气室密封压力（MPa）		按最大适用井深计算									

四、胜利 Y421-152 型封隔器

（1）用途：用于注气工艺。

（2）结构。胜利 Y421-152 型封隔器主要由上下接头、中心管、碗状密封总成、密封盒、密封筒、上下锥体、上下卡瓦、开合螺母、箍簧、扶正套、摩擦块、挡环等组成，如图 1-56 所示。

（3）技术规格。

工作压力：15.7MPa；

工作温度：353℃；

最大外径：152mm；

摩擦块最大外径：172mm；

摩擦块最小外径：145mm；

密封元件外径：150mm；

密封元件长度：114mm；

总质量：86kg；

总长度：1230mm；

适应套管：7in。

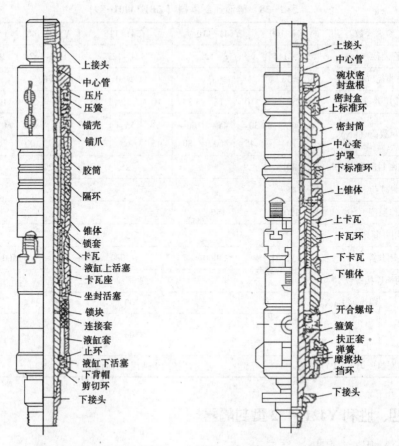

图 1-55 静液压封隔器结构示意图　　　　图 1-56 胜利 Y421-152 型封隔器结构示意图

（4）主要特点。

①采用双向卡瓦支撑，能承受管柱重力和注气压差，卡得死，不蠕动，密封可靠。

②加长了旋转坐封螺纹长度和增加了挡油环，减少了中途坐封。

③具有打捞密封接头，便于打捞。

④摩擦块压簧数可根据套管内径选择，适用范围广。

⑤密封筒采用 PS_2 聚四氟乙烯复合材料，提高了耐温性能。

第七节　控制类工具

一、控制类工具型号编制方法

控制类工具型号编制方法如下，如图 1-57：

46

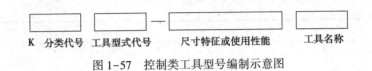

| K | 分类代号 | 工具型式代号 | — | 尺寸特征或使用性能 | 工具名称 |

图 1-57 控制类工具型号编制示意图

代号说明及举例如下。

1. 分类代号

用 K 表示控制类工具的分类代号。

2. 工具型式代号

控制类工具型式代号用两个大写汉语拼音字母表示。这两个字母应分别是工具型式名称中的两个关键汉字的第一个汉语拼音字母,其编写方法见表 1-29。表 1-29 中未列出的其他控制类工具型式代号也按此规则编写,但不能出现两个相同的型式代号,以免混淆。

表 1-29　控制类工具型式代号

序号	工具型式名称	代号	序号	工具型式名称	代号
1	桥式	QS	11	侧孔	CK
2	固定式	GD	12	弹簧	TH
3	偏心式	PX	13	轨道	GD
4	滑套式	HT	14	正洗	ZX
5	阀	PE	15	反洗	FX
6	喷嘴	PZ	16	卡瓦	QW
7	缓冲	HC	17	锚爪	MZ
8	旁通	PT	18	水力	SL
9	活动	HD	19	连接	LJ
10	开关	KG	20	撞击	ZJ

3. 尺寸特征或使用性能参数

尺寸特征或使用性能参数的表示方法,由每个工具标准中具体规定,可以有外径表示法、外直径×内通径表示法、长度表示法、联接螺纹表示法、工作压力表示法、张力载荷表示法和扭矩表示法等。表示规定见表 1-30。

表 1-30　控制类工具基本参数

项目		代号	单位
尺寸特征	长度		mm
	外直径		mm
	外直径×内通径		mm

项　　目		代　　号	单位
联接螺纹	内螺纹尺寸×外螺纹尺寸	M（普通螺纹）	mm
		T（梯形螺纹）	mm
		S（锯齿螺纹）	mm
		EU（外加厚油管螺纹）	in
		NU（平式油管螺纹）	in
使用性能	工作压力		MPa
	张力载荷		kN
	扭矩		kN

4. 工具名称

工具名称用汉字表示，方法见表1-31规定，表中未列出的也按此规则编写。

表 1-31　控制类工具名称

序号	工具名称	序号	工具名称
1	堵水器	11	扶正器
2	配产器	12	充填工具
3	配水器	13	安全接头
4	喷砂器	14	刮蜡器
5	定位器	15	冲击器
6	气举阀	16	水力锚
7	滑套	17	隔热管
8	阀	18	伸缩管
9	脱节器	19	堵塞器
10	泄油器	20	防脱器

5. 应用举例

KQS—110型堵水器：表示外径为110mm的控制工具类桥式堵水器。

KLJ—90×50型安全接头：表示最大外径为90mm，内通径为50mm的控制工具类连接管柱用的安全接头。

二、油井用控制类工具

1. KQS-110型活动式配产器

（1）用途：在封隔器封隔各油层组后，对各油层组进行分别控制，实现分层配产的目的。

（2）结构如图1-58所示。

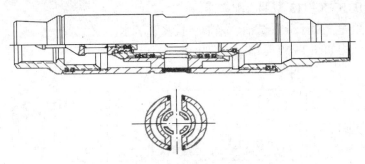

图 1-58   KQS-110 型活动式配产器

（3）技术指标见表 1-32。

表 1-32   KQS-110 型活动式配产器技术指标

种类	长度 （mm）	外径 （mm）	工作筒内径 （mm）	堵塞器最大外径 （mm）
KQS-110 甲	600	110	52	54
KQS-110 乙	600	110	48	50
KQS-110 丙$_1$	600	110	45	46.5
KQS-110 丙$_2$	600	110	41.5	43
KQS-110 丁	600	110	38	39.5

注：堵塞器最大外径指装上密封圈后，密封圈的最大外径。

2. 大庆 KPX-113（635）型配产器

（1）用途：组成配产管柱后可以分层定量配产。与仪表配套使用测得各分层参数。

（2）结构如图 1-59 所示。

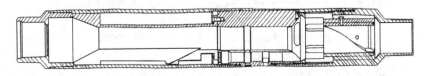

图 1-59   大庆 KPX-113（635）型配产器

（3）技术指标见表 1-33。

表 1-33   大庆 KPX-113（635）型配产器技术指标

名 称	总长 （mm）	最大外径 （mm）	最小内径 （mm）	质量 （kg）	工作压力 （MPa）
偏心工作筒	990	113	46	35	12
堵塞器	240	22		0.4	12

3. 大庆 KPX-113 型偏心配产器

（1）用途：用于分层试油、采油、找水和堵水。

（2）结构如图 1-60 至图 1-62 所示。

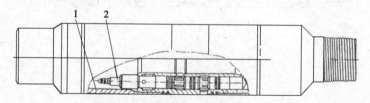

图 1-60 大庆 KPX-113 型偏心配产器
1—工作筒；2—堵塞器

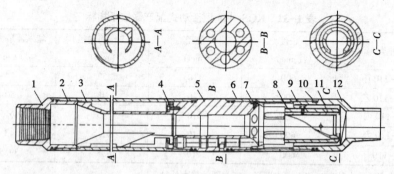

图 1-61 大庆 KPX-113 型偏心配产器工作筒
1—上接头；2—上连接套；3—扶正体；4—螺钉；5—工作筒主体；6—下连接套；
7—螺钉；8—支架；9—螺钉；10—"O" 形胶圈；11—导向体；12—下接头

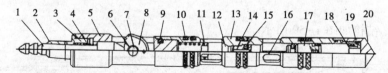

图 1-62 大庆 KPX-113 型偏心配产器堵塞器
1—打捞杆；2—压盖；3—"O" 形胶圈；4—压簧；5—支撑座；6—扭簧；7—轴；8—凸轮；
9—"O" 形胶圈；10—"O" 形胶圈；11—压簧；12—阀；13—密封段；14—油嘴；15—"O" 形胶圈；
16—顶杆；17—活塞；18—拉簧；19—拉簧锚；20—导向头

（3）技术指标见表 1-34。

表 1-34 大庆 KPX-113 型偏心配产器技术指标

名称	总长 （mm）	最大外径 （mm）	最小内径 （mm）	质量 （kg）	工作压力 （MPa）
偏心工作筒	995	113	46	35	15
堵塞器	240	22		0.4	15

50

（4）技术要求。

扶正体开口槽中心线，$\phi20mm$ 偏孔中心线、导向体开口槽中心线与工作筒中心线应在同一平面。凸轮工作状态外伸2.2mm，收回后小于 $\phi20mm$。组装试压15MPa，稳压3min为合格。

4. 胜利 KTI-110（0652）型双凸轮配产器

（1）用途：用于分层采油、试油和找水堵水等。

（2）结构如图1-63所示，由工作筒（包括件1和件16）和堵塞器（包括件2～15）组成。前者为固定部分，后者为活动部分。

（3）技术指标见表1-35。

表1-35　胜利 KTI-110（0652）型双凸轮配产器技术指标

名　　　称	甲	乙	丙	丁
总长（mm）	700	700	700	700
工作筒最大外径（mm）	110	110	110	110
工作筒最小通径（mm）	54	48	42	38
堵塞器最大外径（mm）	56	50	44	40

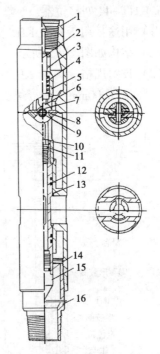

图1-63　胜利 KTI-110（0652）型双凸轮配产器

1—工作筒；2—打捞头；3—销钉；4—压簧；
5—支撑套；6—凸轮；7—扭簧；8—衬套；9—轴；
10—油嘴；11—"O"形胶圈；12—"O"形胶圈；
13—密封段；14—"O"形胶圈；
15—导向头；16—下接头

5. KHT-114型滑套堵水器

（1）用途。主要用于滑套式分采管柱分层采油、堵水和测试。可实现不压井起下管柱，开关任意级分层采油目的。

（2）结构如图1-64所示。

（3）技术指标见表1-36。

表1-36　KHT-114型滑套堵水器技术指标

参　　　数	KHT-114×46
外径（mm）	114
内通径（mm）	46
总长（mm）	790
进油孔径（mm）	$\phi8\times8$
工作压力（MPa）	25
联接螺纹	$2\frac{7}{8}$TBG

6. KHT-44 型移位器

（1）用途：用于开关 KHT 型堵水器中的滑套。

（2）结构如图 1-65 所示。

（3）技术规格。用于 KHT-114 型堵水器配套的 KHT-44 型移位器：外径 44mm，总长 2000mm，联接螺纹 M30×1.5。

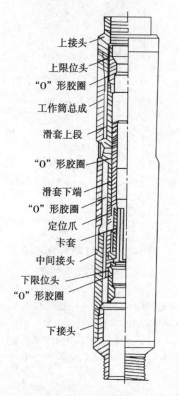

图 1-64　KHT-114 型滑套堵水器

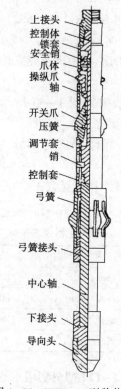

图 1-65　KHT-44 型移位器

7. KTH-90 型滑套开关

（1）用途。用于油套管通道的控制，是实现分层找水、堵水技术的关键工具。

（2）结构如图 1-66 所示。

（3）技术参数见表 1-37。

表 1-37　KTH-90 型滑套开关技术参数

连接扣型		总长 （mm）	最大外径 （mm）	最小内径 （mm）	进液孔 （mm）	工作压差 （MPa）
上端	下端					
2⅞TGB	3½TGB	550	90	27.4	2×φ15	16

52

8. KQS-90 型连通器

（1）用途。具有泄压功能，防止堵水管柱上窜，和滑套开关配套使用可实现不压井作业。

（2）结构如图 1-66 所示。

（3）技术参数见表 1-38。

表 1-38　KQS-90 型连通器技术参数

连接扣型	总长	最大外径	最小内径	进液孔
上端	（mm）	（mm）	（mm）	（mm）
2⅞TGB	390	90	2.2	2×φ15

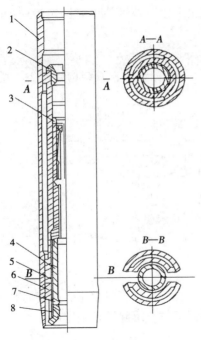

图 1-66　KTH-90 型滑套开关

1—主体；2—上限位环；3—弹簧爪定位体；

4—密封圈；5—滑套；6—密封圈；

7—调节环；8—下限位环

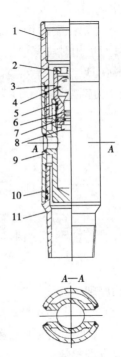

图 1-67　KQS-90 型连通器

1—上接头；2—挡板；3—球座；4—钢球；

5—密封圈；6—密封圈；7—销钉；8—活塞；

9—主体；10—密封圈；11—下接头

53

第二章　井下配套工具

第一节　水井配套工具

一、SM型水力锚

1. 使用范围

SM型水力锚主要适用于油水井采油、注水、压裂等施工时锚定管柱，防止油管与套管产生相对位移。

2. 结构组成

SM型水力锚主要由上接头、锚瓦、小体等部分组成，其结构如图2-1所示。

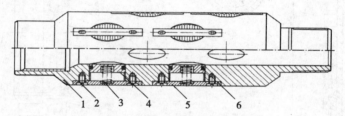

图2-1　SM型水力锚结构示意图

1—上接头；2—销钉；3—弹簧；4—锚爪；5—压条；6—密封圈

3. 工作原理

油套之间产生一定压差时，锚爪自动伸出，卡在套管内壁上，锚定管柱。油套压差消失，锚爪在其复位弹簧的作用下收回复位，解除管柱锚定。

4. 主要技术参数

SM型水力锚的主要技术参数见表2-1。

表2-1　SM型水力锚的主要技术参数

技术参数	规 格 型 号		
	SM-102	SM-115	SM-150
长度（mm）	355	390	440
最大外径（mm）	102	115	150
最小内径（mm）	50.3	62	62
额定工作压差（MPa）	70	70	70

技术参数	规 格 型 号		
	SM-102	SM-115	SM-150
工作温度（℃）	150	150	150
两端连接螺纹（in）	2⅞TBG	2⅞TBG	2⅞TBG
适应套管内径（mm）	108.6~114	118~132	154~166

二、SK 型水力卡瓦

1. 使用范围

SK 型水力卡瓦是锚定补偿式注水管柱的配套工具之一。该工具与水力锚对管柱进行锚定和支撑，与补偿器配套使用，避免了封隔器坐封及注水过程中的管柱蠕动，可有效提高管柱的使用寿命。

2. 结构组成

SK 型水力卡瓦与控制机构、坐封机构和卡瓦机构等组成，其结构如图 2-2 所示。

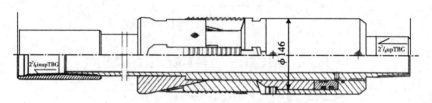

图 2-2　SK 型水力卡瓦结构示意图

3. 工作原理

工具下到设计位置后，向油管打液压，活塞在高压水作用下，剪断安全剪钉，推动卡瓦托上行使卡瓦坐卡，在释放液压后。管柱重量作用在卡瓦上，保证管柱处于支撑状态。当外压高（洗井）时，液压力只作用于活塞上，对卡瓦不起作用，卡瓦始终处于支撑管柱的状态，同时外压作用于封隔器上推动管柱下滑，使卡瓦越坐越紧。内压高时和坐卡状态相同，活塞推动卡瓦托使卡瓦越坐越紧。当需要解卡时，上提管柱，中心管带动上锥体向上移动，卡瓦失去内支撑解卡。

4. 主要技术参数

SK 型水力卡瓦的主要技术参数见表 2-2。

表 2-2　SK 型水力卡瓦的主要技术参数

技术参数	规 格 型 号	
	SK-115	SK-146
长度（mm）	609	609
最大外径（mm）	115	146

技术参数	规 格 型 号	
	SK-115	SK-146
最小内径（mm）	62	62
工作压差（MPa）	≤35	≤35
工作温度（℃）	160	160
两端连接螺纹（in）	2⅞TBG	2⅞TBG

三、大庆 KFE-110 型节流器

1. 用途
用于分层注水、找封窜、化学堵水和酸化等。

2. 结构
结构如图 2-3 所示。

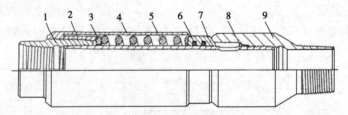

图 2-3　大庆 KFE-110 型节流器结构示意图

1—上接头；2—调节环；3—垫环；4—护罩；5—压簧；6—"O"密封圈；
7—阀；8—中心管；9—阀座接头

3. 技术指标
技术指标见表 2-3。

表 2-3　大庆 KFE-110 型节流器技术参数

总长（mm）	最大外径（mm）	最小内径（mm）	阀开启压力（MPa）
570	110	62	0.5~0.7

4. 技术要求
阀在 0.5~0.7MPa 压力下启开，阀四周喷水均匀；小于 0.5~0.7MPa 压力时阀关闭不漏。

四、配水器

1. KKX 型空心配水器

1）使用范围

KKX 型空心配水器一般与扩张式封隔器配套使用，也可以和压缩式封隔器配套使用，但必须投入死芯子。

2）结构组成

KKX 型空心配水器主要由配水机构和控制机构 2 部分组成，其结构如图 2-4
所示。可用专用工具投捞的活动部分为芯子。配水嘴装在芯子上用以控制注入各
层的水量。一个芯子装一个水嘴。芯子依靠密封段上的台肩定位在分水工作筒
上。芯子和分水工作筒之间靠密封段上的台肩定位在分水工作筒上使密封圈密
封。配水器型号主要有 401 型、402 型、403 型、404 型等。

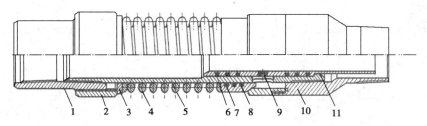

图 2-4　KKX 型空心配水器结构示意图

1—上部接头；2—调节环；3—弹簧垫圈；4—弹簧；5—中心管；6—活动芯子密封圈；

7—阀密封圈；8—阀；9—水嘴；10—下部接头；11—活动芯子

3）工作原理

油管加液压，高压水从工作筒的竖槽流出，通过阀压缩弹簧．从而使水流进
入套管，实现分层注水。

4）主要技术参数

KKX 型空心配水器的主要技术参数见表 2-4。

表 2-4　KKX 型空心配水器的主要技术参数

技术参数	规格型号	
	SK-115	
长度（mm）	540	
最大外径（mm）	106	
开启压力（MPa）	0.5~0.7	
连接螺纹（in）	2⅞TBG	
工作筒内径（mm）	401 型	58
	402 型	55
	403 型	51
	404 型	47
芯子内径（mm）	401 型	47
	402 型	44
	403 型	39
	404 型	32

2. ZJK 型空心配水器

1）使用范围

ZJK 型空心配水器主要适用于分层注水、测试、调配。

2）结构组成

ZJK 型空心配水器由配水机构和控制机构 2 部分组成。配水机构主要由芯子和水嘴组成；控制部分主要由活塞、换向轨道和定位弹簧组成。其结构如图 2-5 所示。

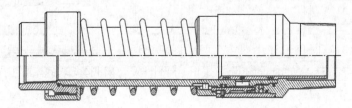

图 2-5　ZJK 型空心配水器结构示意图

3）工作原理

从油管内打压坐封时，配水器的活塞由短轨道的下死点上移到短轨道的上死点，配水器处于密封状态；不能开启注水，从而保证了坐封过程中管柱的可靠密封。坐封完毕后，油管泄压，活塞在弹簧力的作用下，复位换向进入长轨道（注水轨道）。

注水时，活塞将在注水压力的作用下沿长轨道上行，注水通道被打开，配水器转入正常注水。

ZJK 型空心配水器的注水量由水嘴进行调控。关井时，活塞在弹簧力的作用下关闭，可防止层间串通。

4）主要技术参数

ZJK 型空心配水器的主要技术参数见表 2-5。

表 2-5　ZJK 型空心配水器的主要技术参数

技术参数	规 格 型 号				
	401	402	403	404	405
长度（mm）	634	634	634	634	634
最大外径（mm）	115	115	115	115	115
芯子通径（mm）	49	44	39	34	26
开启压差（MPa）	0.9	0.9	0.9	0.9	0.9
最大工作压差（MPa）	35	35	35	35	35
工作温度（℃）	≤120（160）	≤120（160）	≤120（160）	≤120（160）	≤120（160）
两端连接螺纹（in）	2⅞TGB	2⅞TGB	2⅞TGB	2⅞TGB	2⅞TGB

5）使用操作

（1）下井。将芯子配上所需水嘴，投入 ZJK 型空心配水器内，直接下入井中。

（2）坐封。可按照设计要求，直接从油管打压进行封隔器坐封。

（3）注水。打压坐封完毕，从油管卸压，即可直接开泵注水。

（4）测试。多级使用，先测出全井流量，将球杆坐严在最下一级配水器的芯子上，测试出上面几层的注水量，然后用总注水量减去上面几层的注水量，即得出最下层注水量。依次类推，测算出全井各层吸水量。

（5）投捞、调配。打捞配水器芯子时，按配水器型号选择相应打捞杆，下入打捞杆，即可起出芯子。投送芯子时，先将芯子由井口投入井中，然后利用相应型号的加重杆将芯子蹾实在配水器内。调配时，按照配注量，先打捞出原井芯子，换上合适的水嘴后，再投送到井中。

6）注意事项

（1）下井顺序自下而上依次为 404 型、403 型、402 型、401 型。

（2）油管必须用 φ58mm×400mm 的油管规通管。

（3）动态停注的油层，轨道销钉必须装在长轨道上。

（4）起下管柱时，严禁猛提猛放，力求操作平稳。

（5）坐封时，必须一次打压到封隔器坐封所需的压力，中途不得停泵。

3. 大庆 KGD-110 型固定配水器

（1）用途。用于分层注水。

（2）结构如图 2-6 所示。

（3）技术指标见表 2-6。

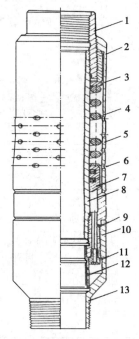

图 2-6　大庆 KGD-110 型固定
配水器结构示意图

1—上接头；2—调节圈；3—垫环；4—压簧；
5—护罩；6—"O"形密封圈；7—阀；8—中心管；
9—"O"形密封圈；10—阀座接头；11—水嘴；
12—虑罩；13—下接头

表 2-6　大庆 KGD-110 型固定配水器技术参数

总长 （mm）	最大外径 （mm）	最小内径 （mm）	阀开启压力 （MPa）
630	110	62	0.5～0.7

（4）技术要求。

阀在 0.5~0.7MPa 压力下启开，阀四周喷水均匀；小于 0.5MPa 压力，阀关闭不漏。

4. 大庆 KHD-73 型空心配水器

（1）用途。用于分层注水

（2）结构如图 2-7 所示。

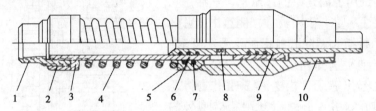

图 2-7　大庆 KHD-73 型空心配水器结构示意图

1—上部接头；2—调节螺母；3—弹簧垫圈；4—弹簧；5—定压阀；6—工作筒；

7—密封圈；8—水嘴；9—活动芯子；10—下部接头

（3）技术要求见表 2-7。

表 2-7　大庆 KHD-73 型空心配水器技术参数

级数	工作筒外径 （mm）	工作筒内径 （mm）	活动芯子内径 （mm）	活动芯子外径 （mm）	测试球外径 （mm）
Ⅰ	73	$59^{-0.2}_{-0.25}$	49	$58^{+0.35}_{+0.25}$	50.8~52
Ⅱ	73	$56^{-0.2}_{-0.25}$	44	$55^{+0.35}_{+0.25}$	47.5
Ⅲ	73	$52^{-0.2}_{-0.25}$	39	$51^{+0.35}_{+0.25}$	42
Ⅳ	73	$48^{-0.2}_{-0.25}$	32	$47^{+0.35}_{+0.25}$	35~38

5. 大庆 KPX-113 型偏心配水器

（1）用途。用于分层注水。

（2）结构如图 2-8 至图 2-11 所示。

（3）技术指标见表 2-8。

表 2-8　大庆 KPX-113 型偏心配水器技术参数

名称	总长 （mm）	最大外径 （mm）	最小内径 （mm）	工作压力 （MPa）
偏心工作筒	995	113	46	15
堵塞器	240	22		15
投捞器	1265	45		15

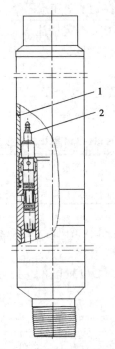

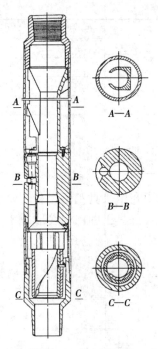

图 2-8　大庆 KPX-113 型偏心配水器
　　　　结构示意图

1—工作筒；2—堵塞器

图 2-9　大庆 KPX-113 型偏心配水
　　　　器工作筒结构示意图

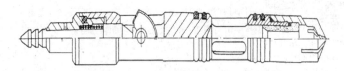

图 2-10　大庆 KPX-113 型偏心配水器堵塞器结构示意图

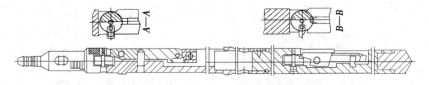

图 2-11　大庆 KPX-113 型偏心配水器投劳器结构示意图

（4）技术要求。

扶正体的开口槽中心线、声 20mm 偏孔中心线、导向体的开口槽中心线与工作筒中心线应在同一平面。

凸轮工作状态外伸 2.2mm，收回后在堵塞器最大外径以内，凸轮转动灵活可靠。

组装试压 15.0MPa，稳压 3min 为合格。

6. 大庆 KTH-114 型配水器

（1）用途。用于不定量注水、封窜等，与 K344-114 型封隔器组成工艺管柱，保证封隔器所需内外压差。

（2）结构如图 2-12 所示。

（3）技术指标见表 2-9。

表 2-9　大庆 KTH-114 型配水器技术指标

总长 （mm）	最大外径 （mm）	最小内径 （mm）	工作压力 （MPa）
580	114	62	15

7. 玉门 KPX-121 型偏心配水器

（1）用途。用于分层注水。

（2）结构如图 2-13 至图 2-15 所示。

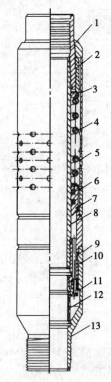

图 2-12　大庆 KTH-114 型
配水器结构示意图

1—上接头；2—调节环；3—垫环；4—压簧；
5—护罩；6、9—"O"形密封圈；7—阀；
8—中心管；10—阀座接头；11—水嘴；
12—虑罩；13—下接头

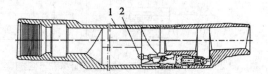

图 2-13　玉门 KPX-121 型偏心配水器结构示意图
1—工作筒；2—堵塞器

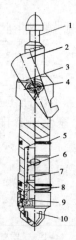

图 2-15　玉门 KPX-121 型偏心
配水器堵塞器结构示意图

1—堵塞器主体；2—卡钩；3—扭簧；
4—轴；5—"O"形密封圈；
6—压簧；7—阀；8—水嘴；
9—"O"形密封圈；10—滤罩

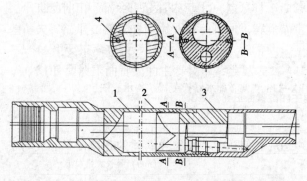

图 2-14　玉门 KPX-121 型偏心配水器工作筒结构示意图

1—上接头；2—导向体；3—下接头；4—销子；5—螺钉

（3）技术指标见表2-10。

表2-10 玉门KPX-121型偏心配水器技术指标

名称	总长 （mm）	最大旋转外径 （mm）	最小内径 （mm）	工作压力 （MPa）
偏心工作筒	1000	121	50	15
堵塞器	240	22		15
投捞器	1180	42		15

（4）技术要求。

定向器张开时，旋转直径为86mm；收拢锁紧后，不凸出投捞器最大外径。

扶正器扶正块伸开时，旋转直径为86mm；压缩后，不凸出投捞器最大外径。

8. 青海KPX-95型偏心配水器

（1）用途。用于分层注水。

（2）结构如图2-16至图2-18所示。

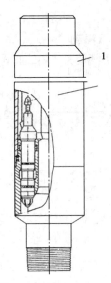

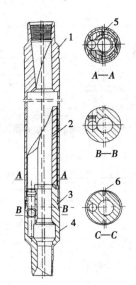

图2-16 青海KPX-95型偏心
配水器结构示意图

图2-17 青海KPX-95型
偏心配水器工作
筒结构示意图
1—上接头；2—导向体；
3—"O"形密封圈；4—下
接头 5—螺钉；6—螺钉

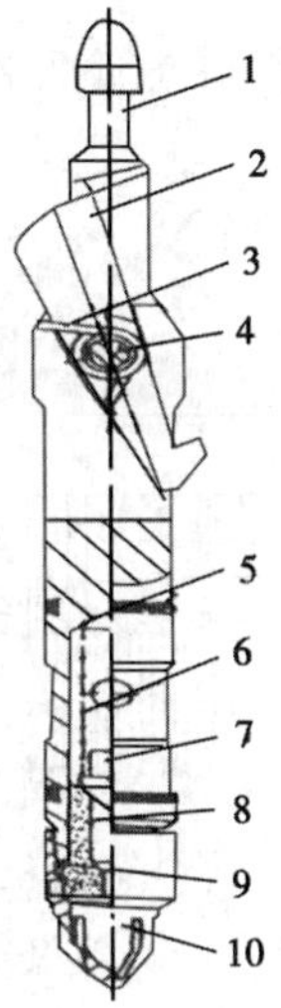

图2-18 青海KPX-95型偏心
配水器堵塞器结构示意图
1—堵塞器主体；2—卡钩；
3—扭簧；4—轴；5—"O"
形密封圈；6—压簧；7—阀；
8—水嘴；9—"O"形密
封圈；10—滤罩

（3）主要技术参数。

总长：1000mm；

最大外径：95mm；

最小通径：40mm；

偏孔直径：20mm；

堵塞器最大外径：23mm；

工作压力：15.0MPa。

（4）技术要求。

工作筒上接头的中心线、导向体的开口槽中心线、$\phi20$mm 偏孔中心线和下接头的中心线在同一平面。

堵塞器卡钩转动灵活，收回后不凸出堵塞器最大外径，工作状态外伸 6~7mm。

组装试压 15.0MPa，稳压 3min 为合格。

9. 大港 KPX-113 型偏心配水器

（1）用途。用于分层注水。

（2）结构如图 2-19 至图 2-22 所示。

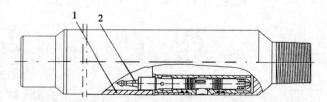

图 2-19　大港 KPX-113 型偏心配水器结构示意图

1—工作筒；2—堵塞器

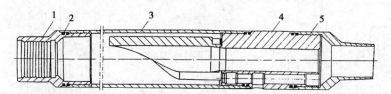

图 2-20　大港 KPX-113 型偏心配水器工作筒结构示意图

1—上接头；2—"O"形密封圈；3—连接套；4—导向主体；5—下接头

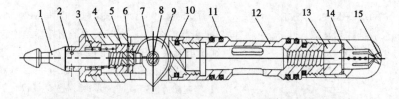

图 2-21　大港 KPX-113 型偏心配水器堵塞器结构示意图

1—打捞杆；2—压帽；3—压簧；4—支撑座；5—螺母；6—固定销；7—扭簧；8—轴；9—凸轮；
10—"O"形密封圈；11—"O"形密封圈；12—密封段；13—水嘴；14—紫铜垫；15—滤罩

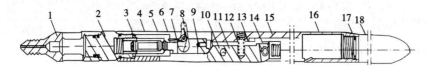

图 2-22　大港 KPX-113 型偏心配水器投捞器结构示意图

1—绳帽；2—接头；3—锁紧螺母；4—弹簧爪；5—锁杆；6—控制杆；7—扭簧；
8—凸轮；9—轴；10—轴；11—投捞爪；12—压簧；13—螺钉；14—扭簧；
15—投捞头；16—投捞体；17—"O" 形密封圈；18—加重杆

（3）技术指标见表 2-11。

表 2-11　大港 KPX-113 型偏心配水器技术指标

名称	总长（mm）	最大旋转外径（mm）	最小内径（mm）	工作压力（mm）
偏心工作筒	790	113	46	15
堵塞器	240	22		15
投捞器	1700	44		15

（4）技术要求。

导向主体开口槽中心线、偏孔 ϕ20mm 中心线和工作筒中心线应在同一平面。

堵塞器凸轮工作状态外伸 5mm，收回后小于 ϕ20mm。

组装试压 15.0MPa，稳压 3min 为合格。

10. 江汉 KHD-106 型空心活动配水器

（1）用途。用于分层注水。

（2）结构如图 2-23 所示。

（3）技术指标见表 2-12。

（4）技术要求。

水嘴和芯子的联接螺纹要密封可靠，密封压力为 15.0MPa。

投堵塞器应由下而上；捞堵塞器应由上而下逐级进行。

11. 大庆 KPX-95 型偏心配水器

（1）用途。用于套变井分层注水。

（2）结构如图 2-24 所示。

（3）技术指标见表 2-13。

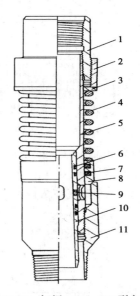

图 2-23　江汉 KHD-106 型空心活动配水器结构示意图

1—上接头；2—调节环；3—垫环；4—压簧；5—中心管；6、7—"O"形密封圈；8—阀；9—水嘴；10—芯子；11—阀座接头

表 2-12　江汉 KHD-106 型空心活动配水器技术指标

名　称	甲	乙	丙
总长（mm）	540	540	540
最大外径（mm）	106	106	106
中心管最小通径（mm）	57	48	40
芯子最小通径（mm）	46	40	30
阀开启压力（MPa）	0.5~0.7	0.5~0.7	0.5~0.7

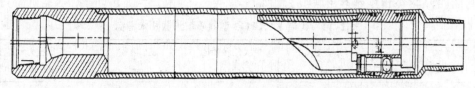

图 2-24　大庆 KPX-95 型偏心配水器结构示意图

表 2-13　大庆 KPX-95 型偏心配水器技术指标

总长（mm）	最大外径（mm）	最小内径（mm）	工作压力（mm）
1011	95	46	12

（4）技术要求。

"O" 形胶圈的过盈直径为 0.1~0.5mm。

凸轮转动灵活，收回后小于堵塞器刚体外径。

投堵塞器时，勿提打捞头、以防凸轮转动收回，失去支撑作用。投入后应压送，以便堵塞器坐于工作筒内。

投堵塞器应由下而上，捞堵塞器应由上而下逐级进行。

组装试压 15.0MPa，稳压 3min 为合格。

12. 同心集成注水技术

（1）用途。用于油田高含水开发阶段细分注水。

（2）结构如图 2-25、图 2-26 所示。

（3）技术指标见表 2-14、表 2-15。

表 2-14　Y341-114 型配水封隔器技术指标

工具名称	最大外径（mm）	长度（mm）	通径（mm）	坐封压力（MPa）	工作压力（MPa）	工作温度（℃）
Y341-114	114	950	60 55 52	12~15	25	<90

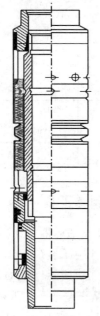

图 2-25　Y341-114 型配水封隔器结构示意图　　　　图 2-26　配水器结构示意图

表 2-15　配水封隔器技术指标

工具名称	长度（mm）	外径（mm）	内通径（mm）	工作压力（MPa）	工作温度（℃）
φ55mm 配水器	576	55	28.5	25	<90
φ55mm 配水器	576	52	26	25	<90

13. KYL-58 型液力投捞配水器

（1）用途。用于分层注水管柱中

（2）结构如图 2-27 所示。

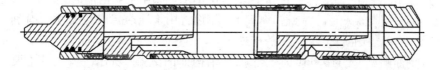

图 2-27　KYL-58 型液力投捞配水器结构示意图

（3）技术指标见表 2-16。

表 2-16　KYL-58 型液力投捞配水器技术指标

总长（mm）	最大外径（mm）	最小内径（mm）	工作压力（mm）
666	57.5	25	90

14. KFY-114 型负压洗井器

（1）用途。用于不同洗井封隔器的注水管柱。

（2）结构如图 2-28 所示。

（2）技术指标见表 2-17。

表 2-17　KFY-114 型负压洗井器技术指标

工具名称	长度 （mm）	外径 （mm）	工作筒 （mm）	洗井压力 （MPa）	工作压力 （MPa）	流量比
负压洗井器	1300	φ114	φ56.5	8~10	5~15	0.4~0.6

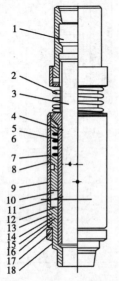

图 2-28　KFY-114 型负压
洗井器结构示意图

1—上接头；2—调节环；3—中心管；
4—大弹簧；5—推环；6—密封圈；
7—上固定活塞；8—密封圈；
9—小弹簧；10—外套；11—阀；
12—压环；13—密封圈；14—隔环；
15—下固定活塞；16—游动活塞；
17—下调节环；18—下接头

五、压裂用控制类工具

1. 大庆 KPS-114 型喷砂器

（1）用途。用于分层压裂。

（2）结构如图 2-29 所示，该喷砂器主要由上接头、中心管、弹簧、调节环、下接头等组成。

（3）技术参数：工作压差 50MPa，温度 90℃。最大外径 φ114mm，最小内径 φ50mm，最大长度 0.5m。

2. 大庆 KSL-114 型水力锚

（1）用途。用于锚定压裂管柱，防止管柱上顶或管柱蠕动。

（2）结构如图 2-30 所示，主要由锚体、锚爪、弹簧等组成。

（3）技术参数：工作压差 60MPa，温度 120℃。最大外径 φ114mm，最小内径 φ50mm，最大长度 0.5m。

3. 大庆 KAN-114 型安全接头

（1）用途：用于压裂管柱的丢手，有利于事故的处理。

（2）结构如图 2-31 所示，该工具主要由上下接头、滑套及销钉等组成。

（3）技术参数：工作压差 60MPa，温度 120℃。最大外径 φ114mm，最小内径 φ50mm，最大长度 0.4m。

4. 大庆 KDY-114 型喷砂器

（1）用途：用于压裂改造。

（2）结构如图 2-32 所示。

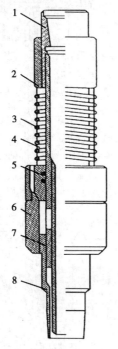 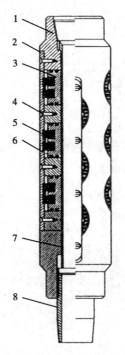

图 2-29　大庆 KPS-114 型喷砂器结构示意图　　图 2-30　大庆 KSL-114 型水力锚结构示意图
1—上接头；2—调节环；3—弹簧；4—中心管；　　　1—锚体；2—压板；3—猫爪；4—沉头螺丝；
5—阀；6—阀座；7—滑套；8—下接头　　　　　　5—弹簧；6—密封圈；7—衬套；8—短接

（3）技术参数：

长度：520mm；

最大外径：ϕ114mm；

最小内径：ϕ25mm；

工作压力：80MPa。

5. 江汉 KDY-114 型导压喷砂器

（1）用途。用于分层压裂。主要是向地层喷砂液和造成封隔器坐封所需的压力。

（2）结构如图 2-33 所示。

（3）技术参数。

总长：885mm；

最大外径：114mm；

喷嘴内径：30nm；

剪钉剪断压力：8.0~10.0MPa。

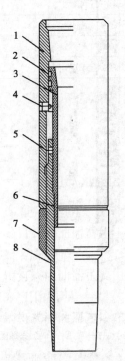
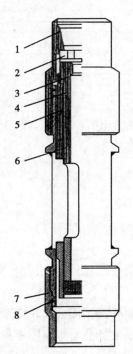
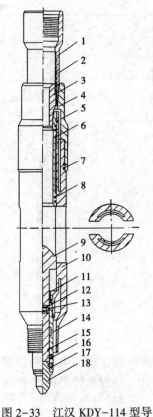

图 2-31　大庆 KAN-114 型
安全接头结构示意图

1—上接头；2—密封圈；

3—滑套；4—定位销钉；

5—剪断销钉；6—密封圈；

7—背帽；8—下接头

图 2-32　大庆 KDY-114 型
喷砂器结构示意图

1—上接头；2—滤网；

3—喷嘴；4—密封圈；

5—导压主体；6—衬管；

7—下接头；8—密封圈

图 2-33　江汉 KDY-114 型导
压喷砂器结构示意图

1—特殊短接；2—滤网；3—喷
嘴；4—上接头；5—剪钉；6—
滑套芯子；7、8、15—密封圈；
9—承压体；10—主体；11—套
环；12—压簧；13—固定销钉；
14—限位套；16、17—销钉；
18—密封堵头

六、其他控制类工具

1. 大庆 KQW-114 型支撑卡瓦

(1) 用途。作为管柱的下支点，以防管柱向下移动。

(2) 结构如图 2-34 所示。

(3) 技术指标见表 2-18。

(4) 技术要求。

组装后，整个卡瓦扶正机构在中心管轨道上滑动灵活，换向自如。

摩擦块张开外径不小于 140mm，收拢时不大于 114mm。

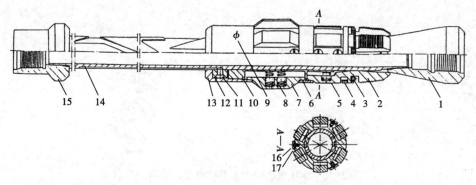

图 2-34　大庆 KQW-114 型支撑卡瓦结构示意图

1—锥体；2—卡瓦；3—箍簧；4—上限位环；5—内压簧；6—下限位环；7—摩擦块；8—外压簧；
9—防松螺钉；10—卡瓦扶正座；11—滑环销钉；12—滑环；13—托环；14—中心管；
15—下接头；16—固定螺钉；17—垫圈

清水试压 20.0MPa，稳压 5min 为合格。

下管柱时，上提高度应小于防坐距，以防中途坐卡。

表 2-18　大庆 KQW-114 型支撑卡瓦技术指标

总长 （mm）	最大外径 （mm）	最小内径 （mm）	防坐距 （mm）	适应套管内径 （mm）
1050	114	50	<350	122~132

2. 大庆 KQW-114 型防顶卡瓦

（1）用途。用于分层采油、堵水、测试及不压井施工作业。

（2）结构如图 2-35 所示。

（3）技术指标见表 2-19。

表 2-19　大庆 KQW-114 型防顶卡瓦技术指标

总长 （mm）	最大外径 （mm）	最小内径 （mm）	工作压力 （MPa）
1146	114	50	15

（4）技术要求。

组装后，卡瓦在锥体燕尾槽中活动自如。

使用防顶卡瓦时，必须有下支点，否则卡瓦无法撑开坐卡。

3. 大港 KQW-114 型水力防顶卡瓦

（1）用途。位于封隔器上部，以防管柱向上移动。

（2）结构如图 2-36 所示。

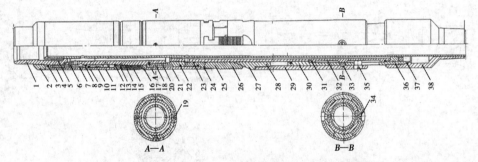

图 2-35　大庆 KQW-114 型防顶卡瓦结构示意图

1—上接头；2—备帽；3—密封圈；4—丢手接头；5—捅杆挂；6—防转销钉；7—活塞套；8—密封圈；
9—密封圈；10—活塞；11—丢手销钉；12—小卡簧；13—传力套；14—解封套；15—防转胶筒；
16—挡环；17—密封圈；18—上提销钉；19—坐封销钉；20—连接头；21—坐封套；22—密封圈；
23—密封圈；24—卡瓦挂；25—卡瓦；26—上中心管；27—锥体；28—捅杆；29—解卡套；
30—上中心管；31—密封圈；32—密封套；33—卡瓦；34—解封销钉；35—解卡销钉；
36—撞击块；37—密封圈；38—下接头

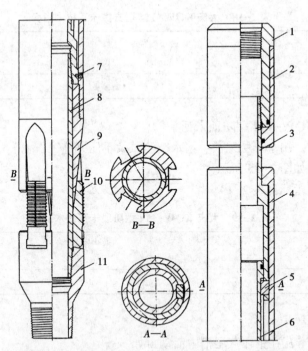

图 2-36　大港 KQW-114 型水力防顶卡瓦结构示意图

1—上接头；2—液缸套；3—悬挂短节；4—锥体控制套；5—键；6—悬挂接头；
7—剪钉；8—中心管；9—锥体；10—卡瓦；11—卡瓦座

（3）技术指标见表2-20。

表2-20　大港KQW-114型水力防顶卡瓦技术参数

总长（mm）	最大外径（mm）	最小内径（mm）	工作压力（MPa）	适应套管内径（mm）
1163	114	58	15~20	118~132

（4）技术要求。

组装后，卡瓦在锥体燕尾槽中活动自如。

使用防顶卡瓦时，必须有下支点，否则卡瓦无法撑开坐卡。

4. 大港 KQW-114 型水力防掉卡瓦

（1）用途。作为管柱的下支点，以防管柱向下移动。

（2）结构如图2-37所示。

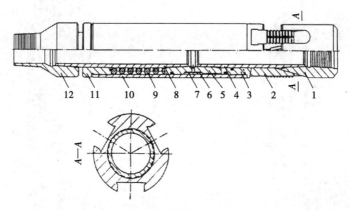

图2-37　大港KQW-114型水力防掉卡瓦结构示意图

1—锥体；2—卡瓦；3—卡瓦座；4—上中心管；5—接箍；6—滤网；7—铁丝；8—下中心管；

9—弹簧；10—连接套；11—底托；12—下接头

（3）技术指标见表2-21。

表2-21　大港KQW-114型水力防掉卡瓦技术参数

总长（mm）	最大外径（mm）	最小内径（mm）	工作压力（MPa）	适应套管内径（mm）
785	114	59	25	118~127

（4）技术要求。

组装后，卡瓦在锥体燕尾槽中活动自如。

使用时，防掉卡瓦应接于最下一级封隔器的下端。

5. 江汉 KHT-110 型滑套

（1）用途。用于油套管通道开关。

（2）结构。该滑套如图2-38所示。上下接头用外套连接起来，外套侧面出液孔由被剪钉所固定的芯子所封闭，此时滑套处于关闭状态。

（3）主要技术参数。

总长：655mm；

最大外径：110mm；

最小通径：30mm，35mm，52mm三种；

剪断剪钉压力：8.0~10.0MPa。

6. KHT-110型常闭开关

（1）用途。用于连接油管和油套管环形空间通道的开关。

（2）结构。主要由滑套和滑套芯子等组成，如图2-39所示。

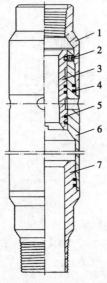
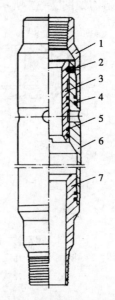

图2-38　江汉KHT-110型滑套结构示意图　图2-39　KHT-110型常闭开关结构示意图
1—上接头；2—剪钉；3—滑套芯子；　　　1—上接头；2—剪钉；3—滑套芯子；
4—"O"形胶圈；5—"O"形胶圈；　　　4—"O"形胶圈；5—"O"形胶圈；
6—外套；7—下接头　　　　　　　　　　6—外套；7—下接头

（3）主要技术参数见表2-22。

表2-22　KHT-110型常闭开关技术参数

总长（mm）	最大外径（mm）	最小内径（mm）	剪钉释放压力（MPa）	适应套管内径（mm）
655	110	30，35，52	8~10	118~127

7. 四川KHT-102型活动滑套

（1）用途。

是专用封隔器进行分层酸化的配套工具，起节流孔和油套通道开关作用。

（2）结构。结构如图 2-40 所示。芯子的上、下二组四道"O"形胶圈封住壳体的两个油套管连通孔。滑块（共三块）置于芯子下部的孔里，在孔里可作径向运动。

（3）主要技术参数。

总长：344mm；

最大外径：102mm；

芯子通径：37.38mm；

钢球直径：35mm；

剪钉规范：ϕ3.1mm，2只；

滑套打开排量：大于 0.6m³/min。

（4）技术要求。

油套管连通孔的阻力必须大于封隔器的坐封压力。

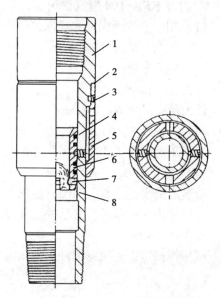

图 2-40　四川 KHT-102 型活动
滑套结构示意图

1—壳体；2—外套；3—固定螺钉；4—"O"
形胶圈；5—剪钉；6—滑套芯子；7—滑块

8. 江汉 KHT-112 型爆破滑套

（1）用途。用于分层采油作油套管通道开关。

（2）结构如图 2-41 所示。

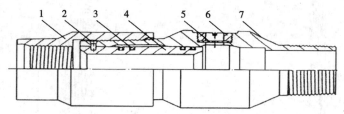

图 2-41　江汉 KHT-112 型爆破滑套结构示意图

1—上接头；2—剪钉；3—"O"形胶圈；4—滑套芯子；5—爆破片；6—压帽；7—主体

（3）主要技术参数。

总长：350mm；

最大外径：112mm；

最小通径：32.42mm；

爆破压力：20.0MPa；

剪钉剪断压力：10.0MPa。

（4）技术要求。

爆破片材质性能必须稳定。

爆破阀下井前，必须进行密封压力和爆破压力试验，合格后才能下井。

9. 青海 KFE-108 型气举阀

（1）用途。用于深井和超深井气举快速排液。

（2）结构，如图 2-42 所示。

（3）技术参数。

总长：640mm；

最大径向尺寸 H：108mm；

偏心半径尺 R：65mm；

工作压力：50.0MPa。

（4）技术要求。

组装后清水试压 50.0MPa，稳压 5min 为合格。

多级使用气举阀时，必须按设计要求调试好各级阀的关闭压力，其误差值不大于 0.3~0.5MPa。

试压调试后，必须标记好关闭压差数值。

10. 胜利 KKG-114 型开关

（1）用途。用于快速试油或关井测试作油套通道开关。

（2）结构如图 2-43 所示。

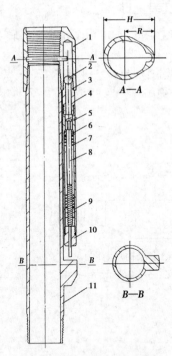

图 2-42 青海 KFE-108 型
气举阀结构示意图

1—上接头；2—钢球；3—"O"形胶圈；
4—密封接头；5—弹簧护套；6—垫圈；
7—弹簧；8—阀杆；9—调节螺母；
10—下密封接头；11—中心管

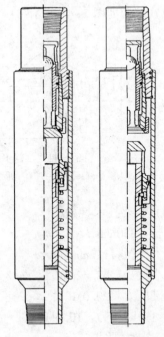

图 2-43 胜利 KKG-114 型开关结构示意图

（3）技术参数。

总长：845mm；

最大外径：114mm；

最小通径：35mm；

工作压力：25.0MPa。

（4）技术要求。

组装后轨道销钉在轨道中上、下滑动自如，换向灵活可靠。

下井时开关处于打开状态。

11. 胜利KKG-114型开关

（1）用途。用于快速试油作油套通道开关。

（2）结构如图2-44所示。

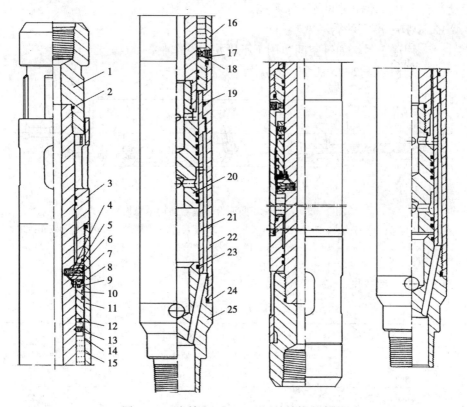

图2-44　胜利KKG-114型开关结构示意图

1—上接头；2—"O"形胶圈；3—键槽短节；4—阻流套；5—阻流杆；6—"O"形胶圈；7—滤网；

8—端面密封圈；9—固定螺钉；10—刮油环；11—活塞；12—弹簧；13—固定螺钉；14—制动环；

15—中心管；16—缸套；17—泄油塞；18—"O"形胶圈；19—"O"形胶圈；20—泥浆端活塞；

21—内套；22—外套；23—"O"形胶圈；24—"O"形胶圈；25—下接头

（3）技术参数。

总长：1310mm；

最大外径：114mm；

最小内径：24mm；

工作压差：25.0MPa。

（4）技术要求。

硅油必须无固体杂质，组装时将下液室装满。

组装后，中心管泥浆端活塞以及活塞在缸套与内套中上、下滑动灵活可靠，无任何卡阻现象。

应用该型开关，下部必须用尾管或卡瓦做支点，否则开关不能打开。

开关打开时间随加压负荷而异。因此，对于新的开关，下井前必须取得加压负荷与打开开关所需时间的试验数据。

12. KGD-90型油管堵塞器

（1）用途。封堵油管空间，用于不压井起下作业。

（2）结构如图2-45所示。

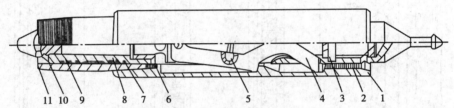

图2-45 KGD-90型油管堵塞器结构示意图

1—工作筒；2—打捞头；3—轴销；4—支撑卡；5—压簧；6—支撑体；7—"O"形胶圈；
8—密封段；9—导向头；10—"O"形胶圈；11—密封短节

（3）技术参数见表2-23。

表2-23 KGD-90型油管堵塞器技术参数

参数	技术规格				
	φ55mm	φ54mm	φ53mm	φ50mm	φ42mm
外径（mm）	90	90	90	90	90
内径（mm）	55	54	53	50	42
总长（mm）	530	530	530	530	530
密封工作压力（MPa）	15	15	15	15	15

13. 大庆KFZ-95型坐开式扶正器

（1）用途。用于在井内对其他井下工具起扶正作用。

（2）结构如图2-46所示。

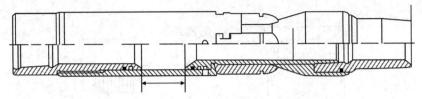

图 2-46 大庆 KFZ-95 型坐开式扶正器结构示意图

（3）技术指标见表 2-24。

表 2-24 大庆 KFZ-95 型坐开式扶正器技术参数

总长 （mm）	最大外径 （mm）	最小内径 （mm）	工作压力 （MPa）	适应套管内径 （mm）
646	95	50	15	99~136

14. 大庆 KFZ-114 型刚性扶正器

（1）用途。使井下工具居中，保证封隔器密封。

（2）结构如图 2-47 所示。

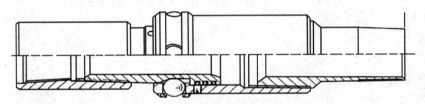

图 2-47 大庆 KFZ-114 型刚性扶正器结构示意图

（3）技术指标见表 2-25。

表 2-25 大庆 KFZ-114 型刚性扶正器技术参数

总长 （mm）	最大外径 （mm）	最小内径 （mm）	工作时最大外径 （mm）
488	114	54	123.6~131.5

15. 大港 KLJ-100 型安全接头

（1）用途。用于试油、压裂、化学堵水、封窜和防砂等施工工艺管柱，作为安全措施。

（2）结构如图 2-48 所示。

（3）技术指标见表 2-26。

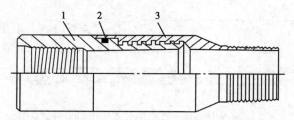

图 2-48　大港 KLJ-100 型安全接头结构示意图

1—上接头；2—"O"形胶圈；3—下接头

表 2-26　大港 KLJ-100 型安全接头技术指标

总长（mm）	最大外径（mm）	最小内径（mm）	工作压力（MPa）	安全扣型方扣
275	100	62	25	85×10

16. 青海 KLJ-112 型丢手接头

（1）用途。用于丢手管柱。

（2）结构如图 2-49 所示。

锁爪的下部开有数槽，靠锁芯作内支承而将下接头锁挂着。

（3）主要技术参数。

总长：585mm；

最大外径：112mm；

最小通径：48mm；

销钉剪断压力：8.0~10.0MPa；

锁爪拨出力：10.00kN。

（4）技术要求。

锁爪的弹性须良好。

17. KLJ-146 型弹簧式安全接头

（1）用途。弹簧式安全接头是较早使用的一种安全接头。它具有卸扣容易、使用可靠等特点。用于打捞作业和地层测试。

（2）结构。弹簧式安全接头是一矩形螺纹接头，由接头、弹簧、上体、滑键、下体和密封装置组成，如图 2-50 所示。由于矩形螺纹上卸扣阻力小。安全接头的扭矩又是由键传递的，所以容易卸开。弹簧的作用是将带牙嵌的滑键始终推向下端与下体母接头啮合。

（3）技术指标见表 2-27。

18. 河北 KLJ-104 型安全接头

（1）用途。接在井下易卡工具上部，以便遇卡时可从安全接头处倒扣，起出安全接头以上管柱。

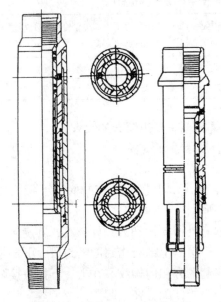

图 2-49 青海 KLJ-112 型丢手
接头结构示意图

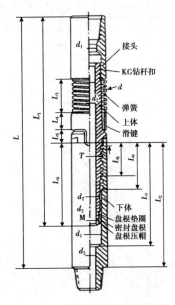

图 2-50 KLJ-146 型弹簧式
安全接头结构示意图

表 2-27 KLJ-146 型弹簧式安全接头规格 单位：mm

技术规范		L	L_1	L_2	L_3	L_4	L_5	L_6	L_7	L_8
178mm	$5\frac{9}{16}$in	1360	1195	700	177	113	57	465	590	200
146mm	$4\frac{1}{2}$in	1320	1155	640	160	115	72	465	530	200
技术规范		d_1	d_2	d_3	d_4	d_5	d_6	KG	T	M
178mm	$5\frac{9}{16}$in	101	72	115	118	72	1614	178	$T_1$135×38	M96×3
146mm	$4\frac{1}{2}$in	80	(80)	90	92	(80)		146	T135×38	M76×3

（2）结构如图 2-51 所示。

（3）技术指标见表 2-28。

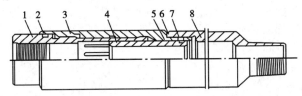

图 2-51 河北 KLJ-104 型安全接头结构示意图

1—上接头；2—"O"形胶圈；3—锁套；4—滑套芯子；5—"O"形胶圈；

6—"O"形胶圈；7—剪钉；8—下接头

81

表 2-28 河北 KLJ-104 型安全接头技术指标

型号	总长（mm）	最大外径（mm）	最小内径（mm）	工作压力（MPa）	销钉剪断压力（MPa）
HB0351	506	104	52	25	5~7
HB0371	506	128	56	25	5~7

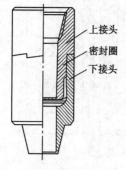

图 2-52 玉门 KLJ-108 方扣型安全接头结构示意图

上接头
密封圈
下接头

19. 玉门 KLJ-108 方扣型安全接头

（1）用途。用于管柱脱接。

（2）结构。

方扣型安全接头由上接头、密封圈、下接头组成，如图 2-52 所示。

上接头下部有外密封槽和方扣外螺纹，其旋向与钻具螺纹相反。下接头上部有密封圈密封段，下部是与上接头拧在一起的方扣内螺纹。在上、下接头接触面上，用倾斜凸缘相互配合在一起。

（3）技术指标见表 2-29。

表 2-29 玉门 KLJ-108 方扣型安全接头技术指标

型号（in）	4	5	6	7
外径（mm）	95	108	127	140
内径（mm）	51	62	76	89
接头扣型	NC26-12E	NC31-22E	NC31-22E	NC38-32E

20. 玉门 KLJ-108 型丢手接头

（1）用途。用于丢手管柱。

（2）结构。结构如图 2-53 所示。4 个装于衬套中的锁球，以滑套芯子作内支承，将上接头和下接头锁住。滑套芯子则用剪钉固定在上接头的内壁上。下接头的内孔上端车有打捞螺纹。

（3）主要技术参数。

总长：390mm；

最大外径：108mm；

最小通径：29mm；

剪钉剪断压力：20.0MPa。

（4）技术要求。

剪钉组装后，不能凸出上接头的外径。

21. 大庆 KZJ-95 型丢手接头

（1）用途。实现管柱丢手。

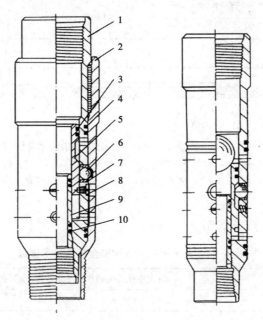

图 2-53　玉门 KLJ-108 型丢手接头结构示意图

1—上接头；2—下接头；3—"O"形胶圈；4—"O"形胶圈；5—滑套芯子；

6—锁球；7—衬套；8—剪钉；9—密封套；10—"O"形胶圈

（2）结构如图 2-54 所示。

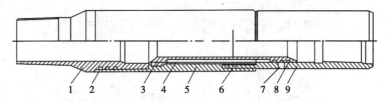

图 5-54　大庆 KZJ-95 型丢手接头结构示意图

1—下接头；2—"O"形胶圈；3—滑套；4—弹簧爪；5—外套；6—"O"形胶圈；

7—销钉；8—"O"形胶圈；9—上接头

（3）技术指标见表 2-30。

表 2-30　大庆 KZJ-95 型丢手接头技术指标

总长 （mm）	最大外径 （mm）	最小内径 （mm）	最大悬挂力 （kN）	撞击头最大外径 （mm）
416	95	50	207	52

22. 大庆 KLJ-95 型安全接头

（1）用途。对套管变形、管柱被卡可将管柱从安全接头以上部分起出。

（2）结构如图 2-55 所示。

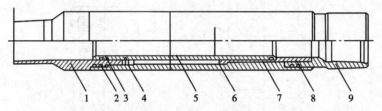

图 2-55 大庆 KLJ-95 型安全接头结构示意图
1—下接头；2—"O"形胶圈；3—"O"形胶圈；4—销钉；5—滑套；
6—外套；7—弹簧爪；8—"O"形胶圈；9—上接头

（3）技术指标见表 2-31。

表 2-31 大庆 KLJ-95 型安全接头技术参数

总长（mm）	最大外径（mm）	最小内径（mm）
595	95	50

23. KYY-114 型封隔器坐封工具

（1）用途。坐封工具用来坐封 KYY-114 型封隔器。

（2）结构如图 2-56 所示。

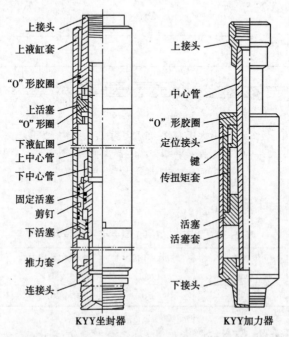

图 2-56 KYY-114 型封隔器坐封工具结构示意图

84

(3) 技术参数见表 2-32。

表 2-32　KYY-114 型封隔器坐封工具技术参数

参　　数	坐封工具	
	坐封器	加力器
最大外径（mm）	114	114
内通径（mm）		40
总长（mm）	1178	832
工作压力（MPa）	35	35
连接螺纹	TBG×T89×6 左	TBG

24. 大庆 KTH-114（253）型活门

(1) 用途。实现油井不压井、不放喷作业。

(2) 结构如图 2-57 所示。

(3) 技术指标见表 2-33。

25. KNH-114 型活门

(1) 用途。用于控制井下油管通道的开关。

(2) 结构。主要由活门、扭簧等零件组成，如图 2-58 所示。

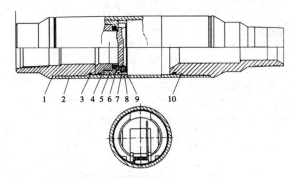

图 2-57　大庆 KTH-114（253）型活门
结构示意图

1—上接头；2—外套；3—"O"形胶圈；
4—密封套；5—活门座；6—"O"形胶圈；
7—扭簧；8—活门轴；9—活门；10—下接头

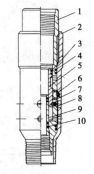

图 2-58　大庆 KNH-114 型活门
结构示意图

1—上接头；2—壳体；3—"O"形胶圈；
4—活门座；5—座垫；6—活门销；
7—扭簧；8—活门；9—下接头

表 2-33　大庆 KTH-114（253）型活门技术指标

总长（mm）	最大外径（mm）	最小内径（mm）
496	114	60

（3）主要技术参数见表 2-34。

表 2-34　KNH-114 型活门技术参数

型　号	KNH-114
最大外径（mm）	114
内通径（mm）	60
总长（mm）	500
工作压力（MPa）	15
连接螺纹	TBG

26. KFT-46 型抽油杆防脱器

（1）用途。防止油杆脱扣。

（2）结构如图 2-59 所示。

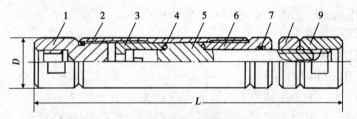

图 2-59　KFT-46 型抽油杆防脱器结构示意图

1—上接头；2—外筒；3—限位帽；4—钢球；5—转动体；6—压帽；
7—"O"形胶圈；8—拼帽；9—下接头

（3）技术参数见表 2-35。

表 2-35　抽油杆防脱器技术参数

型　号	KFT-46,KFT-50	KFT-55
最大外径（mm）	46,50	55
总长（mm）	395,378	401
额定工作负荷（kN）	50,70	90

27. 大庆 KFZ-114 型弹性扶正器

（1）用途。主要起扶正作用，使其下部撞击杆和测试通杆能顺利进入解封头内，便于投捞或测试和生产。

（2）结构如图 2-60 所示。

（3）技术指标见表 2-36。

表 2-36　大庆 KFZ-114 型弹性扶正器技术指标

总长（mm）	最大外径（mm）	最小内径（mm）
325	114	58

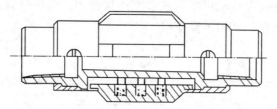

图 2-60 大庆 KFZ-114 型弹性扶正器结构示意图

1—扶正架；2—托环；3—摩擦块；4—弹簧；5—防松销钉

28. 抽油杆扶正器（滚轮扶正器）

（1）用途。用于抽油机井。

（2）结构如图 2-61 所示。

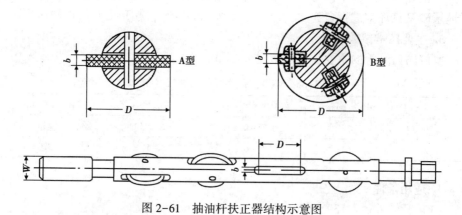

图 2-61 抽油杆扶正器结构示意图

（3）技术指标见表 2-37。

表 2-37 抽油杆扶正器基本参数

轴向投影等分角（°）		30	40	45	60
型式	每节轮数	轮节节数			
A	1	6	—	4	3
B	3	4	3	—	2

第二节 防 砂 筛 管

一、割缝防砂筛管

1. 结构组成

割缝防砂筛管在油管上割缝，割缝排列均匀，如图 2-62 所示。其结构简单，施工方便。根据油层厚度,可单根或多根连接使用。该种筛管重量轻,易清洗,不易破损,使用方便,并可重复使用。

图 2-62 割缝防砂筛管结构示意图

2. 工作原理

将割缝防砂筛管下到油层部位,对准油层,或利用防砂悬挂工具悬挂在泵下。在油井生产过程中,可将地层砂有效地阻挡在滤砂管及套管的环形空间,同时地层砂又将环空进行自充填,形成了多级挡砂屏障,起到更好的挡砂作用。

3. 主要技术参数

割缝防砂筛管的主要技术参数见表 2-38。

表 2-38 割缝防砂筛管的主要技术参数

外径(mm)	内径(mm)	隔缝宽度(mm)	有效长度(m)	挡砂精度(μm)
89	76	0.25~0.30	2、4、6	250
73	62	0.25~0.30	2、4、6	250

4. 适用条件

(1)套管外径:139.7mm。

(2)原油黏度:≤200mPa·s。

(3)油层井段:≤30m。

二、整体金属毡滤砂管

1. 结构组成

整体金属毡滤砂管主要由带孔中心管、高渗透金属纤维毡、外保护管、扶正片等部分组成。

2. 工作原理

整体金属毡滤砂管的防砂原理是将整体金属毡下到油层部位,利用防砂悬挂工具将整体金属毡对准油层并悬挂、铺定、密封,在油井生产过程中,将地层砂有效地阻挡存滤砂管及套管的环形空间。同时地层砂又将环空进行自充填,形成多级挡砂屏障,起到更好的挡砂作用,有效地控制住地层出砂,保证油井的正常生产。

3. 主要技术参数

整体金属毡滤砂管的主要技术参数见表 2-39。

表 2-39　整体金属毡滤砂管的主要技术参数

公称直径 （mm）	金属毡厚度 （mm）	中心管 （in）	渗透率 （μm²）	孔隙度 （%）	挡砂精度 （μm）
118	8	3½	53	39.1	44
114	6	3½	53	39.1	44

4. 技术特点

（1）整体金属毡滤砂管强度高，渗透率好，采用的不锈钢纤维抗腐蚀、耐冲刷。

（2）整体金属毡采用的不锈钢纤维弹性好，具有自洁能力。

（3）挡砂精度高，能挡住 0.044mm 以上的地层砂，保证了油井的防砂效果，延长了油井的生产周期。

（4）整体金属毡滤砂管防砂施工简单，操作方便，耐冲击，作业时可大大减少地层污染。

5. 使用要求

（1）下入整体金属毡滤砂管前应用 ϕ118mm×1200mm 的通井规，通井至设计深度。

（2）下井过程要平稳操作，严禁猛提猛放。

三、电泵专用不锈钢金属绕丝滤砂管

1. 结构组成

电泵专用不锈钢金属绕丝滤砂管主要由分流挡砂胶碗和不锈钢多层金属网布组成，分流挡砂胶碗密封方向向下，既对机组起扶正作用，又可防止井筒中含砂液直接进入泵上吸入口。

2. 工作原理

油井产出含砂液，通过不锈钢金属网滤砂管外表面进入内腔，流经分流挡砂胶碗内腔，由上部出液孔进入电动机与套管环形空间，再流入电泵进液孔，油井产液中所含颗粒物质被网孔滤下，沉入沉砂口袋。

3. 主要技术参数

电泵专用不锈钢金属绕丝滤砂管的主要技术参数见表 2-40。

表 2-40　电泵专用不锈钢金属绕丝滤砂管的主要技术参数

渗透率 （cm²）	挡砂粒径 （μm）	抗内压 （MPa）	抗外压 （MPa）	渗流面积 （cm²/m）	最小通径 （mm）
46	60	17	18	2250	62

4. 使用范围

（1）套管无破损变形的 5½in、7in 套管的电泵井。

（2）出砂井的粒度不小于 0.08mm。

（3）套管最小通径不小于 ϕ100mm，并满足其他工具的下井条件。

（4）原油黏度不大于 1000mPa·s。

（5）下井的不锈钢金属网滤砂管长度视排量而定，推荐 50m³/d 用 2m。

四、防砂充填工具

1. 结构组成

防砂充填工具为封隔高压充填工具的一种，主要由液压机构、锁紧机构、密封机构、锚定机构、充填机构、关闭机构和丢手机构等组成，其结构如图 2-63 所示。

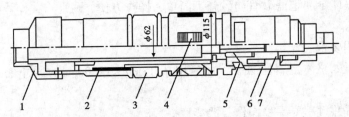

图 2-63　防砂充填工具结构示意图

1—液压机构；2—锁紧机构；3—密封机构；4—锚定机构；5—充填机构；6—关闭机构；7—丢手机构

2. 工作原理

防砂充填工具与防砂管柱下到设计井深度后，安装好井口，向油管内投入钢球。当球落到滑套位置后，向油管内打压 5~6MPa，这时坐封销钉剪断，卡瓦牙被推出卡在套管内壁上，继续打压至 10~15MPa 时活塞继续下行，将封隔件胀开，这时充填孔与油套串通，油管压力降为 0，此时就完成了封隔器坐封，并打开了填砂通道。

然后从油管内正挤充填砂，当压力达到预定的充填压力后，停止加砂，改反循环洗井，将油管内带有砂的流体反洗出地面。停止反洗井时，洗井套在洗井弹簧的作用下上移，关闭下锥体中的水孔。反洗井后，卸井口，上提管柱，正转油管 20 多圈，将内中心管从下接头中倒出，再上提管柱，这时关闭筒在关闭弹簧的作用下关闭充填孔，即完成充填和丢手。

解封时，下入分瓣捞矛捞住打捞接头。上提管柱，剪断解封销钉，卡瓦牙在卡瓦弹簧的作用下自动收回，防砂充填丢手悬挂器释放，再继续上提打捞管柱，就可将井内所有的防砂管柱起出地面。

3. 主要技术参数

防砂充填工具的主要技术参数见表 2-41。

表 2-41 防砂充填工具的主要技术参数

技术参数	规格型号	
	FSCT-115	FSCT-150
适用套管（mm）	139.7	177.8
最大外径（mm）	115	150
长度（mm）	1350	1450
坐封钢球直径（mm）	38	38
坐封压差（MPa）	10~15	10~15
打开充填通道压差（MPa）	15~25	15~25
密封压差（MPa）	≤30	≤30
工作温度（℃）	常规型<120	高温型<360
上连接螺纹（in）	2⅞TBG（内）	3½TBG（内）
下连接螺纹（in）	2⅞TBG（外）	3½TBG（外）
配套分瓣捞矛规范（in）	2⅞TBG	3½TBG
悬挂负荷（t）	16~24	16~24

4. 使用说明

通井：下高压充填工具前要先通井。

坐封：工具下到预定位置后，用清水正洗井 1~2 周，从油管内投入 φ38mm 钢球一只，待 20min 后用水泥车小排量坐封，压力与稳定时间按以下程序操作：0~6MPa 稳压 2min，至 10~15MPa 稳压 1min，完成坐封。

开启允填通道：继续升压至 15~20MPa，压力突降为 0，充填通道开启。

充填：正挤加砂，排量 1000L/min，砂比（体积）5~10，最终允填压力为 1~15MPa。

反洗：反洗井要求进口排量大于出口排量，以防油层吐砂。

丢手：允填完成后，上提管柱至原负荷，正转油管柱 15~25 周倒扣丢手，确认倒开后上提管柱，充填通道自动关闭。当丢手部分起出留井鱼顶后，方可用正常速度起钻。

解封打捞：当需要起出井下封隔充填工具及防砂管时，下分瓣捞矛至打捞接头上，加压 0.5~1t。确认打捞上工具时，慢慢上提管柱（悬重 5~25t），即完成解封或安全接头断开工作，上提管柱起出充填工具或防砂器材。

捞防砂管：当安全接头断开后，井内留下鱼顶为 2⅞TBG（3½TBG）内螺纹，可套铣或下分瓣捞矛打捞防砂管。

5. 注意事项

（1）中途洗井时，压力应小于 4.5MPa 以防中途坐封。

（2）封隔充填工具坐封位置应避开套管接箍。

（3）起下管柱时，要平稳操作，严禁猛提猛放，防止事故发生。

（4）最高充填压力应不超过30MPa。

第三节　丢　手　工　具

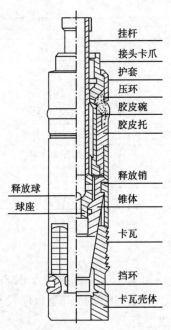

图2-64　防顶卡瓦结构示意图

一、防顶卡瓦

1. 使用范围

防顶卡瓦只用于油井的深井浅修和电泵分层采油工艺。

2. 结构组成

防顶卡瓦主要分为丢手、挡砂和反卡瓦部分，其结构如图2-64所示。丢手部分使下井管柱与封隔器分隔；挡砂部分是防止生产中砂埋卡瓦；反卡瓦部分是防止丢手后封隔器封隔件回弹。

3. 工作原理

防顶卡瓦壳体的下接头紧接在封隔器分层丢手管柱的最上一级封隔器的上接头，接头卡爪则与油管相连并一起下入井中，下到预定层位后先采用机械方式压缩封隔器坐封，然后从井口投入钢球，并用水泥车打压，此时钢球坐于球座上，压力向下迫使锥体剪断剪钉，下行撑开卡瓦卡紧在套管内壁上，实现丢手。同时，由于球座随锥体下行，接头卡爪失锁，放压后上提油管，接头卡爪便带着护套、挂杆、球座和钢球一起提出井口，此时胶皮碗张开并贴于套管内壁上防止砂埋卡瓦，锥体也在其摩擦力的自锁作用下不能退回。打捞丢手释放管柱时，下相应的对扣捞矛抓获锥体内的螺纹，上提管柱带动锥体上行将卡瓦收回释放，继续上提释放封隔器，并将整个丢手管柱起出地面。

4. 主要技术参数

防顶卡瓦的主要技术参数见表2-42。

表2-42　防而卡瓦的主要技术参数

技术参数	规格型号	
	φ140	φ178
最大外径（mm）	114	150
长度（mm）	620	789

92

技术参数	规格型号	
	φ140	φ178
投球直径（mm）	25.4	25.4
丢手压力（MPa）	15~18	15~18
适用套管（内径）（mm）	140~168	178

二、YDS型丢手工具

1. 结构组成

YDS型丢手工具主要由丢手和打捞两部分组成，该丢手工具采用液压丢手方式，不需投球或其他操作，是液压封隔器管柱丢手时配套使用的工具。丢手结构采用分步剪切、拖带释放机构，增加了丢手的可靠性，并且提高了丢手压差的稳定性，其结构如图2-65所示。

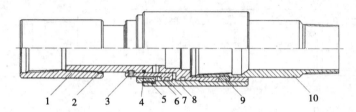

图2-65 YDS型丢手工具结构示意图

1—上接头；2—连接体；3—剪钉；4—"O"形密封圈；5—挡套；6—活塞；
7—密封圈；8—缸套；9—锁块；10—下接头

2. 工作原理

当封隔器坐封后，继续增压，剪断控制剪钉，控制活塞上行，拖带外套上行，释放控制锁块，上提后可实现丢手。打捞时，采用常规打捞工具捞丢手上部的2⅞TBG内螺纹，或打捞封隔器内中心管皆可。

3. 主要技术参数

YDS型丢手工具的主要技术参数见表2-43。

表2-43 YDS型丢手工具的主要技术参数

技术参数	规格型号
长度（mm）	482
最大外径（mm）	114
最小内径（mm）	45
两端连接螺纹（in）	2⅞TBG
打捞扣螺纹（in）	2⅞TBG
打捞工具（in）	2⅞TBG
丢手压力（MPa）	19~21

4. 技术要求

YDS 型丢手工具主要和 Y441 型封隔器配套使用，在油管打压达到丢手压力后，即可实现丢手。

第四节　锚定工具

一、KDB 型液压油管锚

1. 使用范围

KDB 型液压油管锚用于有杆泵深抽工艺，可锚定管柱，消除油管伸缩造成的冲程损失，同时减小管杆的摩擦损失，从而提高泵效。

2. 结构组成

KDB 型液压油管锚主要由锚瓦、本体等部分组成，其结构如图 2-66。

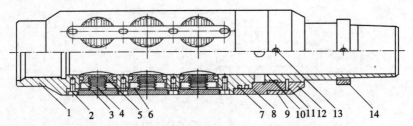

图 2-66　KDB 型液压油管锚结构原理示意图

1—本体；2—螺钉；3—密封圈；4—碟簧；5—锚爪；6—压条；7—密封圈；8—泄压活塞；
9—压套；10—密封圈；11—剪环；12—剪环槽；13—销钉；14—限位环

3. 工作原理

液压油管锚安装于泵上，抽油过程中，油管内的液面高于油套环空液面时，锚爪自动伸出，锚定件套管内壁上。检泵时，油管打压，打开泄压活塞，油套压差消失，锚爪在弹簧的作用下自动收回，解除锚定。

4. 主要技术参数

KDB 型液压油管锚的主要技术参数见表 2-44。

表 2-44　KDB 型液压油管锚的主要技术参数

技术参数	规格型号	
	KDB-115	KDB-150
钢体最大外径（mm）	115	150
最小通径（mm）	62	62
总长度（mm）	527	572

续表

技术参数	规格型号	
	KDB-115	KDB-150
泄油压差（MPa）	28（可调）	28（可调）
总质量（kg）	20.8	27.5
两端连接螺纹（in）	2⅞TBG	2⅞TBG
适用套管内径（mm）	118～132	154～162

二、FX 型油管锚

1. 使用范围

FX 型油管锚用于有杆泵深抽工艺。锚定深井泵管柱使油管处于受拉状态，减少管杆摩擦，消除油管蠕动，从而提高泵效。

2. 结构组成

FX 型油管锚主要由上接头、锚瓦、本体、下接头等部分组成。其结构如图2-67 所示。

3. 工作原理

油管打压，使锚瓦伸出卡在套管内壁上，锚定管柱。上提油管，拉力约为油管自重加 20kN。剪断销钉，解除锚定。

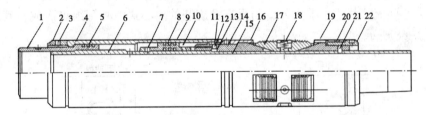

图 2-67　FX 型油管锚结构原理示意图

1—上接头；2—限位环；3—防松销钉；4—缸套；5，8，9—密封圈；6—中心管；7，12，21—剪钉；10—活塞；11，14，20—销钉；13—锁块；15—上锥体；16—卡瓦套；17—卡瓦；18—弹簧；19—下锥体；22—压环

4. 主要技术参数

FX 型油管锚的主要技术参数见表2-45。

表 2-45　FX 型油管锚的主要技术参数

技术参数	规格型号			
	FXm441-112	FXxm441-114	FXm441-152	FXxm441-152
钢体最大外径（mm）	112	114	152	152
最小通径（mm）	60	62	75.9	75.9

技术参数	规格型号			
	FXm441-112	FXxm441-114	FXm441-152	FXxm441-152
总长度（mm）	800	1350	900	900
坐锚压力（MPa）	16±0.5	9~10	16±0.5	12
解锚拉力（kN）	80~100	80~100	80~100	80~100
工作温度（℃）	120	120	120	120
泄油功能	无	有	无	有
两端连接螺纹（in）	2⅞TBG	2⅞TBG	2⅞TBG	2⅞TBG
适用套管内径（mm）	124~126	121~124	159~162	159~162

第五节 气 锚

一、离心回流式气锚

1. 使用范围

离心回流式气锚适用于气油比为 $50m^3/t$ 以上的高气油比抽油井。

2. 结构组成

离心回流式气锚主要由外管与具有螺旋筋的离心式中心管组焊而成，其结构如图 2-68 所示。

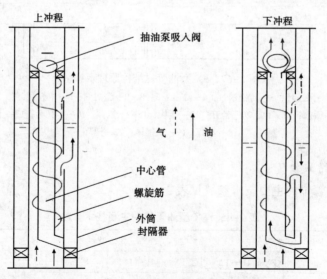

图 2-68 离心回流式气锚结构原理示意图

3. 工作原理

油气混合液从封隔器的中心管进入气锚螺旋流道，加速紊流化，使小气泡汇聚成大气泡。由于油气密度的差异，在离心力的作用下，原油逐渐汇聚在螺旋流道的外侧，经气锚中上部的排液孔排到油套环空，向下回流，再经进液孔沿气锚中心管进泵，气泡逐渐汇聚在螺旋流道的内侧，在气锚顶部形成"气帽"后，以连续的气流从气锚顶部的排气孔顺利通过油套环空和套管放气阀排到地面的出油干线中。

4. 主要技术参数

最大外径：89.5mm；

外管外径：73mm；

最大长度：4484mm；

上下连接油管螺纹：2⅞in TBG。

5. 使用方法及注意事项

（1）该气锚须与封隔器和套管放气阀配套使用，封隔器接在气锚的下端，抽油泵接在气锚的上端，套管放气阀安装在井口。

（2）下井前须检在排气孔、排液孔及进液孔，各孔不得有堵塞物。

（3）下完管柱，在封隔器坐封后，用清水反循环洗井一周，以清除油套环空内的脏物，避免气锚进液孔堵塞。

二、沉降式气锚

1. 结构组成

沉降式气锚由外管、内管、堵头等组成，其结构如图 2-69 所示。

2. 工作原理

油气混合液由外管下部孔道流进气锚环形空间，由于油气密度的差异，小气泡向上运动聚集成大气泡和气流，在气锚顶部形成"气帽"，经外管上部排气孔排出，原油向下运动，经内管下部孔道流入内管进泵。

3. 主要技术参数

长度：500~800mm；

最大外径：90mm；

连接螺纹：2⅞in TBG。

4. 特点

（1）结构简单，易加工。

（2）适用于高气油比和产量高的油井，分

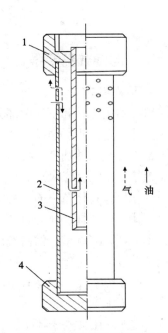

图 2-69 沉降式气锚结构原理示意图
1—上接头；2—外管；3—内管；4—堵头

离效果较差。

三、螺旋砂气锚

1. 使用范围

螺旋砂气锚适用于高气油比和产量高的油井。

2. 工作原理

根据离心分离原理进行油气砂分离。油气砂混合液从外管下部孔道流进内外管环形空间。由于油气砂密度的差异。小气泡向上运动聚成大气泡和气流，并在气锚顶部环形空间形成"气帽"，经外管上部排气孔排出。经上部分离后的油砂向下运动，在螺旋环形空间加速呈螺旋紊流，在离心力的作用下，未分离完的小气泡聚集在环形空间内侧形成大气泡和气流，随螺旋作用向上运动，并在气锚顶部环形空间形成"气帽"，经外管上部排气孔排出。油砂聚集在环形空间外侧向下运动，在流度差和密度差作用下油层砂沉入沉砂管，原油流入内管进泵。

3. 主要技术参数

连接螺纹：$2\frac{7}{8}$ in TBG；

最大外径：114mm；

最大长度：5000mm。

第六节 脱　接　器

一、自旋式脱接器

1. 结构组成

脱接器由上体和下体两部分组成，其结构如图 2-70 所示。

上体由上接头、防转销钉、轨道管等组成。上体接在抽油杆柱下部。上接头的上部有螺纹与抽油杆连接，C 处上两端有半圆的槽孔，D 处是圆形孔，下部有螺旋道槽 E，轨道管内开了与上接头类似的槽孔，相互对齐后由防转销钉固定。轨道的作用是在任意方向上将中心杆的头部 F 引向槽孔内。

下体由中心杆、轨道套、键块、垫片、弹簧、下接头等组成。下体接在活塞上，中心杆开有键槽，槽内安放键块，轨道套在键块作用下，只能做上下滑动，不能转动滑动到上始点中心杆上的台肩限。

从图 2-70（a）中可看出对接后的总体结构和各部件的装配关系。

2. 工作原理

对接时，上体与下体接触，中心杆进入上接头内。在轨道管的作用下，中心杆的头部 F 被引入轨道管和上接头的槽孔内，此时中心杆与上接头之间只能做轴向相对运动，不能相对转动。在中心杆头部 F 下入槽孔后，上接头的下端面才与

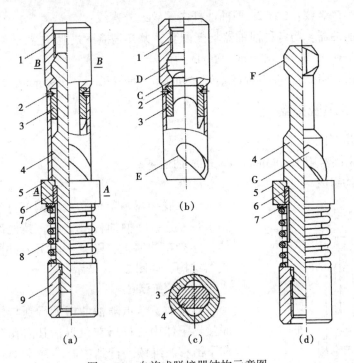

图 2-70 自旋式脱接器结构示意图

1—上接头；2—防转销钉；3—轨道管；4—中心杆；5 轨道套；6—键块；7—垫片；8—下接头

轨道套的螺旋轨道键 G 接触。螺旋轨道槽 E 与 G 嵌合，由于中心杆与上接头不能旋转，而螺旋轨道键与中心杆之间下行压缩弹簧，使弹簧储能，直到中心杆头相对转动，在弹簧所储能量作用下，推动轨道套上行，螺旋轨道槽 E 与螺旋轨道键 G 相互嵌合，产生扭矩，使中心杆与上接头旋转 90°，达到图 2-70（c）所示的状态，完成对接过程，抽油杆就可带动活塞运动抽油。

脱接时，上提抽油杆脱接器上行至泵口，泵口内径小于脱接器下体中轨道套的外径，轨道套被挡住。继续上提，就会使轨道套压缩弹簧后下行，螺旋轨道键 G 要退出螺旋轨道槽 E。退出时迫使上接头与中心杆旋转 90°。旋转 90°后，中心杆头部 F 与上接头的槽孔重合，完成脱接。完成脱接后，弹簧推动轨道套复位。因此，该脱接器可在井内重复对接。

该脱接器悬挂部位采用 20°锥形结构，减少了应力集中。它操作简单，只需下放、上提抽油杆就能实现对接、脱接的目的，当卡泵时还可转动抽油杆脱接。

3. 主要技术参数

总长：600~700mm；

上体外径：63.5mm（φ95mm、φ83mm 泵）、57.5mm（φ70mm 泵）；

下体外径：80mm（φ95mm、φ83mm 泵）、64mm（φ70mm 泵）；

上端连接螺纹：CYG25 型抽油杆内螺纹或外螺纹；

下端连接螺纹：CYG25 型抽油杆内螺纹或外螺纹；

配套泄油器：与各种泄油器均能配套，尤其是撞滑式泄油器；

适用泵径：70mm、83mm、95mm；

释放接头内径：58～62mm（φ70mm 泵）、64～76mm（φ95mm、φ83mm 泵）。

二、卡爪脱接器

1. 使用范围

卡爪脱接器用于 φ83mm、φ95mm 抽油泵。

2. 结构组成

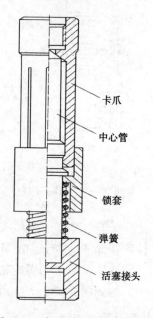

图 2-71　卡爪脱接器结构示意图

卡爪脱接器由上体和下体两部分组成。上体为卡爪，连接在抽油杆最下端。其他部分组成下体，连接在柱塞上，随泵一起下入井内。卡爪脱接器结构，如图 2-71 所示。

3. 工作原理

对接时，卡爪随抽油杆下行到与柱塞相连的脱接器下体中心杆所在位置，其内孔套住中心杆向下滑移，继续下行到中心凸缘上部台肩时，卡爪迫使锁套向下压缩弹簧继续向下滑移，当下行到限定位置时，卡爪靠径向扩张产生的弹力收缩，恢复原状。这时锁套在弹簧力的推动下，套住卡爪，使卡爪中心杆和锁套对接为一体，从而使抽油杆与柱塞连接。

脱开时，上提抽油杆，当脱接器上行到泵内释放接头处，释放接头内孔台肩挡住脱接器锁套，便开始压缩弹簧，释放卡爪使上体与下体脱开。

4. 主要技术参数

卡爪脱接器的主要技术参数见表 2-46。

图中标注：卡爪、中心管、锁套、弹簧、活塞接头

表 2-46　卡爪脱接器主要技术参数

技术参数	规格型号
总长度（mm）	540
钢体最大外径（mm）	78
卡爪外径（mm）	61
内径（mm）	30
释放接头内径（mm）	73
两端连接螺纹	CYG25 螺纹

三、旋转式脱接器

1. 使用范围

旋转式脱接器适用于 $\phi83mm$、$\phi95mm$ 抽油泵。使用时脱接器上体接一根带接箍的 25mm 抽油杆，长度保证抽油杆接箍露出泄油器，防止抽油杆接箍撞击泄油器。

2. 结构组成

旋转式脱接器主要有上体、下体、柱塞总成、固定阀总成等组成，其结构如图 2-72 所示。

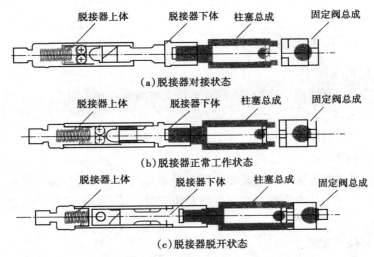

图 2-72　旋转式脱接器结构示意图

3. 工作原理

上体与泵连接，下体连接在泵柱塞上端。

对接时，下体头部沿着上体孔内的导向曲面移动，到位后在爪块的作用下旋转 90°，上体与下体挂接，抽油泵即可正常工作。

脱开时，固定阀上部凹槽与柱塞下部凸台连接，保证脱接器下体不能旋转。此时在地面正转抽油杆，使上体与下体相对旋转 90°，在弹簧的作用下，下体沿上体内孔的导向曲面脱出，脱接器脱开。

4. 主要技术参数

旋转式脱接器的主要技术参数见表 2-47。

表 2-47　旋转式脱接器的主要技术参数

技术参数	规格型号
总长度（mm）	600~700
钢体最大外径（mm）	80

技术参数	规格型号
下体外径（mm）	64
内径（mm）	30
释放接头内径（mm）	60~76
两端连接螺纹	CYG25 螺纹

第七节　泄　油　器

一、销钉式泄油器

1. 使用范围

销钉式泄油器适用于 $\phi70mm$ 及以下管式抽油泵井和电泵井。

2. 结构组成

销钉式泄油器主要由本体、销钉和密封等部分组成。

3. 工作原理

销钉式泄油器连接在抽油泵筒下部，固定阀上部，也可连接在电泵上部油管上，与泵一起下入井内生产。在下次检泵作业时，从井口投抽油杆剪断销钉，使油套连通泄油。

4. 主要技术参数

销钉式泄油器的主要技术参数见表2-48。

表2-48　销钉式泄油器的主要技术参数

技术参数	规格型号
钢体最大外径（mm）	90
最小通径（mm）	32
长度（mm）	195
两端连接螺纹（in）	$2\frac{7}{8}$in TBG

注：电泵用销钉式泄油器最小通径为54mm。

二、撞滑式泄油器

1. 结构组成

撞滑式泄油器由外管、滑套、下接头、撞击头等部分组成，主要与大泵配套使用，其结构如图2-73所示。

2. 工作原理

撞滑式泄油器装配在有杆大泵（$\phi83mm$、$\phi95mm$）的上端，其上端连接有

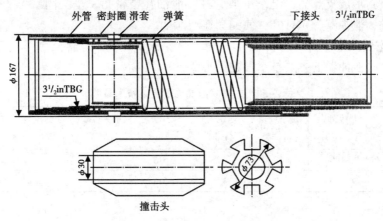

图 2-73　撞滑式泄油器结构示意图

3½in TBG 接箍和短节,以便打吊卡用。泄油时,提出抽油杆,将撞击头连在一根长度小于泵冲程的抽油杆上,投入井中,撞击头撞击滑套,滑套下移,泄油孔连通油管内、外腔,原油泄入套管。

3. 主要技术参数

撞滑式泄油器的主要技术参数见表 2-49。

表 2-49　撞滑式泄油器的主要技术参数

技术参数	规格型号
钢体最大外径（mm）	107
最小内径（mm）	64
两端连接螺纹（in）	上、下 3½in TBG

4. 注意事项

（1）与脱接器相连的第 1 根必须是 CYG25 抽油杆,且抽油杆上端接箍始终处于泄油器滑套上端,以免因接箍撞击滑套造成意外泄油。

（2）泄油时,与撞击头相连的撞击杆长度要短于冲程。

三、支撑式泄油器

1. 使用范围

支撑式泄油器与卡瓦封隔器或卡瓦总成配套使用,可用于各种管式泵抽油井。

2. 结构组成

支撑式泄油器主要由上接头、中心管、外管和下接头等部分组成。

3. 工作原理

支撑式泄油器下井时受下部管柱的悬重作用呈打开状态。当卡瓦封隔器或卡瓦总成坐封形成支点后，继续下放管柱，泄油孔被密封，呈关闭状态。作业时，上提管柱，泄油器受拉打开，使油套连通泄油。

4. 主要技术参数

支撑式泄油器的主要技术参数见表2-50。

表 2-50　支撑式泄油器的主要技术参数

规格型号	最大外径 （mm）	最小内径 （mm）	关闭长度 （mm）	拉开长度 （mm）	最大拉载 （kN）	密封压差 （MPa）	连接螺纹 （in）
φ62	100	60	445	515	500	15	2⅞
φ76	110	72	445	515	600	15	3½

第八节　分 采 开 关

一、使用范围

分采开关适用于不动管柱可换层采油。可多级使用，满足2~4层换层生产。

二、结构组成

YK-115型液压分采开关主要由轨道换向机构、分采机构和压力控制机构等组成，其结构如图2-74所示，开关有泄漏显示，可重复换向。

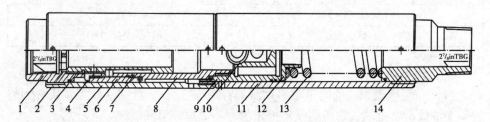

图 2-74　YK-115 型液压分采开关结构示意图

1—接头；2—挡球板；3—轨道；4—压帽；5—上壳体；6—外套；7—密封圈；8—活塞；
9—球座；10—钢球；11—下壳体；12—压环；13—弹簧；14—下接头

三、工作原理

通过液压开关活塞的上下移动控制传液孔的开关，从而实现换层的目的。下井时，根据需要调节开关的初始状态。需要换向时，从井口套管打压至开关换向压差。活塞下行，压缩弹簧，同时轨道换向。

四、主要技术参数

YK-115 型液压分采开关的主要技术参数见表 2-51。

表 2-51　YK—115 型液压分采开关的主要技术参数

规格型号	钢体最大外径 （mm）	最小通径 （mm）	总长 （mm）	换向压力 （MPa）
YK-115	115	30	1190	可调（8、10、12、15、18）

五、注意事项

（1）该开关是通过活塞下方的弹簧力求确定换向压力大小的。因此，在使用时可根据现场需要来调节弹簧力的大小。

（2）该开关的活塞来自油套环空的压差，因此在使用时首先测量井内的动液面。

（3）由于钢球与球座的位置原因，该开关应用于井斜小于 45°的井。

第九节　洗　井　器

一、使用范围

KXJ-114 型安全洗井器适用于低渗透低压油田，是起油层保护的井下工具，能有效防止洗升液进入地层，防止出砂井因洗井造成地层波动。该工具施工方便。

二、主要技术参数

KXJ-114 型安全洗井器的主要技术参数见表 2-52。

表 2-52　KYJ—114 型安全洗井器的主要技术参数

规格型号	最大外径 （mm）	最小内径 （mm）	长度 （mm）	适用套管内径 （mm）	密封压差 （MPa）	滑套工作压差 （MPa）	工作温度 （℃）
KXJ-115	114	48	580	124~127	≥10	≥10（可调）	120

三、使用说明

（1）洗井器需轻拿轻放，下井要求操作平稳，不得猛提猛放。

（2）洗升器下井前必须查明套管有无变形及损坏等情况，并用规定的通井规通至洗井器以下，并洗井确保井筒内清洁，方可下井。

（3）下井油管及工具保持清洁，用标准油管规通管，保证 20MPa 压力下不渗不漏。

（4）洗井器下井位置必须避开套管接箍位置。

（5）洗井器以下接进油装置，再接尾管应大于 20m. 以方便洗井器下井。

（6）施工后初次洗井要平稳，严格按油井洗井有关规定操作。

（7）下次作业施工只需从套管打压到 10～15MPa，压力突然下降滑套即打开，可正常起下管柱。

第十节　气　举　阀

1. 使用范围

气举阀主要适用于气举采油、求产和排液等工艺。

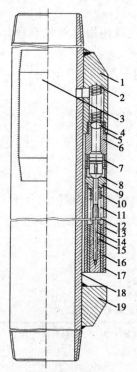

图 2-75　气举阀结构示意图

1—连接座；2—压阀球弹簧；3—加强筋；
4—阀球；5—密封垫片；6—上阀座；
7—调节螺母；8—下阀座；9—阀体；
10—阀弹簧；11—阀杆螺母；12—弹
簧护套；13—弹簧底座；14—弹簧杆；
15—弹簧瓜帽；16—护正销；17—护
正套；18—特殊短节；19—保护块

2. 结构组成

常用的气举阀是一种靠注入气压力作用在波纹管有效面积上使其打开的气举阀。气举阀主要由小体、旁通套筒、波纹管、空气腔室、单流阀总成等组成。气举阀中的重要部件是波纹管。波纹管采用蒙乃尔（Monel）合金经冷压加工制成。气举阀的结构如图 2-75 所示。

3. 工作原理

气举阀气举是将气举阀与油管连接在一起，下入井内一定深度，压缩空气由环形空间进入，使环形空间液面下降，油管内液面上升并排出井口。当液面下降到第一个气举阀处时，气体通过阀座上的小孔而进入油管，并举升其中的液体，环空液面继续下降。由于通过小孔所产生的节流效应，使油管内压力小于环空压力，阀体的下密封面的压力等于环空压力。由于油管内混气程度增加，压力下降，当压力降到相当于第一、第二阀间的液体压力时，这个压力将克服弹簧的张力面使阀体上行，将上阀锥面密封起来，隔断气体进入油管的通道，使环形空间的液面降到第二个气举阀处，气体进入油管。随后使液体继续下降到第三个气举阀或油管鞋处，从而达到深部排液的目的。

各级气举阀下入深度，可根据压风计的最大工作压力及管内外压力差来计算。其原则是在充分利用压风机工作能力的前提下，力求下井气举阀最少，下井深度最大。

4. 主要技术参数

外管外径：73mm；

总长度：500mm；

承受压力：内压 14MPa、外压 42MPa。

5. 注意事项

（1）下气举阀前要求洗井。

（2）下气举阀前检查旁通孔并保持干净。

（3）按气举阀级数下入井内。

第三章 油水井大修工具

第一节 钻、磨、铣工具

在复杂事故井的处理中，经常遇到鱼顶破碎、形状复杂、落物卡死或被埋等多种复杂情况。作为下一步处理的过渡工序或直接作为处理工艺，必须借助于钻、磨、铣工具来进行处理。钻、磨、铣工具各有其特点和应用条件，需根据井下实际情况来选用。

一、尖钻头

1. 用途

尖钻头是修井作业中常用的一种简单工具，用来钻水泥塞、冲钻砂桥、盐桥、刮去套管壁上的脏物和硬蜡及某些矿物结晶。

2. 分类

尖钻头分为普通尖钻头、十字钻头和偏心钻头三种。

3. 结构

（1）普通尖钻头。

普通尖钻头的结构由接头、钻头体与磨铣材料焊接而成。

普通尖钻头可根据不同需要，制作成不同尺寸的尖钻头，也可以在尖钻头体部加焊 YD 合金焊料，以加大外形尺寸，如图 3-1 所示。

尖钻头由于本身的结构限制底部承压面积较小，所以不能使用较高的钻压与较快的转速。尤其在某些特殊情况下使用油管作钻具时更应注意，决不能以大钻压追求进尺速度。钻水泥塞时，选用的钻压根据经验一般以 0.12~0.24kN 为宜。

（2）十字钻头。

十字钻头由尖钻头发展而来的。钻头体断面呈十字形，目的是增加钻头底部的承压面积，以保证钻头的平稳钻进；这种钻头多用于下衬管后钻水泥塞时，钻开喇叭口处的水泥等特殊要求的情况下，若另外再加上一套扶正装置，可保证不伤害衬管喇叭口，其结构如图 3-2 所示。

（3）偏心钻头。

偏心钻头是尖钻头的另一变种，结构如图 3-3 所示。其特点是钻头体偏靠一边，呈不对称形体。

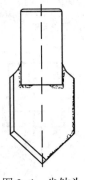
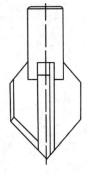
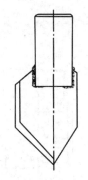

图 3-1　尖钻头　　　　图 3-2　十字钻头　　　　图 3-3　偏心钻头

偏心钻头主要利用其偏心部分旋转所起的凸轮作用，来扩大侧钻中的井眼，清除套管壁上的水泥块、铁锈及矿物结晶等残留物，因而偏心钻头在施工中应采用低钻压、高转速划眼钻进的工作方式，以达到扩眼与清扫的目的。

4. 基本参数

基本参数见表 3-1。

表 3-1　尖钻头技术参数

套管规范（in）	$4\frac{1}{2}$	5	$5\frac{1}{2}$	$5\frac{3}{4}$	$6\frac{5}{8}$	7
外径（mm）	92~95	105~107	114~118	119~128	136~148	146~158
总长（mm）	250	300	300	300	300	350
接头螺纹	NC26~12E$2\frac{1}{2}$in油管扣	NC31~22E$2\frac{1}{2}$in油管扣	NC31~22G$2\frac{1}{2}$in油管扣	NC31~22G$2\frac{1}{2}$in油管扣	NC31~22G$2\frac{1}{2}$in油管扣	NC38~32G3in油管扣

二、刮刀钻头

1. 用途

刮刀钻头除有尖钻头的作用外，还有刮削井眼，使井壁光洁整齐的作用，可用于衬管内钻进、侧钻时钻进（可以破坏侧钻时形成的键槽）或对射孔炮弹垫子的钻磨等。

2. 分类

刮刀钻头可分为鱼尾刮刀钻头、三刮刀钻头和领眼刮刀钻头三种。

3. 结构

刮刀钻头由接头、钻头体焊接而成。

（1）鱼尾刮刀钻头如图 3-4 所示。

（2）三刮刀钻头如图 3-5 所示。

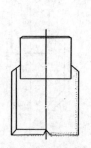 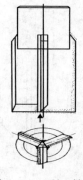 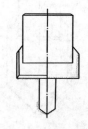

图 3-4　鱼尾刮刀钻头　　　图 3-5　三刮刀钻头　　　图 3-6　领眼钻头

（3）领眼刮刀钻头。若在刮刀钻头的头部增加一段尖部领眼，称其为领眼钻头，如图 3-6 所示。尖部领眼的重要作用之一是使钻头沿原孔眼刮削钻进。

4. 基本参数

基本参数见表 3-2。

表 3-2　刮刀钻头技术参数

套管规范（in）	4½	5	5½	5¾	6⅝	7
外径（mm）	92~95	105~107	114~118	119~128	136~148	146~158
总长（mm）	300	350	350	350	380	400
接头螺纹	NC26~12E2½in 油管扣	NC31~22E2½in 油管扣	NC31~22G2½in 油管扣	NC31~22G2½in 油管扣	NC31~22G2½in 油管扣	NC38~32G3in 油管扣

三、牙轮钻头

1. 用途

修井作业中，三牙轮钻头是用以钻水泥塞、堵塞井筒的砂桥和各种矿物结晶的工具。

2. 产品代号

产品代号如图 3-7 所示。

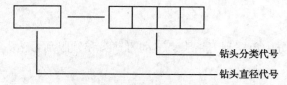

图 3-7　三牙轮钻头产品代号

示例：

直径为 215.9mm（尺寸代号为 8½），分类号为 637E 钻头，其型号为 8½-

637E。

3. 分类

钻头分类应符合表3-3的规定。

钻头分类号由三位数字组成，首位数为地层系列号，第二位数为地层分级号，末位数为结构特征代号。

表3-3　钻头分类的规定

钻头类别	适用地层			结构特征						
				普通滚动轴承	空气冷却滚动轴承	滚动轴承保径	密封滚动轴承	密封滚动轴承保径	密封滑动轴承	密封滑动轴承保径
	系列	岩性	分级	1	2	3	4	5	6	7
铣齿钻头	1	抵抗压强度、高可钻性的软地层	1							
			2							
			3							
			4							
	2	高抗压强度的中等到中硬地层	1							
			2							
			3							
			4							
	3	中研磨性地层及研磨性的硬地层	1							
			2							
			3							
			4							
镶齿钻头	4	低抗压强度高可钻性的极软地层	1							
			2							
			3							
			4							
	5	低抗压强度的软到中等地层	1							
			2							
			3							
			4							
	6	高抗压强度的中硬地层	1							
			2							
			3							
			4							

钻头类别	适用地层			结构特征						
				普通滚动轴承	空气冷却滚动轴承	滚动轴承保径	密封滚动轴承	密封滚动轴承保径	密封滑动轴承	密封滑动轴承保径
	系列	岩性	分级	1	2	3	4	5	6	7
镶齿钻头	7	中研磨性地层及研磨性的硬地层	1							
			2							
			3							
			4							
	8	高研磨性的极硬地层	1							
			2							
			3							
			4							

注：因各厂家的钻头产品性能和编号不同，所以适用于同一岩性地层的钻头型号和特征也不同，具体请在应用时参考各厂家对应的钻头分类表。

在分类号后面可用英文字母增设附加结构特征代号。附加结构特征代号应符合表 3-4 的规定。

示例：

钻凿高抗压强度的中硬第 3 级地层，密封滑动轴承保径镶齿加长喷嘴钻头的分类号为 637E。

表 3-4　附加结构特征代号

代号	附加结构特征	代号	附加结构特征
A	空气钻井用	N	—
B	特殊轴承密封	O	—
C	中心喷嘴	P	—
D	防斜稳斜	Q	—
E	加长喷嘴	R	—
F	—	S	标准钢齿模式
G	尖爪/爪背加强保径	T	双牙轮钻头
H	水平操作应用	U	—
I	—	V	—
J	喷嘴偏射	W	加强型切削结构
K	—	X	镶楔形齿为主
L	爪背加扶正块	Y	镶圆锥齿
M	井下马达用	Z	镶其他齿形

4. 结构

三牙轮钻头由接头、巴掌、牙轮、轴承及密封件等组成，如图3-8所示。

图3-8 三牙轮钻头

5. 基本参数

基本参数见表3-5。

表3-5 三牙轮钻头基本参数

钻头尺寸			连接螺纹	台肩倒角直径	
基本尺寸 (mm)	尺寸代号	极限偏差 (mm)	旋转台肩式外螺纹 规格和型式	基本尺寸 (mm)	极限偏差 (mm)
95.2~114.3	4¾~4½		2⅜REG	78.18	
117.4~127	4⅝~5		2⅞REG	92.47	
130.2~187.3	5⅝~7⅞	+0.0800	3½REG	105.17	
190.5~238.2	7½~9⅜		4½REG	136.13	
2413~349.3	9½~4½		6⅝REG	187.72	±0.40
355.6~365.1	14~14⅜	+1.590	6⅝REG	187.72	
368.3~444.5	14½~17½		6⅝REG 或 7⅝REG	187.72 或 215.90	
447.7~469.9	15⅝~18½		6⅝REG 或 7⅝REG	187.72 或 215.90	
473.1~660.4	18⅝~26	+2.380	7⅝REG 或 8⅝REG	215.90 或 243.28	
≥685.8	≥27		8⅝REG	243.28	

喷嘴的安装尺寸和水眼直径应符合表3-6的规定。

表3-6 喷嘴安装尺寸和水眼直径基本参数

钻头直径 (mm)	喷嘴外径		装配长度		水眼直径 (mm)
	基本尺寸 (mm)	极限偏差 (mm)	基本尺寸 (mm)	极限偏差 (mm)	
95.2~139.7	20.3		17.5		4~10
142.9~187.3	23.6	0~0.13	19.0		5~16
190.5~209.6	298		21.0	0~0.30	7~18
212.7~371.5	33.0	0~0.16	27.0		8~20
≥374.6	40.9				10~22

注：（1）装配长度指喷嘴入口端至挡圈槽入口处一侧之长度。

（2）水眼直径每挡间隔1mm。

6. 技术要求

（1）牙轮、牙掌应采用低碳合金优质结构钢制造，材料化学成分中 S，P，Cu 的含量应符合 GB/T 3077—1988 中 3.1.1.1 的规定；最终热处理状态下的机械性能应符合表 3-7 的规定。

表 3-7　牙轮、牙掌最终热处理状态下的机械性能

零件名称	抗拉强度 σ_b（MPa）	屈服强度 σ_s（MPa）	延伸率 δ（%）	断面收缩率 ψ（%）	冲击韧性 a_k（kJ/m²）
镶齿牙轮	≥1079	≥834	≥10	≥40	≥784
牙掌和铣齿牙轮	≥981	≥784	≥9	≥40	≥588
铸造牙轮	≥700	≥560	≥8	≥35	≥500
铸造牙轮	≥441				≥490

注：机械性能为随批零件的试件测试值。

（2）钻头直径小于 444.5mm 的牙轮和钻头直径不大于 311.1mm 的牙掌毛坯应采用模锻件。锻件质量应符合 JB 4726—1994 中 5.7 的规定。

（3）硬质合金齿的物理机械性能应符合 YS/T 400 的规定。

（4）所有钻头零部件应经检验合格，外购件、外协件应有合格证明书，并验收合格后方可进行装配。

（5）装配前所有零部件应清洗干净，每只密封钻头内部的残渣总质量不应超过表 3-8 的规定。

表 3-8　密封钻头内部残渣总质量

钻头直径（mm）	95.2~146.1	149.2~209.6	212.7~295.3	298.4~504.8	≥508
钻头内部残渣总质量（mg）	200	250	300	350	400

（6）钻头组装后的焊接应采用结构钢焊条，焊缝的抗拉强度不应低于 490MPa，焊缝质量应符合 GB150—1998 中 10.3 的规定。

（7）钻头连接螺纹紧密距的极限偏差应为 mm。

（8）喷射式钻头的焊缝和流道系统应经试压检查。试验压力：气压不应低于 0.6MPa，水压不应低于 1MPa，稳压 30s 无渗漏。

（9）密封钻头的轴承腔和储油补偿系统应抽真空后注油。

（10）钻头三个牙轮背部对联接螺纹轴心线的径向圆跳动公差不应超过表 3-9 的规定。

表 3-9　牙轮背部对联接螺纹轴心线的径向圆跳动公差

钻头直径（mm）	95.2~146.1	149.2~209.6	212.7~295.3	298.4~504.8	≥508
径向圆跳动公差（mm）	1.0	1.3	1.7	2.2	2.8

注：测量尺寸时以联接螺纹轴心线为基准，镶齿钻头测量牙轮背锥面最高处，铣齿钻头测量牙轮底平面与背锥面相交圆的最高点。

（11）钻头三个牙轮的高低差不应超过表3-10的规定。

表3-10　钻头三个牙轮高低差技术参数

钻头直径（mm）	95.2~146.1	149.2~209.6	212.7~295.3	298.4~504.8	≥508
镶齿钻头（mm）	0.8	0.9	1.1	1.3	1.6
铣齿钻头（mm）	1.1	1.2	1.4	1.7	2.0

注：测量时以联接螺纹台肩面为基准，镶齿钻头测量外排齿最高处（各牙轮取平均值），铣齿钻头测量牙轮底平面与背锥面相交圆的最高点。

（12）各牙轮转动时不得有憋卡现象，各牙轮之间不应互碰。

（13）镶齿钻头的掉齿率和断齿率在型式试验中不应超过表3-11的规定。

表3-11　镶齿钻头的掉齿率和断齿率

钻头分类	掉齿率（%）		断齿率（%）	
	平均	最高	平均	最高
415~527	5	7	7	8
535~847			6	8

注：（1）平均值系指样本钻头试验的算术平均值。

　　（2）最高值系指样本钻头中允许其中最差一只的试验结果。

（14）各型钻头型式试验时轴承工作寿命不应低于表3-12的规定。

表3-12　轴承工作寿命

钻头直径（mm）	95.2~146.1		149.2~209.6		212.7~295.3		298.4~504.8		≥508	
寿命	平均（h）	最低（h）	平均（h）	最低（h）	平均（h）	最低（h）	平均（h）	最低（h）	平均（h）	最低（h）
普通滚动轴承、滚动轴承保径	11	8	13	10	16	12	19	14	24	18
密封滚动轴承、密封滚动轴承保径			28	20						
密封滑动轴承			35	25						
密封滑动轴承保径			70	50						

注：（1）平均值系指样本钻头试验结果的算术平均值。

　　（2）最低值系指样本钻头中允许其中最差一只的试验结果。

三、磨鞋

1. 用途

磨鞋是用底面所堆焊的 YD 合金或耐磨材料去磨碎井下落物的工具，如磨碎钻杆、钻具等落物。

2. 分类

磨鞋可分为平底磨鞋、凹底磨鞋及领眼磨鞋。

3. 产品代号

产品代号如图 3-9 所示。

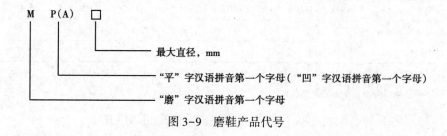

图 3-9　磨鞋产品代号

示例：最大直径为 92mm 的平底磨鞋，其型号表示为 MJ92。

4. 结构

（1）平底磨鞋由磨鞋本体及所堆焊的 YD 合金或其他耐磨材料组成，如图 3-10 所示。

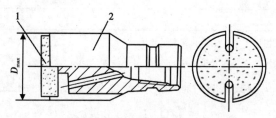

图 3-10　平底式磨鞋结构示意图

1—碳化钨材料；2—本体

（2）凹面磨鞋的底面为 5°～30°凹面角，其上有 YD 合金或其他耐磨材料，其余结构与平面磨鞋相同，如图 3-11 所示。

（3）领眼磨鞋由磨鞋体、领眼锥体或圆柱体两部分组成，如图 3-12 所示。

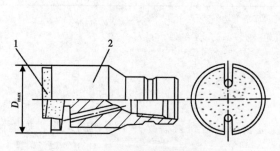

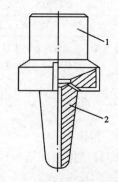

图 3-11　凹底式磨鞋结构示意图
1—碳化钨材料；2—本体

图 3-12　领眼磨鞋结构示意图
1—磨鞋体；2—领眼锥体

5. 磨鞋基本参数

磨鞋基本参数见表 3-13。

表 3-13　磨鞋基本参数

型号		最大直径 （mm）	接头螺纹代号	堆焊合金厚度 （mm）	水眼直径 （mm）
MP90	M9	90	NC26（2⅜IF）		12
MP92	M9	92			
MP94	M9	94			
MP96	M9	96			
MP100	MA100	100	2⅞REG		
MP102	MA102	102			
MP104	MA104	104			14
MP106	MA106	106			
MP108	MA108	108	NC31 2⅞IF， NC38 3½IN	30	
MP110	MA110	110			
MP112	MA112	112			
MP114	MA114	114			
MP116	MA116	116			
MP118	MA118	118			
MP120	MA120	120			
MP138	MA138	138			
MP140	MA140	140			
MP142	MA142	142			
MP144	MA143	144			
MP146	MA146	146			
MP148	MA148	148			
MP150	MA150	150	NC38 3½IN，3½REG		16
MP152	MA152	152			
MP154	MA154	154			
MP156	MA 156	156			

注：水眼个数为 2。

6. 技术要求

（1）本体材料的机械性能应符合表 3-14 的规定。

表 3-14　磨鞋的技术参数

本体最大直径 （mm）	抗拉强度 σ_b （MPa）	屈服强度 σ_s （MPa）	延伸率 δ_5 （%）	断面收缩率 ψ （%）	冲击韧性 a_k （J/m²）
90~100	≥735	≥539	≥15	≥45	≥49
102~156	≥686	≥490	≥14	≥45	≥39

（2）钻杆接头螺纹的尺寸和公差应符合 SY 5290，GB 9253.1 的规定。

（3）本体须进行无损探伤检查，不得有裂纹和其他影响强度的缺陷。

（4）产品工作部位均须堆焊碳化钨耐磨材料，其硬度为 89~91HRA。用于铣鞋的碳化钨颗粒等级尺寸为 2~3mm 与 3~5mm。用于磨鞋的碳化钨颗粒等级尺寸为 3~5mm 与 6.5~8mm。

（5）堆焊的耐磨材料必须牢固，颗粒分布均匀。

（6）按规定条件，铣鞋的寿命不低于 4h，磨鞋的总进尺不少于 6m。

（7）接头螺纹涂螺纹脂并戴护丝。

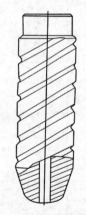

图 3-13　柱形磨鞋
结构示意图

四、柱形磨鞋

1. 用途

用以修整略有弯曲或轻度变形的套管，修整下衬管时遇阻的井段和用以修整断口错位不大的套管断脱井段。当上、下套管断口错位不大于 40mm~1 寸，可用以将断口修直，便于下一步工作顺利进行。

2. 结构

柱形磨鞋实质是将梨形磨鞋的圆柱体部分加长的磨鞋，其柱体部分可以加长到 0.5~2.5m，如图 3-13 所示。

3. 基本参数

基本参数同梨形铣鞋相同，但长度须按表 3-15 选用。

表 3-15　柱形磨鞋技术参数

级数	一级	二级	三级	四级
长度（m）	0.3~0.5	0.5~1	1~1.8	1.8~2.5

五、铣鞋

1. 用途

铣鞋主要用来修理被破坏的鱼顶，如被顿坏、损坏的油管、钻杆本体等。

2. 分类

铣鞋可分梨形铣鞋、锥形铣鞋和内铣鞋、外齿铣鞋、裙边铣鞋、套铣鞋等。

3. 产品代号

产品代号如图 3-14 所示。

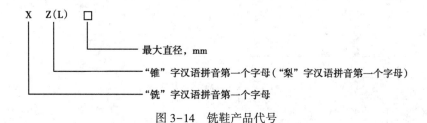

图 3-14　铣鞋产品代号

4. 结构

（1）梨形铣鞋如图 3-15 所示。

（2）锥形铣鞋如图 3-16 所示。

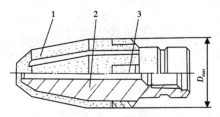

图 3-15　梨形铣鞋结构示意图

1—碳化钨材料；2—本体；3—扶正块

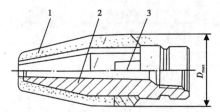

图 3-16　锥形铣鞋结构示意图

1—碳化钨材料；2—本体；3—扶正块

（3）内铣鞋由接头与铣鞋体构成。按其内部结构又分为内齿铣鞋和 YD 合金焊接式内铣鞋两种。

内齿铣鞋的铣鞋体内腔呈喇叭口形，加工有细密的长条形切削铣齿，如图 3-17所示，其铣齿经渗碳淬火处理，硬度较高，能对鱼顶进行修整，并作为洗井液的过流通道。

YD 合金焊接式内铣鞋如图 3-18 所示。

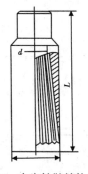

图 3-17　内齿铣鞋结构示意图

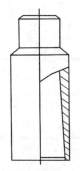

图 3-18　YD 合金焊接式内铣鞋结构示意图

梨形铣鞋和锥形铣鞋的基本参数见表3-16。

表 3-16 梨形铣鞋和锥形铣鞋技术参数

型号		最大直径（mm）	接头螺纹代号	堆焊合金厚度（mm）	水眼直径（mm）
XZ90	XL90	90	NC26（2⅜IF）		15
XZ 92	XL 92	92			
XZ 94	XL 94	94			
XZ 96	XL 96	96			
XZ 100	XL 100	100			
XZ 102	XL 102	102	2⅞REG		
XZ 104	XL 104	104			
XZ 106	XL 106	106			
XZ 108	XL 108	108	NC31 2⅞IF，NC38 3½IN	15	25
XZ 110	XL 110	110			
XZ 112	XL 112	112			
XZ 114	XL 114	114			
XZ 116	XL 116	116			
XZ 118	XL 118	118			
XZ 120	XL 120	120			
XZ 138	XL 138	138			32
XZ 140	XL 140	140			
XZ 142	XL 142	142			
XZ 144	XL 144	144			
XZ 146	XL 146	146			38
XZ 148	XL 148	148			
XZ 150	XL 150	150			
XZ 152	XL 152	152	NC38 3½IN，3½REG		
XZ 154	XL 154	154			
XZ 156	XL 156	156			

注：水眼数为1。

内齿铣鞋的基本参数见表3-17。

表 3-17 内齿铣鞋的基本参数

套管规范（in）	D（mm）	d（mm）	L（mm）	齿数	接头扣型
4	95	61	400	24	NC26
5½	114	73	500	26	NC31

120

套管规范（in）	D（mm）	d（mm）	L（mm）	齿数	接头扣型
$5\frac{3}{4}$	118	73	500	26	NC31
$6\frac{5}{8}$	136	89	425	30	NC31
7	152	114	450	30	NC38
$7\frac{5}{8}$	160	114	450	36	NC38
$8\frac{5}{8}$	185	141	550	44	NC40

（4）外齿铣鞋。

外齿铣鞋是用以刮铣套管壁、修理鱼顶内腔和修整水泥环的一种工具，还可用来刮削套管上残留的水泥环、锈斑、矿物结晶以及小量的飞边等。在下衬管固井钻水泥塞之后，需要下外齿铣鞋将衬管顶部水泥塞处的水泥环修整成平整光滑的喇叭口时，就需要这种工具，其他的工具均难以完成。

外齿铣鞋由接头与铣鞋体构成，在铣鞋体外壁加工有多条长形锥面铣齿，如图 3-19 所示。

外齿铣鞋与内铣鞋齿形相同，只不过分布在外表面。基本参数见表 3-18。

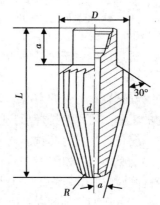

图 3-19 外齿铣鞋结构示意图

表 3-18 外齿铣鞋技术参数

序号	D（mm）	d（mm）	R（mm）	a（mm）	L（mm）	a	齿数	接头螺纹
1	106	15	55	100	380	18°26′	14	NC26（2A10）
2	110	15	59	100	380	18°28′	14	NC31（210）
3	115	15	64	100	380	18°30′	15	NC31（210）
4	118	15	67	100	380	18°33′	15	NC31（210）
5	121	15	70	100	380	18°36′	16	NC31（210）
6	123	20	72	100	380	18°37′	20	NC31（210）
7	126	20	75	100	380	18°38′	20	NC31（210）
8	128	20	76	100	430	18°40′	22	NC31（310）
9	131	20	79	100	430	18°46′	22	NC31（310）
10	134	20	82	100	430	18°48′	24	NC31（310）
11	136	30	84	100	430	18°50′	24	NC31（310）
12	140	30	88	100	430	18°53′	26	NC31（310）
13	144	30	92	100	430	18°56′	26	NC31（310）
14	146	30	94	100	430	18°58′	26	NC31（310）
15	148	30	96	100	430	19°10′	26	NC31（310）
16	150	30	98	100	430	19°30′	26	NC46（410）

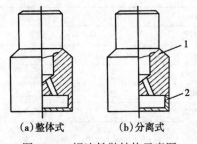

图 3-20 裙边铣鞋结构示意图
1—磨鞋体；2—裙边

(5) 裙边铣鞋。

裙边铣鞋由于有裙边存在，它可以将落鱼罩入裙边之内，以保证落鱼始终置磨鞋磨铣范围之内，用底部切削材料对落鱼进行磨削。这种铣鞋既可以靠裙边铣入环形空间，又可以对鱼顶磨削，用它可以磨削各种摇晃的管类和杆类落物。

裙边铣鞋与平底磨鞋结构基本相同，只是在平底磨鞋体上增加圆柱形裙边，并在裙边底部加焊 YD 型焊料，如图 3-20 所示。

裙边铣鞋由于磨铣的对象不一，故只能根据具体情况设计制作。

(6) 套铣鞋。

套铣鞋有的又叫空心磨鞋或铣头，是用以清除井下管柱与套管之间的各种脏物的工具。可以套铣环形空间的水泥，坚硬的沉砂、石膏及碳酸钙结晶等。

套铣鞋按其与套铣筒（有的叫套铣管）的联接型式可分为：

①整体型。如图 3-21 (a) 所示，即将套铣鞋与套铣筒焊接为一体，或直接在套铣筒底部加工套铣鞋。这种型式强度大，不易产生脱落，因而一般多用于深井。

②分离型。如图 3-21 (b) 所示，即将套铣鞋与套铣筒用螺纹联接。这种型式加工更换方便，但其强度较低，不能承受较大的扭矩，因而只适用于浅井。

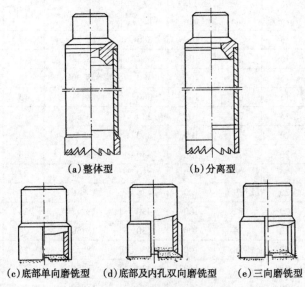

(a) 整体型　　　　(b) 分离型

(c) 底部单向磨铣型　(d) 底部及内孔双向磨铣型　(e) 三向磨铣型

图 3-21 套铣鞋结构示意图
1—磨鞋体；2—裙边

按套铣鞋本身的结构又可分为：

①底部单向磨铣型。铣鞋本身只在其底部镶焊切削的合金材料（如 YD 焊料，YG8 合金等），对其底部进行磨削如图 3-20 （c） 所示。

②底部及内孔双向磨铣型。除在底部之外，还在内腔加焊切削合金焊料，因而不但有底出刃还有内出刃，除了对底部切削之外，还可以向内磨削，如图 3-20 （d） 所示。

③三向磨铣型。除底部和内孔焊有合金焊料之外，还在套铣鞋母体外圆加焊一定厚度的合金焊料。这种磨铣鞋的底部、内部与外部三向出刃，能在三个方向切削，如图 3-20 （e） 所示。

第二节　整形类工具

套管在井下始终承受变化着的地层压力和流体的内外挤压力，因此产生缩颈和局部变形比较普遍。套管变形和缩颈严重影响抽油泵和井下工具的下入和更换。随着油田开发时间的延长，套管变形的井越来越多，因此处理井下套管变形将是一种大量的修井作业。对于一定范围内的变形和缩颈，可以用套管整形工具来修复，处理得当可恢复到原内径的 95%以上。本节介绍几种主要的套管整形工具。

一、梨形胀管器

1. 用途

梨形胀管器简称胀管器，是用以修复井下套管较小变形的整形工具之一。它依靠地面施加的冲击力（这个冲击力由钻具本身的重力或下击器来实现），迫使工具的锥形头部，楔入变形套管部位，进行挤胀，从而恢复其内通径尺寸。

2. 结构

梨形胀管器为一整体结构，其过水槽可分为直槽式和螺旋槽式两种，如图3-22所示。

3. 基本参数

基本参数见表 3-19。

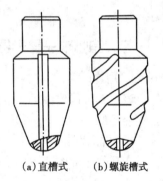

（a）直槽式　（b）螺旋槽式

图 3-22　梨形胀管器结构示意图

表 3-19　梨形胀管器技术参数

序号	规格型号	外型尺寸（mm）	接头螺纹	使用规范及性能参数		
				整形尺寸（mm）	适应套管（in）	整形率（%）
1	ZQ-114	D×250	NC26（2A10）	92, 94, 96, 98, 100	$4\frac{1}{2}$	98~99
2	ZQ-127	D×300	NC31（210)2⅞REG	102, 104, 106, 108, 110, 112	5	98~99

序号	规格型号	外型尺寸（mm）	接头螺纹	使用规范及性能参数		
				整形尺寸（mm）	适应套管（in）	整形率（%）
3	ZQ-140	D×300	NC31（210）	114，116，118，120，122，124	5½	98~99
4	ZQ-168	D×350	NC38（310）	140，142，144，146，148，150，152	6⅝	98~99
5	ZQ-178	D×400	NC38（310）	154，156，158，160，162	7	98~91

二、长锥面胀管器

1. 用途

长锥面胀管器是用以修复井下套管较小变形的整形工具之一。

2. 结构

长锥面胀管器为一整体结构，其内有水眼，外有三条反向螺旋槽可进行循环，其结构如图 3-23 所示。

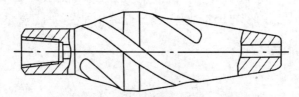

图 3-23　长锥面胀管器结构示意图

三、偏心辊子整形器

1. 用途

该工具可以对油、气、水井轻度变形的套管进行整形修复，最大可恢复到原套管内径的 98%。

2. 产品代号

产品代号如图 3-24 所示。

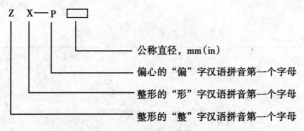

图 3-24　偏心辊子整形器代号示意图

124

型号示例：102（4）偏心辊子整形器，其型号为 ZX-P102（4）。

3. 结构

偏心辊子整形器由偏心轴、上辊、中辊、锥辊、钢球及丝堵等件组成，如图 3-25 所示。

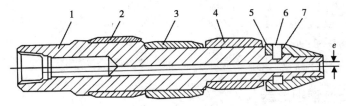

图 3-25　偏心辊子整形器结构示意图

1—偏心轴；2—上辊；3—中辊；4—下辊；5—锥辊；6—丝堵；7—钢球

4. 基本参数

基本参数见表 3-20。

表 3-20　偏心辊子整形器基本参数

型号	整形范围 （mm）	最大整形量 （mm）	水眼直径 （mm）	整形率 （%）	接头螺纹 代号	许用最大扭矩 （N·m）
ZX-P102（4）	88.3~100.3	11	6	96	2⅜TGB	3 050
ZX-P114（4½）	96~103.9	11	13	96	NC26（2⅜IF）	3 658
ZX-P140（5½）	105~126	13	16	96	2⅞REG	5 541
ZX-P168（6⅝）	123~145.5	15	25	96	3½REG	7 963
ZX-P178（7）	138~164	16	25	96	3½REG	7 963
ZX-P194（7⅝）	158~176.5	16.5	32	96	4½REG	10 306
ZX-P219（8⅝）	166~190	16.5	32	96	4½REG	10 366
ZX-P245（9⅝）	214.8~228.2	16.5	32	96	4½REG	19 211

5. 技术要求

偏心轴、辊子材料机械性能应符合表 3-21 的规定。

表 3-21　偏心轴、辊子材料机械性能

零件名称	抗拉强度 σ_b （MPa）	屈服强度 σ_s （MPa）	伸长率 δ_5 （%）	布氏硬度 （HB）
偏心轴	≥1079	≥834	≥10	≥217
辊子	≥451	≥275	≥24	≥197

（1）钻杆接头螺纹应符合 GB 4775—1984 的规定。

（2）偏心轴轴颈表面渗碳淬火处理后，其硬度应为 60~64HRC。

（3）偏心轴须经整体超声波探伤检查，不得有裂纹或其他影响强度的缺陷。

（4）辊子外表面渗碳淬火处理后，其硬度应为 58~62HRC，内孔硬度应为 30~35HRC。

（5）未注公差应符合 GB/T 1804—2000 中的 14 级规定，未注形位公差应符合 GB/T 1184—1996 中的 C 级规定。

（6）产品装配后接头螺纹应涂防腐油，外部喷涂防锈漆。

四、三锥辊整形器

1. 用途
同偏心辊子套管整形器相同。

2. 结构
三锥辊整形器由芯轴、锥辊、销轴、固定销、垫圈、引鞋等组成，如图 3-26 所示。

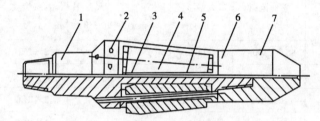

图 3-26 三锥辊整形器结构示意图

1—芯轴；2—固定销；3—垫圈；4—锥辊；5—销轴；6—垫圈；7—引鞋

3. 基本参数
基本参数见表 3-22。

表 3-22 三锥辊整形器基本参数

规格型号	接头螺纹	整形尺寸分段（mm）	适应套管（in）
ZQ-Z114	NC26（2A10）	92，94，96，98，99，100	$4\frac{1}{2}$
ZQ-Z127	$2\frac{7}{8}$REG NC31（210）	102，104，106，108，110，112	5
ZQ-Z140	NC31（210）	114，116，118，120，122，124	$5\frac{1}{2}$
ZQ-Z168	NC38（310）	140，142，144，146，148，150，152	$6\frac{5}{8}$
ZQ-Z178	NC38（310）	154，156，158，160	7

五、旋转震击式套管整形器

1. 用途

同辊子套管整形器相同。

2. 结构

旋转震击式套管整形器简称旋震式
整形器，由锤体、整形头、钢球螺钉等
件组成，如图3-27所示。

3. 基本参数

基本参数见表3-23。

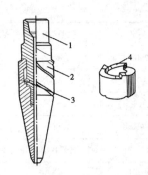

图 3-27　旋转震击式整形器结构示意图

1—锤体；2—整形头；3—钢球；4—整形头螺旋形曲面

表 3-23　旋震式整形器基本参数

规格型号	接头螺纹	整形尺寸分段（mm）
XZQ114	NC26（2A10）	92，94，96，98，99，100
XZQ127	2⅞REG NC31（210）	102，104，106，108，110，112
XZQ140	NC31（210）	114，116，118，120，122，124
XZQ168	NC38（310）	140，142，144，146，148，150，152
XZQ178	NC38（310）	154，156，158，160

六、鱼顶修整器

1. 用途

鱼顶修整器用来修整椭圆形鱼顶和较小弯曲的鸭嘴形鱼顶。尤其针对井口操
作过程中，因挂单吊环提钻将油管从吊卡下部折断，掉入井内的变形鱼顶，其修
复成功率可达100%。

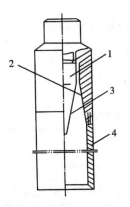

这种工具的特点是不管鱼顶有无劈
裂，修整器都能将其修整成便于打捞的
圆度，这种修整鱼顶的方法，比用铣磨
的方法操作简便，工效高，还减少了一
些附属设备。

2. 结构

鱼顶修整器由上接头、芯轴、喇叭
口、引鞋等组成，如图3-28所示。

3. 基本参数

基本参数见表3-24。

图 3-28　鱼顶整形器结构示意图

1—上接头；2—喇叭口；3—芯轴；4—引鞋

表 3-24　鱼顶修整器基本参数

类型	YDZ48	YDZ60	YDZ73	YDZ89	YDZ102	YDZ114
最大外径（in）	$3\frac{3}{4}$	$3\frac{15}{16}$	$4\frac{1}{2}$	$5\frac{7}{16}$	$5\frac{23}{32}$	$6\frac{5}{16}$
长度（in）	65	69	73	74	78	78
内径（in）	$2\frac{31}{32}$	$2\frac{31}{32}$	$3\frac{11}{16}$	$4\frac{17}{32}$	$5\frac{1}{32}$	$5\frac{21}{32}$
修整油管尺寸	1.900	$2\frac{3}{8}$	$2\frac{7}{8}$	$3\frac{1}{2}$	4	$4\frac{1}{2}$
接头扣	$2\frac{3}{8}$TGB	$2\frac{7}{8}$REG	NC31	NC31	NC38	NC50
质量（kg）	60	68	106	210	275	350

第三节　震击类工具

使用震击类工具在卡点附近造成一定频率的震击，有助于被卡管柱和工具的解卡。震击类工具在中国近年来大量推广应用，处理了相当一批事故井，效果很好。

一、震击器及加速器

1. 产品代号

如图 3-26 所示，名称代号由代表工作状况、作用原理、作用方向、产品特征和用途的汉语拼音第一个字母大写组成，字母数量一般不超过三个，名称代号示例见表 3-29。

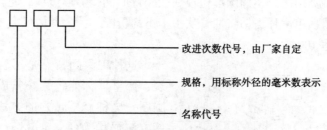

　　　　　　　　　　　　改进次数代号，由厂家自定

　　　　　　　　　　　　规格，用标称外径的毫米数表示

　　　　　　　　　　　　名称代号

图 3-29　震击器及加速器代号结构图

表 3-25　震击器及加速器名称代号

产品名称	名称代号	意义
超级上击器	CS	C 为特征代号，代表超级；S 为震击方向代号，代表上击
地面下击器	DX	D 为特征代号，代表地面；X 为震击方向代号，代表下击
开式下击器	KX	K 为特征代号，代表开式；X 为震击方向代号，代表下击

产品名称	名称代号	意义
闭式下击器	BX	B 为特征代号，代表闭式；X 为震击方向代号，代表下击
油压上击器	YS	Y 为震击原理代号，代表液压；S 为震击方向代号，代表上击
机械上击器	JS	J 为震击原理代号，代表机械；S 为震击方向代号，代表上击
随钻上击器	SSJ	第一个 S 为工作状况代号，代表随钻；SJ 为震击方向代号，代表上击
随钻下击器	SX	S 为工作状况代号，代表随钻；X 为震击方向代号，代表下击
整体式随钻震击器	ZS	Z 为特征代号，代表整体；S 为工作状况代号，代表随钻
全机械式随钻震击器	QJ	Q 为特征代号，代表全；J 为震击原理代号，代表机械
震击加速器	ZJS	ZJS 为功能代号，代表震击加速

注：随钻上击器代号中，为了避免和 SY/T 6327—2005 中的水刹车代号重复，采用 SJ 双字母代表震击方向。

2. 分类

震击器按工作状况可分为随钻震击器和打捞震击器，按震击原理可分为液压震击器、机械震击器和自由落体震击器，按震击方向可分为上击器、下击器和双向震击器。加速器按工作状况可分为随钻加速器和打捞加速器，按加速方向可分为上击加速器、下击加速器和双向加速器，按加速原理可分为机械加速器和液压加速器。

3. 基本参数

（1）随钻震击器及加速器的基本参数见表 3-26。

（2）打捞震击器及加速器的基本参数见表 3-27。

表 3-26 随钻震击器及加速器的基本参数

标称外径（mm）	水眼直径（mm）		接头螺纹	水眼密封压力（MPa）	最大抗拉载荷（kN）	最大工作扭矩（kN·m）	耐温（℃）
89	38	25	NC26		400	3.5	150
121	50	57	NC38		1000	12	
159	57	70	NC46	30	1500	14	
			NC50				120
178	70	57	NC50		1800	15	
203	70	76	6⅝REG		2200	18	
229	76	70	7⅝REG		2500	22	

表 3-27　打捞震击器及加速器的基本参数

标称外径 （mm）	水眼直径 （mm）		接头螺纹	水眼密封压力 （MPa）	最大抗拉载荷 （kN）	最大工作扭矩 （kN·m）	耐温 （℃）
79	25	28	2⅜REG		300	3	
89	28	32	NC26		400	3.5	
95	32	38	2⅞REG		500	4	
			NC26				
108	38	32	NC31		700	6	
		50	NC38				
121	50	38	NC38		900	8	
		57					
146	57	50	NC40	20	1200	10	120
159	57	50	NC46		1500	13	
			NC50				
165	57	70	NC50		1600	14	
178	57	70	NC50		1800	15	
197	70	76	6⅝REG		2100	17	
203	70	76	6⅝REG		2200	18	
229	76	70	6⅝REG		2500	20	

4. 技术要求

（1）对零部件的要求。

产品主要零件材料的硫、磷含量均不得大于 0.030%，热处理后的力学性能应符合表 3-28 的规定。

产品主要零件应进行无损探伤，缺陷等级应不低于 JB/T 4730—2005 中所规定的压力容器锻件无损检测单个缺陷 Ⅱ 级、波底降低量 Ⅰ 级及密集区缺陷Ⅰ级。

震击器及加速器的上、下钻杆接头螺纹宜采用表 3-26 和表 3-27 所规定的螺纹规格和型式，接头螺纹紧密距应符合 GB/T 92531—1999 中的有关规定；工具两端和各联接螺纹应进行防粘扣处理。

表 3-28　主要零件材料的力学性能

类别	标称外径 （mm）	抗拉强度 σ_b （MPa）	屈服强度 σ_s （MPa）	伸长率 δ_5 （%）	断面收缩率 ψ （%）	冲击韧性 A_{kv} （J/m²）	硬度 （HB）
随钻震击器	≤178	≥965	≥760	≥13	≥45	≥60	≥285
	>178	≥930	≥690				
打捞震击器	≤178	≥965	≥760			≥54	
	>178	≥930	≥690				

密封元件应耐油、耐 pH 值 6~9 范围内的酸碱度，耐温不得低于表 3-26 和表 3-27 的规定。

液压震击器的工作介质中尺寸大于 0.08mm 的微粒含量不得大于 10mg/100mL；工作介质耐温不低于表 3-26 和表 3-27 的规定。

（2）震击器及加速器的单向总行程宜采用表 3-29 的规定。

表 3-29　震击器及加速器的单向总行程　　　　　单位：mm

自由落体震击器	短行程	200~550
	长行程	450~1600
液压震击器		120~400
机械震击器		120~250
加速器		120~400

（3）对整机性能的要求。

震击器及加速器的水眼密封能力应不低于表 3-26 和表 3-27 规定的水眼密封压力。

除自由落体震击器外，震击器的最大释放力应符合表 3-30 的规定。

震击器和加速器应进行台架性能试验，并满足表 3-30 中的要求。

①对震击器的运动平稳性要求。液压震击器和可调式机械震击器（调至零位）应能以不大于产品最大释放力 15% 的力，使心轴在全行程内沿震击方向均匀、平稳、无急跳、无卡滞地缓慢运动。

②对震击器标定释放力的要求。液压震击器的心轴以 400~650mm/min 范围内的某一速度运动时，其标定释放力应符合表 3-30 中所规定的标定释放力要求。

表 3-30　震击器的释放力

标称外径（mm）	液压震击器				机械震击器	
	最大释放力（kN）	标定释放力（kN）	最大释放力（kN）	标定释放力（kN）	最大释放力（kN）	标定释放力（kN）
79	150±20%	40~80	60±20%	40~60	150±20%	60±20%
89	180±20%	60~100	90±20%	50~80	180±20%	80±20%
95	200±20%	60~100	100±20%	50~80	200±20%	100±20%
108	250±20%	90~140	120±20%	60~100	300±20%	150±20%
121	350±20%	150~250	180±20%	100~150	400±20%	250±20%
146	500±20%	200~350	250±20%	120~180	500±20%	300±20%
159	700±20%	300~450	350±20%	180~250	600±20%	350±20%
165	700±20%	300~450	350±20%	180~250	650±20%	350±20%
178	800±20%	350~550	400±20%	200~300	700±20%	400±20%

标称外径 （mm）	液压震击器				机械震击器	
	最大释放力 （kN）	标定释放力 （kN）	最大释放力 （kN）	标定释放力 （kN）	最大释放力 （kN）	标定释放力 （kN）
197	1000±20%	400~600	500±20%	200~00	800±20%	450±20%
203	1000±20%	400~600	500±20%	200~300	800±20%	450±20%
229	1000±20%	500~700	600±20%	300~400	1000±20%	500±20%

机械震击器的标定释放力应为产品的最大释放力。可调式机械震击器在产品最大释放力的20%~80%范围内，分级调节相同的量时，标定释放力应随调节量呈线性增加，标定释放力的增量与其增量均值的相对误差不得大于40%。

③震击器释放后，心轴继续沿震击方向运动时的动态摩擦力应不大于产品标定释放力的10%。

④震击器应能在不大于产品标定释放力20%的复位力作用下逆震击方向复位到原始行程位置。

⑤压缩加速器的弹性元件至全行程时，其压缩力应和表3-30中液压震击器的最大释放力相一致，卸载后加速器应能自行复位，复位误差不得大于15%。

震击器和加速器的抗拉能力应不低于表3-26和表3-27规定的最大抗拉载荷。

震击器和加速器的抗扭能力应不低于表3-26和表3-27规定的最大工作扭矩。

震击器和加速器的整机耐温能力应不低于表3-26和表3-27的规定。对用于深井及特殊耐温要求的震击器和加速器，供需双方应在合同中加以规定。

随钻震击器的有效工作周期应不低于200次或500h，打捞震击器的有效工作周期应不低于100次。

二、润滑式下击器

1. 用途

润滑式下击器也叫油浴式下击器，是闭式下击器的一种。这种下击器是以向鱼头突然施以下砸力为主的解卡工具，并且也可以产生向上的冲击力，实现活动解卡。

它与开式下击器主要区别在于工具本身的撞击过程是在润滑良好的密闭式油浴中进行的，寿命比开式下击器长。

润滑式下击器作为预防性措施连接在打捞、钻井、试油等工具管柱中，可传递足够的扭矩和承受很大的钻压。另外，连接有润滑式下击器的工具管柱，利用其下击力可在井口将打捞工具从落鱼中取出，这是润滑式下击器的重要优点之一。

2. 结构

润滑式下击器主要由接头芯轴、上缸体、中缸体、上击锤、导管、下接头及密封装置等组成，如图 3-30 所示。

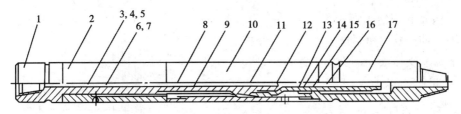

图 3-30　润滑式下击器结构示意图

1—接头芯轴；2—上钢体；3, 7, 8, 9, 12, 14, 15, 18—"O"形密封圈；4, 16—挡圈；
5, 17—保护圈；6—油塞；10—中缸体；11—上击锤；13—导管；19—下缸体

三、开式下击器

1. 用途

开式下击器（以下简称下击器）是一种机械式震击工具。可对遇卡管柱进行反复震击，使卡点松动解卡；当提拉和震击都不能解卡时，还可以转动使可退式打捞工具释放落鱼。开式下击器与机械内割刀配合使用时，可使内割刀得到一个不变的预定进给力，保证内割刀进刀平稳。与倒扣器配合使用时，可以补偿扣后螺纹上升的行程。

2. 结构

开式下击器由上接头、外筒、芯轴、芯轴外套、撞击套、抗挤压环、挡环、"O"形密封圈、紧定螺钉等组成，如图 3-31 所示。

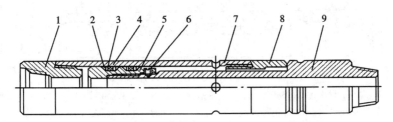

图 3-31　开式下击器结构示意图

1—上接头；2—抗挤环；3—"O"形密封圈；4—挡圈；5—撞击套；6—紧固螺钉；
7—外筒；8—芯轴外套；9—芯轴

四、地面下击器

1. 用途

地面式下击器是装在钻台上，对遇卡管柱施加瞬间下砸力的一种震击类工具。它主要用于：

（1）钻柱解卡作业。

（2）驱动井内遇卡无法工作的震击器。

（3）解脱可释放的打捞工具。

2. 结构

地面下击器主要由上接头、短节、上壳体、芯轴、冲洗管、密封座、调节环、摩擦芯轴、摩擦卡瓦、支撑套、下壳体、锁紧螺钉和下接头组成，如图3-32所示。

五、液压式上击器

1. 用途

液压式上击器（以下简称上击器），主要用于处理深井的砂卡、盐水和矿物结晶卡、胶皮卡、封隔器卡以及小型落物卡等。尤其在井架负荷小，不能大负荷提拉钻具时，上击器的解卡能力更显得优越。该工具加接加速器后也适用于浅井。

2. 结构

上击器主要由上接头、芯轴、撞击锤、上缸体、中缸体、活塞、活塞环、导管、下缸体及密封装置等组成，如图3-33所示。

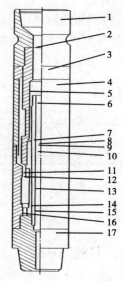

图3-32　地面下击器结构示意图

1—上接头；2—"O"形密封圈；3—短接；
4—上壳体；5—芯轴；6—冲洗管；
7，8，9—"O"形密封圈；10—密封座；
11—螺钉；12—调节环；13—摩擦芯轴；
14—摩擦卡瓦；15—支撑套；
16—下筒体；17—下接头

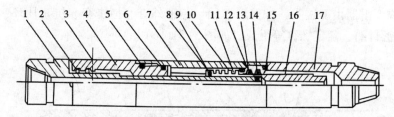

图3-33　液压式下击器结构示意图

1—芯轴；2—"O"形密封圈；3—加油塞；4—上钢体；5，6，9，12，13，14，15—"O"形密封圈；
7—中缸体；8—冲击锤；10—活塞；11—活塞环；16—导管；17—下缸体

六、液体加速器

1. 用途

液体加速器（简称加速器）是与液压上击器配套使用的工具，它利用具有特殊用途的硅机油的可压缩性来储存能量，对处于突然释放状态下的液压上击器的芯轴施以力和加速度，从而增加上击器的撞击效果。

联接在钻杆上的加速器同上击器一样可传递正、反扭矩，可承受上、下载荷。但是加速器必须同上击器一同联接在钻柱上，决不能独立使用。

2. 结构

加速器由芯轴、短节、外筒、缸体、撞击器、下接头、活塞及各种密封装置所组成，如图 3-34 所示。

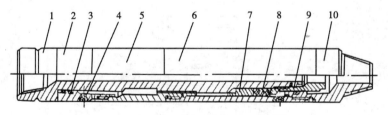

图 3-34　液体加速器结构示意图

1—芯轴；2—短节；3—密封装置；4—注油塞；5—外筒；6—缸体；7—撞击锤；
8—活塞；9—导管；10—下接头

第四节　辅 助 工 具

各类修井工具和辅助工具的组合使用是提高修井成功率和修井效率的重要条件之一，在复杂修井中尤为突出，因此，性能良好的辅助工具越来越受到重视。本节介绍了 4 种井下辅助工具和地面配套工具，供选用时参考。

一、锯齿形安全接头

1. 用途

锯齿形安全接头是连接在钻井、修井、测试、洗井、压裂、酸化等作业管柱中的具有特殊用途的接头。当作业管柱正常工作时，它可传递正向或反向扭矩，可承受拉、压负荷，并保证压井液流动畅通。当作业工具遇卡时，锯齿形安全接头可首先脱开，将安全接头以上管柱起出，简化下一步作业程序。目前在钻井、修井作业中，应用较为广泛。

2. 产品代号

产品代号如图 3-35 所示。

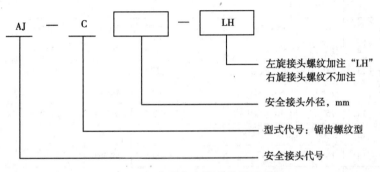

图 3-35　锯齿形安全接头代号示意图

3. 结构

锯齿形安全接头由上接头、下接头及两个"O"形密封圈组成，如图3-36所示。

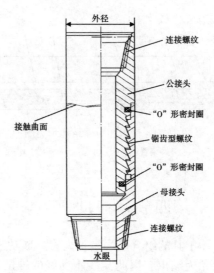

图3-36　锯齿形安全接头结构示意图

4. 基本参数

基本参数见表3-31。

表3-31　锯齿形安全接头技术参数

型号	外径 （mm）	连接螺纹	水眼直径 （mm）	屈服拉力 （kN）	屈服扭矩 （kN·m）	最大工作拉力 （kN）	最大工作扭矩 （kN·m）
AJ-C86-［LH］	86	NC26	44	1390	9.55	925	6.35
AJ-C95-［LH］	95	2⅞REG	32	2060	15.25	1370	10.15
AJ-C105-［LH］	105	NC31（2⅞IF） 2⅞TGB， 2⅞UP TBG	54	2015	19.10	1340	12.70
AJ-C108-［LH］	108	3½REG	38	3005	20.55	2005	13.70
AJ-C121-［LH］	121	NC38（3½IF）	68	2275	26.50	1515	17.65
AJ-C140-［LH］	140	4½REG	57	3845	41.05	2560	27.35
AJ-C146-［LH］	146	NC46（41IF）	83	3380	46.05	2255	30.70
AJ-C152-［LH］	152	NC46（41IF）	83	3200	51.10	2130	34.05
AJ-C156-［LH］	156	NC50（4½IF）	95	4615	52.65	3075	35.10
AJ-C159-［LH］	159	NC50（4½IF）	95	4665	58.40	3110	38.90
AJ-C171-［LH］	171	5½REG	70	5570	81.70	3710	54.45

型号	外径 （mm）	连接螺纹	水眼直径 （mm）	屈服拉力 （kN）	屈服扭矩 （kN·m）	最大工作拉力 （kN）	最大工作扭矩 （kN·m）
AJ-C178-［LH］	178	5½REG	102	5080	85.50	3385	57.00
AJ-C197-［LH］	197	6⅝REG	89	5480	124.10	3650	82.75
AJ-C203-［LH］	203	6⅝REG	127	3415	48.00	2275	32.00
AJ-C229-［LH］	229	7⅝REG	101	—	—	—	—
AJ-C254-［LH］	254	8⅝REG	121	—	—	—	—
AJ-C115-［LH］	115	3½TBG， 3½UP TBG	72	905	—	600	—

注：（1）内平型（IF）螺纹与同栏内的数字型（NC）螺纹可互换。
（2）栏中的两种油管螺纹根据需要可任选一种。
（3）大尺寸安全接头的拉力和扭矩暂未做规定。

5. 技术要求

（1）安全接头在 20MPa 的压力下工作，应不刺、不漏。

（2）安全接头的公、母接头材料应符合 GB/T 3077—2015 的要求；机械性能应符合表 3-32 的规定。

表 3-32　锯齿形安全接头机械性能参数

抗拉强度 σ_b （MPa）	屈服强度 σ_s （MPa）	伸长率 δ_5 （%）	冲击韧性 A_{kv} （J/m²）	硬度 （HB）
≥965	≥825	≥13	≥80	285

（3）各锻件应无裂缝、发裂、结疤、剥层等缺陷。

（4）安全接头的公、母接头应进行超声波探伤。缺陷等级应符合 JB 3963—1985 中单个缺陷Ⅱ级、底波降低量Ⅰ级的规定；其螺纹表面进行荧光磁粉探伤，应无裂纹。

（5）"O"形密封圈表面光洁、平整、不得有气泡、夹渣、生胶分层、硫化不良等缺陷。胶料应耐油、耐弱酸、耐弱碱、耐温不低于 120℃，邵氏硬度为 75~80HRC。

（6）两端连接螺纹：钻杆接头螺纹应符合 GB 9253.1—1988 的规定；油管螺纹应符合 GB 9253.3—1988 的规定。

（7）装"O"形密封圈的密封部位相对于锯齿螺纹的同轴度公差不得低于 GB 1184—1996 中 9 级精度的规定。

（8）安全接头的公、母接头可任意互换装配，装配后公、母接头接触曲面应互相吻合，公接头在母接头内沿轴向应有 0.8~2mm 的自由窜动量。

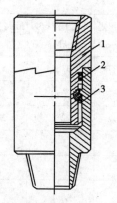

图 3-37 方扣形安全接头结构示意图
1—上接头；2—密封圈；3—下接头

（9）安全接头各螺纹应进行防粘扣处理。

（10）安全接头除螺纹部位外，外表面涂天蓝色漆。

二、方扣形安全接头

1. 用途

同锯齿形安全接头。

2. 结构

方扣形安全接头由上接头、密封圈、下接头组成，如图 3-37 所示。

3. 基本参数

基本参数见表 3-33。

表 3-33 方扣形安全接头基本参数

规范（in）	4	5	6	7
外径（mm）	95	108	127	140
内径（mm）	51	62	76	89
接头扣型	NC26-12E	NC31-22E	NC31-22E	NC38-32E

三、活动肘节

1. 用途

活动肘节与打捞工具配合使用，像人体的胳臂和手一样可弯曲，可伸直，可抓取，也可退回。它除了能抓住倾斜度很大的落鱼外，还能去寻找掉入"大肚子"里或上部有棚盖等堵塞物的落鱼，因此，当钻杆、油管或抽油杆等的顶部落入裸眼或大尺寸的套管内，并且用常规的捞矛、捞筒等打捞工具无法抓取时可用此工具。活动肘节，可承受拉、压、扭、冲击等负荷。

2. 结构

活动肘节由上接头、筒体、限流塞、活塞凸轮、凸轮座、接箍、方圆销、摆动短节、球座、调整垫、下接头及密封装置组成，如图 3-38 所示。

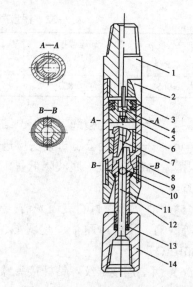

图 3-38 活动肘节结构示意图
1—上接头；2—筒体；3—Y 型密封圈；4—限流阀；
5—活塞；6—凸轮座；7—凸轮；8—接箍；
9—方圆销；10—"O"形密封圈；11—活动短接；
12—球座；13—调整块；14—下接头

3. 基本参数

基本参数见表3-34。

表3-34　活动肘节基本参数

序号	规格型号	外径尺寸（mm）	活塞内径（mm）	接头螺纹 上	接头螺纹 下	使用规范参数及性能参数 许用拉力（kN）	使用规范参数及性能参数 许用扭矩（kN·m）	使用规范参数及性能参数 弯曲角度（°）
1	KWZJ102	102	35	NC31	NC31	905	8.64	7
2	KWZJ108	108	40	NC31	NC31	1131	12.06	7
3	KWZJ120	120	50	NC31	NC31	1282	17.48	7
4	KWZJ146	146	65	NC38	NC38	1508	23.50	7
5	KWZJ165	165	70	NC50	NC50	1809	30.15	7
6	KWZJ184	184	75	5½EF	NC50	2110	2136	7
7	KWZJ200	200	90	5½EF	NC50	2638	2638	7
8	KWZJ220	220	114	5½EF	NC50	3317	3317	7

四、沉砂筒

1. 用途

当在大直径套管内进行磨铣，钻进时由于环形空间面积较大，洗井液往往达不到一定的上返速度，带不出较大的钻屑时，可用此工具将较大的钻屑收集提出井外。

2. 结构

沉砂筒由钻杆、沉砂管、下接头等组成，如图3-39所示。

沉砂管为长圆筒，将顶部切成斜口，并将斜口处向内加工成圆弧，以防止提钻时遇卡。

下接头除两端有与钻具接头连接的内螺纹外，在其上端还有与钻具螺纹旋向相反的外螺纹与沉砂管相连接，以防止沉砂管在旋转中松扣。

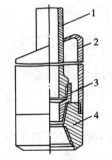

图3-39　沉砂筒结构示意图
1—钻杆；2—沉砂管；
3—钻杆接头；4—下接头

3. 基本参数

基本参数见表3-35。

表3-35　沉砂筒基本参数

序号	钻杆外径（mm）	沉砂管外径（mm）	沉砂管长度（in）	适应套管（in）
1	60.3	88.9	4~5	4½
2	73	114.3	5~6	5~5¾

序号	钻杆外径（mm）	沉砂管外径（mm）	沉砂管长度（in）	适应套管（in）
3	73	127	5~6	6⅝
4	88.9	139.7	8~10	7

第五节　打捞作业常用工具

打捞工具的发展，是随着打捞工艺的发展而相应发展的，又在实践中不断得以完善。

目前打捞工具已发展到数十几种规格，基本能满足打捞工艺技术的要求。但随着打捞工艺的不断发展进步，对打捞工具的要求也越来越严格。要求工具的性能、质量、使用操作等越来越先进，且能与工艺技术配套发展。

在打捞作业过程中，做出科学合理的判断、正确选择和使用打捞工具非常重要。因此，只有掌握好各种打捞工具的用途、性能、有关参数、使用方法和注意事项，针对不同井况合理判断并采取相应的打捞工艺，才能有效提高井下事故处理的成功率，降低作业成本。

打捞作业按使用情况可将工具分为常用打捞类工具、检测类工具、切割类工具、磨铣钻类工具、倒扣类工具、震击类工具及其他辅助打捞工具等。

一、常用打捞工具

打捞工具是油气水井大修施工应用最广泛，使用次数最多，应用品种及规格最全的专用工具。打捞类工具的品种、规格较多。按井内落物类型分类，可将打捞工具分成管类打捞工具、杆类打捞工具、绳缆类打捞工具、测井仪器类打捞工具、小物件类打捞工具等五大类；若按工具结构特点分类，则可分成锥类、矛类、筒类、钩类、篮类等五大类。下面按工具结构特点分类介绍。

1. 锥类打捞工具

锥类打捞工具是一种专门从管类落物（油管、钻杆、封隔器、配水器等井下工具）的内孔或外壁上进行造扣而实现打捞落物的专用工具，打捞成功率较高，操作也比较容易掌握。不足的是一旦打捞后拔不动，退出工具较困难。

锥类打捞工具分公锥和母锥两种形式。

1）锥类打捞工具基本结构

基本结构如图3-40所示。

锥类工具最重要的部分是打捞螺纹，常用的螺纹锥度为1:16，特殊情况下可制成1:24或1:32。

常用打捞螺纹牙尖角与螺距分为55°×8牙/in和89°30′×5牙/in两种，打捞螺纹表面处理硬度为60~65HRC。

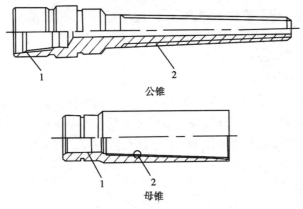

图 3-40　锥类打捞工具结构示意图

1—接头；2—打捞造扣螺纹

55°×8 牙/in 型锥类工具较适用于对不太硬的材质进行造扣打捞，如 N—80 钢级以下类落物。

2）作用原理

工具进入鱼腔或落物进入工具打捞腔内后，适当增加钻压并转动钻具，迫使打捞螺纹挤压落物内壁或外壁进行造扣。当所造扣（一般 3 牙以上）能承受一定提拉力和扭矩时，则上提钻具，以检查是否造上扣。然后继续造扣，造扣达 8~10 扣后，打捞螺纹与所捞落物已基本连为一体，造扣即可结束。一般情况下，所造扣承载拉力可超过被捞落鱼的螺纹强度。

2. 矛类打捞工具

矛类打捞工具按工具结构特点可分为不可退式滑块捞矛、接箍捞矛、可退式捞矛三大类。其中滑块捞矛（卡瓦牙块可在捞矛上滑动）又分为单卡瓦牙块与双卡瓦牙块两种；接箍捞矛又分为抽油杆接箍和油管接箍捞矛两种。

1）不可退式滑块捞矛

（1）结构形式。

滑块捞矛结构形式如图 3-41 所示。

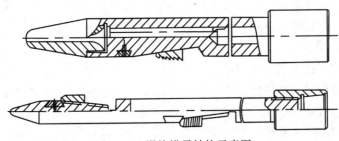

图 3-41　滑块捞矛结构示意图

（2）用途。

滑块捞矛是一种在落鱼鱼腔内进行打捞的不可退式工具。主要用于打捞油管、钻杆、带通孔的下井工具。可对落鱼直接进行打捞，又可进行倒扣，还可配合震击器进行震击解卡。

（3）作用原理。

当捞矛滑块卡瓦牙进入鱼腔一定深度后，卡瓦牙块在自重作用下，沿牙块滑道下滑与鱼腔内壁接触，上提钻柱，卡瓦牙与鱼腔内壁的接触摩擦力增大，斜面向上运动所产生的径向分力迫使卡瓦牙咬入鱼腔内壁，随上提负荷的增大而咬入深度越深，咬紧力也越大。

（4）主要技术参数及要求。

技术规格见表 3-36。

表 3-36　滑块捞矛技术参数

规格型号	矛体外径（mm）	接头螺纹形式	许用拉力（kN）	工具长度（mm）	打捞范围内径（mm）
HLM-D（S）44	44.5	230	496	500	工作筒通道
HLM-D（S）50	50	210	781	650	φ52~55
HLM-D（S）56	56	210	1093	1800	φ58~62
HLM-D（S）58	58	210	1174	1800	φ560~65
HLM-D（S）70	70	210	1480	1800	φ72~78

注：HLM-D（S）为"滑块捞矛单"、"双滑块"的汉语拼音字母缩写。

表 3-37 中所列规格为在 5in 套管系列中常用的打捞对象为偏心配产（水）器、封隔器等工具及油管、钻杆等。主要性能要求如下：

①单滑块捞矛杆直径大于 50mm、中间有 φ15mm 以上水眼。

②矛杆本体抗拉负荷大于被捞落鱼抗拉负荷 1.5 倍以上。

③接头体材质不低于钻杆材质。

④卡瓦牙块表面处理硬度不低于 HRC62。

2）接箍捞矛

目前接箍捞矛有抽油杆接箍捞矛与油管、钻杆接箍捞矛两种。这两种工具基本结构相似，使用方法基本相同，现以油管接箍捞矛为例进行说明。

（1）基本结构。

基本结构形式如图 3-42 所示。

此工具关键是下部的螺纹式卡瓦牙片，卡瓦下端加工成与被捞接箍螺纹相同的牙齿如油管或钻杆螺纹，纵向对开 4~6 条窄槽，卡瓦下端面倒成 30°锥角，芯轴下部呈球棒形，开有水眼与接头连通。为方便引入鱼腔和冲洗鱼腔，下部须装冲砂管。

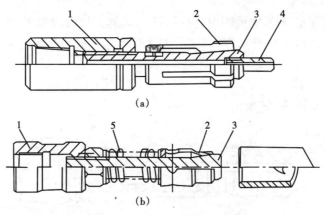

图 3-42　接箍捞矛结构示意图

1—上接头；2—螺纹式卡瓦；3—球状棒；4—冲砂管；5—弹簧

（2）用途。

主要用于有接箍的杆管打捞。井内落物中凡带接箍的管类、杆类落物均可使用，如油管、钻杆、抽油杆接箍及各种井下工具接头等。

（3）作用原理。

以图 3-41（b）为例，工具入井进入接箍前，卡瓦自由外径小于接箍最大内径，当卡瓦进入接箍并抵住最小内径部位时，在钻柱继续下放的重力作用下，卡瓦则相对上行，压缩弹簧，抵住上接头，迫使卡瓦内缩。此时，上提钻柱及工具，弹簧受力减小，推卡瓦向下，与此同时芯轴下端的大径球状棒将卡瓦胀开，卡瓦下端的螺纹则与接箍内螺纹对扣。此时，继续上提钻柱，对扣则更加严紧，打捞咬紧力增大，卡瓦内外锥面贴合，阻止了对扣后的螺纹牙块退出，从而实现抓捞。

（4）技术规格。

技术参数格见表 3-37。

表 3-37　接箍捞矛技术参数

规格型号	外径尺寸（mm）	接头螺纹形式	打捞范围内径（mm）	许用拉力（kN）	适应井眼（m）
JGLM-38	φ38×260	$\frac{3}{4}$in 抽油杆母螺纹	$\frac{5}{8}$in、$\frac{3}{4}$in 抽油杆接箍	70	2$\frac{1}{2}$in 油管内
JGLM-46	φ46×265	1in 抽油杆母螺纹	$\frac{7}{8}$in、1in 抽油杆接箍	90	2$\frac{1}{2}$in 油管内
JGLM-90	φ95×380	2$\frac{1}{2}$in 平式油管螺纹	2$\frac{1}{2}$in 平式油管接箍	550	5$\frac{1}{2}$in 套管
JGLM-95	φ100×380	2$\frac{1}{2}$in 平式油管螺纹	2$\frac{1}{2}$in 外加厚油管接箍	600	5$\frac{1}{2}$in 套管
JGLM-107	φ112×480	3in 平式油管螺纹	3in 油管接箍	700	5$\frac{1}{2}$in、6$\frac{5}{8}$in 套管
JGLM-105	φ105×480	2$\frac{7}{8}$in 钻杆螺纹 210	2$\frac{7}{8}$in 钻杆接箍	850	5$\frac{1}{2}$in 套管

注：JGLM 为"接箍捞矛"的汉语拼音字母缩写。

3）可退式捞矛

可退式捞矛是从落物鱼腔内进行打捞的工具，与滑块捞矛相比，构造较复杂，使用操作严格，打捞成功率较高，最大优点是在抓获落物而拔不动时，可退出打捞工具。不足之处是不能进行倒扣。

（1）基本结构。

基本结构如图3-43所示。

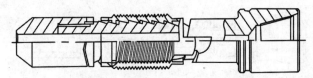

图3-43   可退式捞矛结构示意图

芯轴中心有水眼，沿卡瓦外表面车有锯齿形左旋打捞螺纹，并有四条纵向槽，其中一条是通槽，使圆卡瓦成为可张缩的弹性体，卡瓦牙外表面处理硬度为62~65HRC。卡瓦内表面及芯轴外表面加工有互相吻合的锯齿形螺纹。

（2）用途。

可退式捞矛主要用于管类落物的打捞。对光管类落物无接箍且卡阻力较大时，可退式捞矛应限制使用，以免拔裂落物。

（3）作用原理。

工具在自由状态下，因卡瓦外径略大于落鱼鱼腔内径，当工具随引鞋进入鱼腔时，圆卡瓦被压缩，产生一定的外胀力，使卡瓦贴紧鱼腔内壁，上提钻柱，芯轴随提拉力上行，芯轴上的锯齿形螺纹迫使卡瓦产生径向胀力，紧紧咬住落物而实现抓捞。

需要退出工具时，则需给芯轴一定的下击力，使圆卡瓦与芯轴的内外锯齿形螺纹脱开，然后旋转管柱2~3圈，卡瓦与芯轴产生相对位移，此时上提钻柱即可退出工具。

（4）技术参数。

常用型、基本型可退式捞矛技术参数见表3-38。

表3-38   可退式捞矛技术参数

规格型号	外径尺寸 （mm）	接头螺纹形式	打捞范围内径 （mm）	许用拉力 （kN）	卡瓦窜动量 （mm）
LM-T60	φ86×618	2A10，2TBG	φ46.1~450.3	340	7.7
LM-T73	φ95×651	230，2⅞TBG	φ54.6~462	535	7.7
LM-T89	φ105×670	210，2⅞TBG	φ66.1~77.9	814	10
M-T140	φ（120~130）×986	210，2⅞TBG	φ117.7~127.7	1632	13

注："LM-T"为"捞矛"、"可退"汉语拼音字母缩写。

3. 筒类打捞工具

筒类打捞工具是从落物外部进行打捞的工具，包括卡瓦打捞筒、可退式捞筒、可退式短鱼顶打捞筒、强磁打捞筒（器）、测井仪器打捞篮、反缩环打捞篮、开窗捞筒与一把抓等。筒类打捞工具可打捞不同尺寸的油管、钻杆、套管、抽油杆等鱼顶为圆柱形的落鱼，并可与震击类工具配合使用。

1）卡瓦打捞筒

卡瓦打捞筒是从落物的外壁进行打捞的不可退式打捞工具。可以对管类、杆类等落物进行打捞、倒扣等措施，这是油田最早研制使用的典型的打捞工具之一。

（1）基本结构。

卡瓦打捞筒及其附件基本结构如图 3-44、图 3-45 所示。

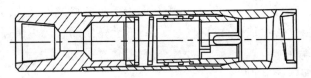

图 3-44　卡瓦打捞筒结构示意图

卡瓦打捞筒为不可退式打捞工具，它由上接头、垫环、弹簧、卡瓦座、键、卡瓦、筒体等部件组成。弹簧为扁弹簧钢制成，卡瓦牙外部与筒体下端斜度一致，卡瓦牙内面车有打捞牙齿，表面处理硬度为 58~62HRC，接头与筒体连接螺纹可根据需要车成右旋或左旋两种形式。

（2）用途。

卡瓦打捞筒主要用于井内管、杆类落物的打捞，如油管、钻杆本体（不带接箍）、抽油杆、下井工具中心管等。因其不可退性，可以用来倒扣。

打捞筒附件：包括加长节，加大引鞋和壁钩，操作者可根据井内情况选用，如图 3-44 所示。

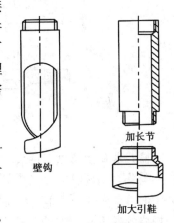

壁钩

加长节

加大引鞋

图 3-45　卡瓦打捞筒附件
结构示意图

（3）作用原理。

落物经工具下端引鞋引导进入卡瓦打捞腔内，继续下放钻柱，落物推动卡瓦压缩弹簧，卡瓦脱开筒体沿锥面上行分开，使落物进入卡瓦内，此时，卡瓦在弹簧压缩力作用下被压下，将落物外壁抱咬住，上提钻柱，卡瓦在弹簧力作用下沿锥面向内收缩紧紧咬住落物，从而实现抓捞。在规定的上提负荷不能提动的情况下，可用此卡瓦打捞筒进行倒扣作业。但注意倒扣扭矩不得超过卡瓦键的抗剪力。

（4）技术规格。

技术参数见表 3-39。

表 3-39　卡瓦打捞筒技术参数

规格型号	外径尺寸（mm）	接头螺纹形式	打捞范围内径（mm）	许用拉力（kN）
DLT-95	φ95×610	NC-26（2A10）	φ32~60	400
DLT-108	φ108×610	NC-31（210）	φ45~65	650
DLT-114	φ114×660	NC-31（210）	φ48~73	950
DLT-118	φ118×780	NC-31（210）	φ70~90	1100

注：DLT 为"打捞筒"三字汉语拼音字头缩写，表中所列规格均为在 5%in 套管中使用。

2）可退式捞筒

可退式捞筒是引进英国的系列修井工具之一，它有篮式卡瓦和螺旋卡瓦两种形式。可退式捞筒的主要特点是：卡瓦与被捞落鱼接触面大，打捞成功率高，且不易损坏鱼头；在打捞提不动时，可顺利退出工具；篮式卡瓦捞筒下部装有铣控环，可对轻度破损的鱼顶进行修整、打捞；抓获落物后，仍可循环洗井。

（1）基本结构。

基本结构如图 3-46 所示。

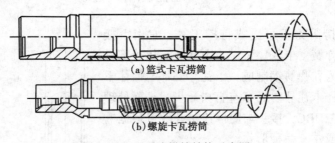

(a) 篮式卡瓦捞筒

(b) 螺旋卡瓦捞筒

图 3-46　可退式捞筒结构示意图

篮式卡瓦捞筒由上接头、筒体、篮式卡瓦、铣控环、内密封圈、"O"形胶圈、引鞋等部件组成。其中筒体内表面车有锯齿形螺纹，并经处理硬度达 58~62HBC。卡瓦外表面车有与筒体相一致的左旋锥面螺纹。在同一筒体内，更换不同规格的或不同类型的篮式卡瓦或者螺旋卡瓦，便可打捞不同规格的管、杆类落鱼。

螺旋卡瓦捞筒上接头、筒体、引鞋与篮式卡瓦捞筒相同，不同零件为密封圈、控制环和螺旋卡瓦。其中控制环起定位卡瓦作用，螺旋卡瓦较篮式卡瓦薄，因此，在同一筒体内装螺旋卡瓦时，其打捞范围比篮式卡瓦捞筒大。

（2）用途。

可退式捞筒主要适用于管、杆类落鱼的外部引捞，是管类落物无接箍状态下的首选工具，与上击器配套使用进行打捞，震击解卡效果将更加理想。

（3）作用原理。

落物经引鞋引入到卡瓦时，卡瓦被迫张开，落物进入卡瓦中，上提钻柱，卡瓦外螺旋锯齿形锥面与筒体内相应的齿面有相对位移，使卡瓦收缩卡咬住落物，实现抓捞。

（4）技术参数。

技术参数见表3-40。

表3-40　可退式捞筒参数

规格型号	外径尺寸（mm）	接头螺纹形式	打捞范围内径（mm）	许用拉力（kN）
KTLT-LS01	φ95×795	NC-26（2A10）	不带台肩 φ47~49.3，带台肩 φ52~55.7	100，620
KTLT-LS02	φ105×875	NC-31（210）	不带台肩 φ59~61，* 带台肩 φ63~65 φ65.4~68	850 600
KTLT-LS03	φ114×846	NC-26（210）	* 不带台肩 φ72~74.5，带台肩 φ77~79	900，450
KTLT-LS04	φ185×950	NC-38（310）	不带台肩 φ126~129，φ139~142 带台肩 φ145~148	1800 1280
KTLT-LS01	φ95×795	NC-26（2A10）	φ53~62	1200
KTLT-LS02	φ105×875	NC-31（210）	* φ63~79	1200
KTLT-LS03	φ114×846	NC-31（210）	* φ81~90	100
KTLT-LS04	φ185×950	NC-38（310）	φ139~156	213

注：KTLT-LS（X）为"可退捞筒—篮式（螺旋）"汉语拼音字头缩写，"＊"栏内为5½in 套管中打捞2½in、3in 管类落物首选规格。

3）可退式短鱼顶捞筒

可退式短鱼顶捞筒，是在普通可退式捞筒基础上，根据落鱼鱼顶较短（即落鱼与套管环空深度很浅），一般捞筒较难实现打捞而不便使用母锥打捞及矛类工具打捞的情况下发展起来的一种专用捞筒，它有在油管内打捞抽油杆和在套管内打捞油管、钻杆等两种形式，基本结构相同。

（1）基本结构。

基本结构如图3-47所示。

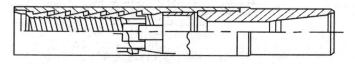

图3-47　短鱼顶捞筒结构示意图

可退式短鱼顶捞筒结构同篮式卡瓦捞筒。下端引鞋为环形，长20mm，卡瓦距引鞋30mm 左右，因此可打捞露出300mm 左右的鱼头。

（2）用途。

可退式短鱼顶捞筒主要用于鱼头露出至少50mm 的油管、钻杆、抽油管本体的打捞。

（3）作用原理。

可退式短鱼顶捞筒作用原理同可退式卡瓦捞筒，其打捞动作、工具退出动作同可退式捞筒。

（4）技术参数。

技术参数见表3-41。

表3-41　短鱼顶捞筒技术参数

规格型号	外径尺寸（mm）	接头螺纹形式	打捞范围内径（mm）	许用拉力（kN）	卡瓦表面硬度（HRC）
LT-01DY	φ95×540	NC-26（2A10）	φ47~49.3	100	55~60
LT-02DY	φ105×640	NC-31（210）	* φ59.7~61.3	800	55~60
LT-03DY	φ114×650	NC-31（210）	* φ72~74.5	900	55~60
LT-04DY	φ185×600	NC-38（310）	φ139~142	800	55~60

注：LT-DY为"捞筒短鱼"四字汉语拼音字头缩写，"＊"栏为5½in井眼内打捞油管、钻杆本体首选工具，在2½in油管内打捞抽油杆可根据落鱼情况选用不同规格。

4）强磁打捞筒（器）

强磁打捞筒（器）是在套管内打捞诸如钳牙、螺帽、牙轮钻头的牙轮、钢球等小物件落物。它有正循环式、局部反循环式和不带水眼式三种规格形式。无论何种结构形式，其主要起打捞作用的都是磁钢，磁钢分永磁形和电磁形两种。

（1）基本结构。

基本结构如图3-48所示。

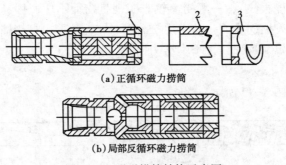

(a)正循环磁力捞筒

(b)局部反循环磁力捞筒

图3-48　强磁捞筒结构示意图
1—平鞋；2—铣磨鞋；3—引鞋

可循环式强磁打捞筒主要由上接头、压盖、磁钢、芯铁、隔磁套、引鞋等组成。引鞋分成平式、铣磨鞋、螺旋引鞋三种。磁钢最大吸引力9500N，5½in套管中使用最大外径为114mm。

（2）用途。

强磁打捞筒主要用于井底铁磁性小物件，如钢球、螺母、钳牙、牙轮、碎块铁等的打捞。

（3）作用原理。

以一定形状和体积的磁钢（永磁、电磁）做成的磁力打捞器，引鞋下端经磁场作用会产生很大的磁场强度。由于磁钢的磁通路是同心的，因此磁力线呈辐射状集中在靠近打捞器下端的中心处，在适当的距离内可将小块小型铁磁性落物磁化吸附在磁钢下端面，完成打捞携取。电磁材料做成的打捞器，在入井前通电磁化，可在20h内有效。

（4）技术参数。

技术参数见表3-42。

表3-42　强磁打捞筒技术参数

规格型号	外径尺寸（mm）	接头螺纹形式	吸力（N）		适应温度（℃）	适应井眼（mm）
			拉力（N）			
			A	B		
A QCLT-F86B	86	NC-26（2A10）	3600	1000	≤210	95~108
A QCLT-F100B	100	NC-31（210）	5500	1700	≤210	108~137
A QCLT-F114B	114	NC-31（210）	6500	200	≤210	120~140
A QCLT-F175B	175	NC-38（310）	18000	500	≤210	184~216

注：QCLT—F为"强磁捞筒-反循环式"汉语拼音字头，A为高强磁，B为强磁。

5）测井仪器打捞篮

测井仪器打捞篮是专门用于打捞各种测井仪器、加重杆等的打捞工具。其结构简单、加工容易、操作方便、打捞成功率高，最大优点是打捞时可很好地保护仪器不受损坏。

（1）基本结构。

基本结构如图3-49所示。

打捞篮主要由筒体、钢丝环纵、引鞋构成，起关键打捞作用的是钢丝环纵。

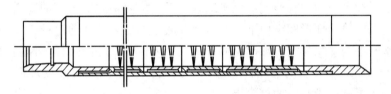

图3-49　测井仪器打捞篮结构示意图

（2）用途。

主要用于打捞无卡阻的各种测井仪器、加重杆等落物。

（3）作用原理。

筒体内焊接的多组钢丝环纵相互交叉，在钻柱压力下，落物进入筒体分开钢丝环纵上行，由于多组钢丝环纵的弹力较大，与被打捞落物有很大的摩擦阻力和夹持力，可将较轻的仪器、加重杆等夹持卡住而实现抓捞。

（4）技术参数。

技术参数见表3-43。

表 3-43　测井仪器打捞篮技术参数

规格型号	外径长度 （mm）	接头螺纹形式	适应套管 （in）	备注 （mm）
CYLT-92	92×L	NC-26（2A10）	1½	$L=700，900$
CYLT-100	100×L	2⅞in REG（230）	5	$L=700，900，1100$
CYLT-114	114×L	NC-31（210）	5½	$L=700，900，1100，1300$
CYLT-140	140×L	NC-31（210）	6⅝	$L=700，900，1100，1300$
CYLT-148	148×L	NC-31、38（210，310）	7	$L=700，900，1100，1300$

注：CYLT 为"测仪捞筒"四字汉语拼音字头。

6）反循环打捞篮

反循环打捞篮是在反循环打捞作业时，将井下碎物收入篮框内的一种打捞工具。打捞效果好，使用安全可靠。

（1）基本结构。

基本结构如图3-50。

（2）用途。

反循环打捞篮是专门用于打捞诸如钢球、钳牙、炮弹垫子、井口螺母、胶皮碎片的井下小件落物的一种工具。

（3）作用原理。

反循环打捞篮如图3-51所示，下钻到井底，充分循环钻井液，清洗井底。然后停泵，投入一钢球，待钢球坐于球座上后，堵塞钻井液向下的通道，迫使钻井液流经双层筒的环形间隙由下水眼射向井底，然后从井底通过铣鞋进入捞筒内部经上水眼返到井眼环空，形成了局部的反循环，在钻井液反循环作用力的冲击和携带下，被铣鞋拨动的碎物随钻井液一起进入篮筐。当停止循环时，篮爪关闭，把落物集中在捞筒内而被捞出。

（4）技术参数。

反循环打捞篮技术参数见表3-44。

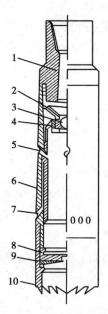
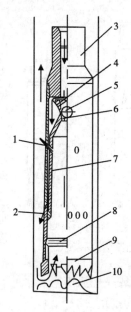

图 3-50　反循环打捞篮结构示意图

1—上接头；2—喇叭口；3—钢球；4—球座；

5—上水眼；6—筒体；7—下水眼；

8—篮筐；9—篮爪；10—铣鞋

图 3-51　反循环打捞篮工作结构示意图

1—上水眼；2—下水眼；3—大小头；

4—喇叭口；5—钢球；6—球座；7—内筒；

8—篮爪；9—铣鞋；10—落物

表 3-44　反循环打捞篮技术参数

规格型号	适用井眼直径（mm）	筒体外径（mm）	落物最大直径（mm）	钢球直径（mm）	接头螺纹
LL-F89	95~106	89	60	30	NC26
LL-F97	107.9~114.3	97	64.5	30	NC26
LL-F110	117.5~127.0	110	78	35	NC26
LL-F121	130.0~139.7	121	90.5	35	$2\frac{7}{8}$REG
LL-F130	142.9~152.4	130	95.5	40	NC31
LL-F140	155.6~165.0	140	112	40	NC38
LL-F156	168.0~187.3	156	121	45	NC40
LL-F178	190.5~209.5	178	132	45	$4\frac{1}{2}$REG
LL-F200	212.7~241.3	200	154	50	NC46
LL-F232	244.5~269.6	232	179.5	50	NC50
LL-F257	273.0~295.3	257	195.5	55	NC56
LL-F279	298.5~317.5	279	211.5	55	$5\frac{1}{2}$REG
LL-F295	320.6~346.1	295	221	60	NC61
LL-F330	349.3~406.4	330	251	60	NC70
LL-F381	406.4~444.5	381	282.6	60	NC77

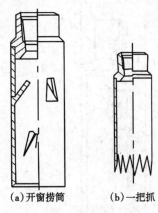

(a)开窗捞筒　　**(b)一把抓**

图 3-52　开窗捞筒与一把抓结构示意图

7）开窗捞筒与一把抓

开窗捞筒与一把抓是打捞施工中应用广泛、使用效果很理想的最"古老"的传统打捞工具。它加工制作简单、使用操作方便、成功率高、无遗留危险。

（1）基本结构。

基本结构如图 3-52 所示。

工具由上接头、筒体组成。上接头为油管螺纹或钻杆接头螺纹，与油管或钻杆连接。上接头与筒体焊接而成。在筒体上不对称地开成 4~8 个八字形窗，开窗方法是将割成缝口的八字形钢板（八形）砸向内里，即成开窗打捞筒。

将筒体下端部沿圆周方向用气焊切割成倒长三角形，即成一把抓捞筒。

（2）用途。

开窗捞筒用于打捞带台肩（接箍）的无卡阻形油管、钻杆等管、杆类落物。

一把抓捞筒用于打捞井底上的小物件，如钢球、钳牙、牙轮、接箍、扳手等。

（3）作用原理。

开窗捞筒和一把抓捞筒是靠钻柱自身重力，将筒体本身的开窗或下端的开齿与落物接触（或与井底接触），使窗面张开或开齿收拢，落物进入筒体而被卡住台肩，或小物件被收拢的开齿包住而实现打捞。

（4）技术参数。

开窗捞筒与一把抓捞筒技术参数见表 3-45。

表 3-45　开窗捞筒、一把抓捞筒技术参数

规格型号	外径尺寸（mm）	接头螺纹形式	窗口排数	窗口数	一把抓齿数	打捞接箍内径（mm）	备注
KCLT-114-A	114	NC-31（210）	2	6	—	38，42，46，55	抽油杆
KCLT-114-B	114	NC-31（210）	2~3	6~12		89.5	2½in 油管
KCLT-92-A	92	NC-26（2A10）	2~3	6~12		73	2in 油管
YB2-114	114	NC-31（210）	—	—	6~8	小物件	5½in 套管内

注：KCLT 为"开窗捞筒"四字汉语拼音字头。

4. 钩类打捞工具

钩类打捞工具包括内钩、外钩、内外组合钩、单齿钩、多齿钩、活齿钩等类型，是打捞施工中使用较广泛的工具。钩类打捞工具加工制造简单、使用操作方

便、打捞成功率高。

1）基本结构

基本结构如图3-53所示。

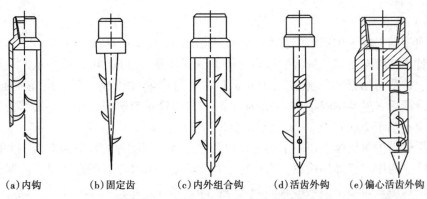

（a）内钩　　　（b）固定齿　　　（c）内外组合钩　　　（d）活齿外钩　　　（e）偏心活齿外钩

图3-53　钩类打捞工具结构示意图

内钩、外钩、内外组合钩，基本由上接头和钩体、钩子组成，上接头外径较大，一般5½in套管内接头外径不小于114mm，以防打捞绳缆时，钩体接头插入过深而卡埋接头造成更大事故。

目前，活齿形钩比固定齿形钩优点多，深受修井工作者欢迎。

2）用途

钩类打捞工具，主要用于井内脱落的电缆、落入井内的钢丝绳及录井钢丝（清蜡钢丝）等，是打捞绳、缆类落物理想的专用工具。

3）作用原理

内钩、外钩、内外组合钩靠钩体插入绳、缆内，钩子刮绳、缆，转动钻柱，形成缠绕，实现打捞。

4）技术参数

技术参数见表3-46。

表3-46　钩类打捞工具技术参数

规格型号	外径尺寸（mm）	接头螺纹形式	钩体长度及钩数（mm×个）
NG-114	114	NC-31（210）	1000×2，1000×3，1000×4
WG-114	114	NC-31（210）	1000×1，1200×2
NWG-114	114	NC-31（210）	1000×1（×2），1000×2（×4）

二、检测类工具

检测类工具是修井打捞作业应用最广泛，使用数量、次数最多的工具，是采取有效措施之前对鱼顶、套管损坏程度进行调查、落实的先行工具。

1. 印模

常用的印模有铅模、胶模、泥模等几种。铅模又分为带护罩与不带护罩（普通型）两种。

1）结构形式

典型的平底带护罩铅模基本结构形式如图 3-54（a）所示。本体用 2⅞in 平式油管焊接骨架制成。骨架的钢筋一般不少于 4 条，互成 90°，带护罩的平底式铅模、护罩与油管间间隙应在 15mm 左右，当铅液浇铸成型后，应使端面平、正，冷凝后，底端中间钻 30~40mm 水眼，与油管短节连通。注意下端部的铅层厚度应不小于 20mm，但一般最厚不超过 40mm。

平底带护罩铅模主要用于落鱼鱼顶几何形状、深度等的检测和对套损井的套损程度、深度位置等的检测，为打捞工具、修复工具及工艺的选择提供依据。

普通型铅模基本结构形式如图 3-54（b）所示。

普通型铅模主要用于落鱼鱼顶检测，套损井应慎用。

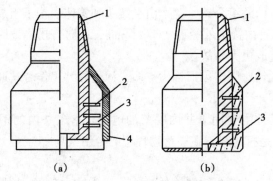

图 3-54　铅模结构示意图
1—接头；2—骨架；3—铅体；4—护罩

2）技术参数

铅模技术参数见表 3-47。

表 3-47　检测类工具技术参数

套管尺寸（in）	4½	5	5½	5¾	6⅝	7	7⅝
外径尺寸（mm）	95	105	118	120	145	158	174
长度尺寸（mm）	120	120	150	150	180	180	180

除以上两种印模外还有胶模，也称套管侧面打印器，主要用于套管孔洞、破裂等套损井况检测。胶模常用半硫化的胶筒制成。基本结构形式同扩张式封隔器胶筒类似，但其内部帘线较少、工作面长度较长，胶筒面半硫化处理，表面光滑、平整无缺陷，可承受 0.5~1.0MPa 压力。基本结构形式如图 3-55 所示。

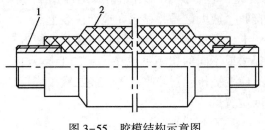

图 3-55 胶模结构示意图

1—硫化钢芯；2—橡胶筒

　　胶筒一般由专业橡胶厂根据用户需要制造，在胶筒粘合完成后，硫化温度、压力、时间等应严格控制。成型后，最大工作面外径应比套管最大内径小 0.5～1mm，以免入井时划擦胶筒。工作面长度视打印井段长度而定。钢体中心管长度应与胶筒总长度相匹配，其他部件与扩张式封隔器钢体部件基本相似。

　　2. 测卡仪

　　1）用途

　　测卡仪主要用于钻井、修井、井下作业中被卡管柱的卡阻点（卡阻位置）测定，为制定处理措施提供准确依据，以实施解卡打捞。

　　2）基本结构形式

　　基本结构形式如图 3-56 所示。

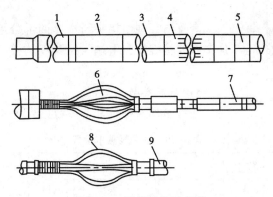

图 3-56 铅模结构示意图

1—电缆头；2—磁性定位；3—加重杆；4—滑动接头；5—振荡器；

6—上弹簧锚；7—传感器；8—下弹簧锚；9—底部短节

　　3）工作原理

　　井下各种工艺管柱被卡阻，由于其材质不同，在所受到弹性极限范围内的拉、扭时，应变与应力呈一定的线性关系，被卡管柱在卡点以上的部位受力时，应符合这种关系。卡点以下部分，因为力传递不到而无应变，而卡点则位于无应变到有应变的显著变化部位，测卡仪则能精确地测出 2.54×10^{-3} mm 的应变值。二次仪表能准确地接收、放大信号并显示在地面仪表上。

接上电缆后，测卡仪通过天车、井口滑轮，经井口短方钻杆下入被卡管柱至遇阻，在不同的上提力或不同的扭矩下或在一定的上提力和扭矩的综合作用下，管柱卡阻位置的应力应变被传感器接收放大，经二次仪表反映在地面仪表上，即可直接读到卡点深度位置。

4）基本参数

仪器本体外径：ϕ25.4mm（in），ϕ44.2mm（$1\frac{5}{8}$in）。

加重杆直径长度：ϕ40mm×200mm，空心可容导线穿过，与仪器接通电路，每根重约16kg。

测卡仪已形成系列，能够准确的在 ϕ60mm（$2\frac{3}{8}$in）~293mm（$11\frac{3}{4}$in）的各种管内测卡。

3. 通径规

1）用途

通径规是检测套管、油管、钻杆以及其他管子内通径尺寸的简单而常用的工具。用它可以检查各种管子的内通径是否符合标准，检查其变形后能通过的最大几何尺寸，是修井、作业检测必不可少的工具。通径规有套管通径规和油管钻杆通径规，这里仅介绍套管通径规。

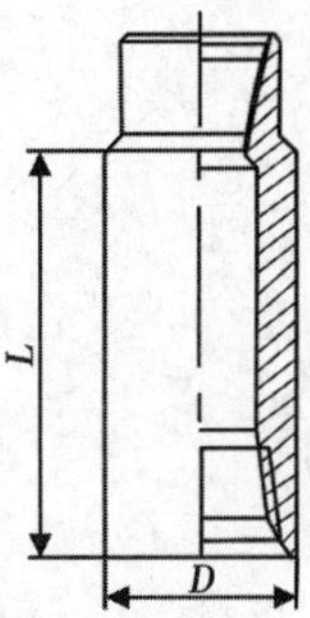

2）基本结构形式

套管通径规由接头与本体两部分组成。上下两端均加工有连接螺纹，上端与钻具相连接，下端备用，如图3-57所示。

图 3-57　通径规结构示意图

3）基本参数

套管系列通径规基本参数见表3-48。

表 3-48　通径规基本参数

套管规范（in）	4½	5	5½	5¾	6⅝	7
外径尺寸 D（mm）	92~95	102~107	114~118	119~128	136~148	146~158
长度尺寸 L（mm）	500	500	500	500	500	500
上部接头螺纹	NC26-12E 2in 油管扣	NC26-12E 2½in 油管扣	NC31-22E 2½in 油管扣	NC31-22E 2½in 油管扣	NC31-22E 2½in 油管扣	NC38-32E 3in 油管扣
下部接头螺纹	NC26-12E 2in 油管扣	NC26-12E 2in 油管扣	NC31-22E 2½in 油管扣	NC31-22E 2½in 油管扣	NC31-22E 2½in 油管扣	NC38-32E 3in 油管扣

三、切割类工具

切割类工具是 20 世纪 80 年代从美国引进的成熟修井工具之一，是处理井下被卡管柱、修井取换套管施工中的套管切割等工序中重要工具之一。它包括机械式割刀、化学喷射切割、聚能（爆炸）切割三大类，其中机械式割刀又包括内割刀、外割刀、水力式外割刀三种。机械式割刀通过大量的现场使用，证明机械式内割刀优点较多，易操作掌握、使用安全、无卡阻而退不出工具的现象，是目前广泛使用的切割工具。机械式外割刀、水力式割刀，因其工作外径较大，要求有足够的环空，且使用时往往要通过许多接箍，万一某处出现卡阻，刀片退不回，则有卡阻工具及管柱的危险，因此，这两种工具目前应用范围较小，只在特殊情况下使用。但这两种工具仍是修井打捞施工中有效的配套工具。

1. 机械式割刀

1）基本结构

基本结构如图 3-58、图 3-59 所示。

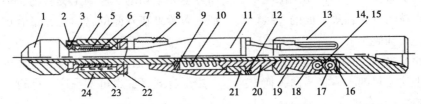

图 3-58　机械式内割刀结构示意图

1—底部螺帽；2—螺钉；3—带牙内套；4—扶正块壳体；5—弹簧片；6—滑牙套；7—滑牙板；
8—卡瓦；9—垫圈；10—大弹簧；11—卡瓦锥体；12—限位环；13—芯轴；14—丝堵；15—圆柱销；
16—刀片座；17—内六角螺钉；18—弹簧片；19—刀片；20—刀枕；21—卡瓦锥体座；22—螺钉；
23—小弹簧；24—扶正块

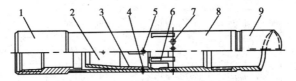

图 3-59　水力式外割刀结构示意图

1—上接头；2—活塞片；3—进刀套；4—剪销；5—导向螺栓；6—刀片；7—刀销；8—外筒；9—引鞋

机械式内割刀由上接头、芯轴、切割机构、限位机构、锚定机构、导向头等部件组成。切割机构中有三个刀片及刀枕，锚定机构中有三个卡瓦牙及滑牙套、弹簧等，起锚定工具作用。

水力式外割刀由上接头、筒体、进钻机构、切割机构、限位机构、引鞋等部件组成。进钻机构中有活塞、进刀套，起进刀作用。切割机构中有刀片、刀销等，起切割作用。

2）用途

机械式割刀，主要用于井下被卡管柱卡点以上某部位的切割。如采油工艺管柱、钻杆柱等，用于取换套管施工中的被套铣套管的适时切割，作用及效果非常理想，其切割后的端部切口光滑平整，可直接进行下步工序。

3）作用原理

机械式内割刀与钻杆或油管连接入井，下至设计深度后，正转管柱，因工具下端的锚定机构中摩擦块紧贴套管，有一定的摩擦力。转动管柱，滑牙块与滑牙套相对运动，推动卡瓦牙上行胀开，咬住套管完成坐卡锚定。继续旋转管柱并下放管柱，刀片沿刀枕下行，刀片前端开始切割管柱，随着不断地下放、旋转切割，刀片切割深度不断增加，直至完成切割。上提管柱，芯轴上行，带动刀枕、刀片回收，同时，锚定卡瓦收回，即可起出切割管柱。

水力式外割刀在液压作用下，筒体内活塞下移，进刀套剪断销钉继续下行推动刀片绕刀销轴向内转动，此时转动工具管柱，刀片切入被切割管壁，随着液压排量的缓缓增大，刀片切割深度不断增加直至完成切割。停泵上提管柱，活塞片将卡在被切割管柱最下面的一接箍上，把进刀套推在外筒的台肩上，带着被切下的管柱一同起出。

相比之下，水力式外割刀在切断管柱后，可同时起出被切割管柱，而内割刀要实现这一目的，需将导向头换成捞矛，用组合式管柱也可实现这一目的。

4）技术参数

技术参数见表 3-49 和表 3-50。

表 3-49　机械式内割刀技术参数

技术参数				
规格型号	JNGD-73	JNGD-89	JNGD-101	JNGD-140
外形尺寸（mm）	$\phi55 \sim \phi584$	$\phi83 \sim \phi600$	$\phi90 \sim \phi784$	$\phi101 \sim \phi956$
上部接头螺纹	1½TBG	1½TBG	NC-26（2A10）	NC-31（210）
切割范围（mm）	$\phi57 \sim \phi62$	$\phi70 \sim \phi78$	$\phi97 \sim \phi105$	$\phi107 \sim \phi115$
锚定座卡范围（mm）	54~56	67~81	92~108	104~118
切割转数（r/mm）	40~50	20~30	10~20	10~20
进刀量（mm）	1.2~2.0	1.5~3.0	1.5~3.0	1.5~3.0
钻压（kN）	3	4	5	5
换件后可切割（mm）	—	$\phi101$（3½in）	$\phi114$（4½in）	$\phi139$, 146（5½in, 5¾in）

表 3-50　机械式外割刀技术参数

技术参数					
规格型号	SWGD-95	SWGD-113	SWGD-116	SWGD-103	SWGD-203
外径×内径 （mm）	95×73	113×92	116×97	103×97	203×165
接头螺纹	2½TBG	2½TBG	2½TBG	2½TBG	2½TBG5½套管
切割距离（外径）（mm）	33.4~52.4	48.3~73	48.3~73	33.4~60.3	88.9~127
工作压力（MPa）	1.37~2.75	0.68~1.73	0.68~1.73	1.37~3.04	0.68~1.37
工作流量（r/mm）	7.57~12.62	7.89~12.62	7.89~12.62	7.50~13.12	8.96~11.48

注："SWGD"是"水外割刀"汉语拼音字头。

2. 聚能切割（爆炸）工具

聚能切割工具，也叫爆炸切割工具，是在聚能射孔弹的机理上发展应用起来的专用切割工具系列。其最大优点是操作简单、施工时间短（约 1~2h/1000m）、见效快、成本低、可连续作业。

1）基本结构

基本结构如图 3-60 所示。

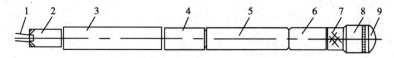

图 3-60　爆炸切割工具结构示意图

1—电缆；2—电缆头；3—加重杆；4—磁性定位仪；5—电雷管室及雷室；6—炸药柱；
7—炸药燃烧室；8—切割喷射孔；9—导向头及喷射头

2）用途

爆炸切割，主要用于井下遇卡管柱（如采油工艺管柱、作业管柱、钻井钻柱等）和取换套管时对被套铣套管的切割。切割后的断口外端向外凸出，外径稍有增大，断口端面基本平整、光滑，可不必修整。

3）作用原理

爆炸切割弹下至设计深度后，地面接通电源，引爆雷管，雷管引爆炸药。炸药产生的高温高压气体沿下端的喷射孔急速喷出，因喷孔沿圆周方向均布，孔小且数量多，高温气体喷出将被切割管壁熔化，高压气体则进一步将其吹断，之后，高温高压气体在环空与修井液等液体相遇受阻而降温降压，切割即完成。

四、倒扣类工具

倒扣类工具是钻井作业、修井作业中处理遇卡钻柱、管柱而采取倒扣时常用的专用工具。

倒扣器及其配套工具可在钻井队、修井队无反扣（左旋）钻杆情况下使用，即用正扣（右旋）钻杆仍可实现倒扣，既节省了时间，又节省了卡点以上钻柱、管柱处理的麻烦和钻杆钻具、工具的浪费，应大力推广应用。

1. 倒扣器及其配套打捞工具

倒扣器是一种立式变向变速传动装置，其主要作用是将钻杆的右旋转动（正扭矩）变成遇卡管柱的左旋转动（反扭矩），使遇卡管柱某处的连接螺纹松扣、倒开。由于倒扣器本身没有专门打捞机构，必须同专用的打捞工具配套使用，如锥类、矛类、筒类等打捞工具。而这些工具必须具备打捞功能、倒扣功能，因此，倒扣捞矛与倒扣捞筒便与倒扣器同时开发、应用起来，目前已形成系列。

因倒扣器工具结构复杂，使用操作要求严格，工具成本费用较高，锚定机构真正承载扭矩不是很大，操作中稍有不慎容易损坏工具而造成新的阻卡，所以目前应用前景不广泛。但倒扣器仍不失为一种新型修井辅助工具系列，特殊情况下仍然可以发挥其独有作用。

可倒扣式捞矛、捞筒，其主要基本结构同可退式捞矛、捞筒，抓捞操作相同，退出操作相同，因此，本小节只简单介绍倒扣器及其配套捞矛、捞筒。

1）用途

倒扣器及可倒扣捞矛、捞筒，在无反螺纹钻具及钻杆情况下使用，可以完成遇卡管柱所需要的倒扣作业。打捞工具既可倒扣，又可退出，特别适宜于倒扣扭矩不太大的遇卡管柱。

2）基本结构

基本结构如图3-61所示。

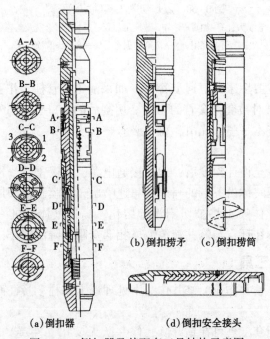

(a)倒扣器　　　　　　　　(d)倒扣安全接头

图3-61　倒扣器及其配套工具结构示意图

160

3）工作原理

当倒扣器下部的抓捞工具抓获落物并上提一定负荷确已抓牢时，正旋转管柱，倒扣器的锚定板张开，与套管壁咬合，此时继续旋转管柱，倒扣器中的一组行星齿轮工作，除自转（随钻柱）外，还带动支承套公转。由于外筒上有内齿，故倒扣器下部所接钻杆的转向变为左旋，倒扣开始发生，随着钻柱的不断转动，倒扣则不断进行，直至将螺纹倒开。此时旋转扭矩消失，钻柱悬重有所增加（增加倒开后的管柱质量），倒扣完成之后，左旋钻柱2~3圈，锚定板收拢，可以起出倒扣管柱及倒开捞获的管柱。

4）技术规格、参数

倒扣器规格、参数见表3-51。

表3-51 倒扣器技术规格、参数

规格型号	外径尺寸（mm）	内径（mm）	长度（mm）	锚定套管内径（mm）	抗拉极限（kN）	输入扭矩值（N·m）	输出扭矩值（N·m）	锁定工具压力值（MPa）
DKQ-95	95	16	1829	99.6~127	400	5426	9653	4.1
DKQ-103	103	25	2642	108.6~150.4	660	13558	24133	3.4
DKQ-148	148	29	3073	152.5~205.0	890	18928	33787	3.4
				216.8~228.7				

2. 爆炸松扣工具系列

爆炸松扣工具系列是引进的修井工具系列之一，它的最大优点是：在井内遇卡管柱经最大允许提拉负荷仍不能解卡而需倒扣处理时，不需经多次反复上反扣钻具倒扣，而只需测准卡点后，下入爆炸松扣工具即可一次性收回卡点以上管柱；施工时间短、成功率高、成本低、操作简单、易于掌握。

1）基本结构

爆炸松扣工具基本结构如图3-62所示。

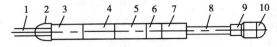

图3-62 爆炸松扣工具系列结构示意图

1—电缆；2—提环；3—电缆头；4—磁定位仪；5—加重杆；6—接线盒；7—雷管；
8—爆炸杆；9—导爆索；10—导向头

工具系列中，磁性定位仪起校深定位作用，是重要部件之一。爆炸杆是系列工具中关键部件，其中由雷管和导爆索组成，导爆索用黑索金炸药制成。

2）用途

主要用于遇卡管柱的倒扣旋转，在无反扣钻具的情况下且遇卡管柱经最大上提负荷处理仍无解卡可能时，使用炸药松扣工具可一次性取出卡点以上管柱。

3）作用原理

遇卡管柱经测准卡点后，用电缆连接工具入井至预定接箍深度无误后，引爆雷管、导爆索，爆炸后产生的高速压力波使螺纹牙间的摩擦和白锁性瞬间消失或者大量减弱，迫使接箍处的两连接螺纹在预先施加的反扭矩及上提力作用下松扣。爆炸后即可旋转管柱，继续完成倒扣。爆炸松扣的关键是测准卡点，并将卡点以上管柱螺纹旋紧，然后施以预提力和反向扭矩，爆炸才能达到预想效果。

4）技术规格、参数

爆炸松扣工具系列性能参数主要有：

工具最大外径：ϕ114mm；

耐温：150℃；

承压：20MPa；

导爆索直径：油管 ϕ6~ϕ8mm；钻杆 ϕ8~ϕ10mm；

炸药量：18~30g（J55~N80 油管，壁厚 5~7mm）；80~120g（P105~P110 钻杆，壁厚 9~11mm）；

适应井内介质：清水、修井液或原油。

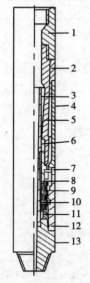

图 3-63　地面震击器结构示意图
1—上接头；2—震击器接头；3—冲管；
4—上套筒；5—中心管；6—垫圈；
7—锁钉；8—调节环；9—摩擦卡瓦；
10—卡瓦芯轴；11—滑套；
12—下套筒；13—下接头

五、地面震击器震击类工具

地面震击器连接在钻柱的地面部分，是一种下击解卡工具。地面震击器在地面作业，无论是钻柱的任何部分被卡，或卡瓦类型的工具和捞具被卡，亦或是试测或修井、洗井的工具和堵塞工具被卡，均可使用地面震击器下击解卡。它的调整吨位的机构露出转盘面，震击力的强弱可以调节，操作方便，能进行连续下击。

1. 基本结构

地面震击器结构如图 3-63 所示。

2. 用途

1）解卡震击

能在弯曲井或定向井中下击解卡，尤其是解除"键槽"卡钻的效果更佳。

2）驱动井内下击器

当钻柱上装有下击工具，发生卡钻时下击工具又无能为力，这种情况下可安上地面震击器，一般调节到低吨位即可启开，有时亦可适当增大吨位，但释放吨位不要高于自由段钻柱重量。

3）解脱打捞工具

利用该工具的向下冲击力，可以驱动随钻工具或使安全接头轻松地倒扣。有时可能遇到打捞工具或卡瓦类型的工具，如公母锥、捞筒和捞矛等，由于抓捞牙或卡瓦牙嵌入落鱼，也有操作不当，震击器震击后钻柱伸长变形，亦或异物进入堵塞，用捞柱的重量已无法解脱。有时是打捞工具的释放结构失灵，即使是施加扭矩也完全无效。遇到这些情况，可接上地面震击器，调节到中等程度的释放吨位，若钻柱上带有下击器时，调节的释放吨位应保证能打开下击器。但调节的吨位仍不要高于自由段钻柱重量。一般只需2~3次震击即可解脱。

3. 工作原理

摩擦卡瓦和卡瓦芯轴组成摩擦副，摩擦卡瓦在下套筒中位置不同，拉开震击器所需的拉力亦不同，即震击器产生不同的下击力。所以，通过顺逆时针拨转调节环来控制摩擦卡瓦在下套筒中的位置，震击器就能产生大小合适的下击力。震击作业开始时应由低吨位逐步调节到高吨位，但最高工作吨位不能超过自由段钻柱的重量（为钻井液中钻柱重量），若在震击作业中发现摩擦副有发高热冒烟情况，可由锁钉孔注入清洁机油，待工作完毕后卸开检查处理。

4. 技术规格及性能参数

规格系列及性能参数见表3-52。

表 3-52　规格系列及性能参数

技术参数	规格型号	
	DJ46	DJ70
外径尺寸（mm）	121（4¾）	178
最大震击力［kN（t）］	600±50（61±5）	800±50（82±5）
最大抗拉载荷（MPa）	1200（122）	1500（153）
密封压力（mm）	20	20
行程（mm）	1000	1222~1226
水眼直径（mm）	32	61 或 50
接头螺纹	NC38	5½inFH
闭合长度（mm）	2500	3030
总体重量（kg）	200	525

5. 震击器的震击力

石油工业的飞速发展，对预防卡钻和解除卡钻事故的打捞震击工具都提出了更高的要求。近年来，国内外震击器品种规格多种多样，大多油田购买了多种类型、多种规格的震击器，在实际工作中摸索各类震击器的优劣。美国 Bowen Tools 公司将震击器井下动载荷定为上提拉力的4~6倍，而中国的打捞专家根据经验判断为上提拉力的 2 倍多，理论计算得出的数据是 3 倍多。在上提拉力本身就很大的情况下，微小的倍数差别引起的实际震击力会相差很大数值。对于震击器震击时实际产生多大的震击力，国内外都是对井内震击过程进行简化假设，利用能量法或者弹性波理论与动力学分析相结合的方法对抽象出来的数学模型进行理论计算加推导，而到目前为止还没有任何准确实测数据加以证明。

目前，上击器震击产生的震击力，采用能量法计算撞击时的变形，由变形再计算动载，得出计算公式为：

$$Q = C_2 K(\Delta L_1 - h) + C_2 \sqrt{K^2(\Delta L_1 - h)^2 + Kh(2\Delta L_1 - h)} \qquad (3-1)$$

$$C_1 = \frac{EF_1}{L_1}$$

$$C_2 = \frac{EF_2}{L_2}$$

$$K = \frac{C_1}{C_1 + C_2}$$

式中　C_1，C_2——刚度系数；

　　　K——比例系数；

　　　ΔL_1——在上提拉力 P 作用下，震击器以上钻柱的变形（伸长量），cm；

　　　h——震击器的有效打击行程，cm；

　　　E——钻柱钢材的弹性模量，MPa；

　　　F_1，F_2——分别为上击器以上及以下的钻柱横截面积，cm^2；

　　　L_1，L_2——分别为上击器以上及以下的钻柱长度，cm。

下击器下击震击力利用能量守恒原理，将上部钻柱自由下落的动能转变为被卡钻柱的变形能，求出震击器的动载可以得出：

$$Q_{\text{下}} = \frac{K_3}{K_2} + \sqrt{\left(\frac{K_3}{K_2}\right)^3 + \frac{2K_1}{K_2}W_1 h} \qquad (3-2)$$

式中　K_1，K_2，K_3——计算系数。

$$K_1 = \frac{\frac{1 + W_2}{3W_1}}{\left(1 + \frac{W_2}{2W_1}\right)^2}, \quad K_2 = \frac{3C_1 + C_2}{3C_1 C_2}, \quad K_3 = \frac{2W_1 + W_2}{2C_2} + \frac{W_1}{4C_1} \qquad (3-3)$$

式中　W_1——震击器上部钻柱重量，kN；

　　　W_2——震击器至卡点的钻柱重量，kN；

C_1，C_2——震击器上下钻柱刚度系数，kN/cm。

为了进一步了解震击器性能，了解井下工作时实际产生多大震击力，有必要对震击器的震击过程在台架上进行实测。若能在台架上测出震击器震击过程，就可以得到不同类型规格的震击器在实验标定拉力下所产生的震击力。现场施工人员掌握了震击器的这些资料数据，就可以更好地实施震击作业。在可测试出震击力的前提下，后续可进一步模拟震击器在井下工作时产生的震击力，这对打捞作业队或钻井队更具有实际的指导意义。

测试系统的原理如图3-64所示，主要由震击器、测力传感器（包括A/D转换器）、数字显示器、工业计算机以及外围电路组成。实际应用时，测力传感器安装在被测部位，其他部分与传感器通过电缆连接。

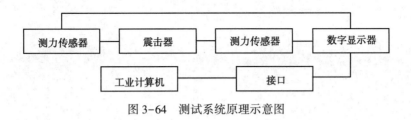

图3-64　测试系统原理示意图

测试系统由许多软件包组成，这些子程序包括数据采集、数据转换、波形搜寻、数据平滑、波形改善和数据标定等，最后生成震击力曲线图。

第二部分　打捞作业

第四章　打捞工艺技术

第一节　技术术语与施工原则

在油气水井的开发生产、维护过程中，由于生产所处的区域地质因素，开发前期的工艺水平、工程设计、开发资金因素，采油或注水工艺水平、生产井的管理水平，各类新工艺、新工具的实验因素，各种增产措施及油层改造措施等，都可能造成生产井不能正常工作。特别是由于井下落物和各类卡钻，使生产井停产，有时还会造成油气水井报废。因此，打捞作业已成为油田的一项重要工作，而采用科学合理的打捞工艺，迅速有效地处理井下事故，是保障油田正常生产的一项重要措施。

一、打捞作业技术术语

（1）井：以勘探开发石油和天然气为目的，利用机械设备在地层中钻出的具有一定深度的圆柱形孔眼。

（2）井身结构：包括井中套管的层数及各层套管的直径，下入深度和管外的水泥返高，以及相应各井段钻进所用钻头直径。井身结构是钻井施工设计的基础。

（3）生产井：以采油采气为目的而钻的井。

（4）注入井：以向油气藏注水或注气等为目的而钻的井。

（5）直井：井眼轴线大体沿铅垂方向，其井斜角、井底水平位移和全角变化率均在限定范围内的井。

（6）定向井：按照探井或生产井的目的和要求，沿着特定的方向和轨迹所钻达预定目的层位的井。按井深剖面可包括垂直段、增斜段和稳斜段等直到井底的井眼。

（7）水平井：先钻一直井段或斜井段，在目的层位井斜角达到或接近90°，并且有一定水平长度的井。

（8）探井：指以了解地层的年代、岩性、厚度、生储盖的组合和区域地质构造、地质剖面局部构造为目的；或在确定的有利圈闭上和已发现油气圈闭上，以发现油气藏，进一步探明含油气边界和储量以及了解油气层结构为目的所钻的各种井，包括地层探井、预探井、详探井和地质浅井。

（9）开发井：指为开发油气田所钻的各种采油采气井、注水注气井，或在已开发油气田内，为保持一定的产量并研究开发过程中地下情况的变化所钻的调整井、补充井、扩边井和检查资料井等。

（10）完井：从井孔完钻后到移交试油或投产前的工作，包括电测、井壁取心、通井划眼、下套管、注水泥固井、测声幅、钻水泥塞和试压等一系列工序。

（11）完井方法：油气井井筒与油气层的连通方式，以及为实现特定连通方式所采用的井底结构形式和有关的技术措施。

（12）裸眼完井：目的层部位不下套管与筛管的完井方法。

（13）射孔完井：钻开油气层后，将油气层套管下至井底，并在套管与井壁间注入水泥，且有一定的返高，当水泥凝固后，对油气层射孔，使油气层和井筒连通的完井方法。

（14）筛管完井：钻穿油气层后，把带筛管的套管下入到油气层部位，然后注水泥封隔油气层顶界以上的环形空间的完井方法。

（15）砾石充填完井：下扩孔钻头钻穿油气层，在对应油气层的部位下入筛管，并在筛管与井眼的环形空间充填砾石，最后封隔筛管以上环形空间的完井方法。

（16）表层套管：为防止井眼上部地表疏松层的垮塌和上部地层水的浸入以及安装井口防喷器装置而下的套管。

（17）技术套管：为保证钻井顺利到达目的层并有利于中途测试，对目的层上部的易塌地层及复杂地层进行封隔而下入的套管。

（18）生产套管：为保持正常生产和井下作业而下入井眼内的最里层套管。

（19）人工井底：井底水泥塞顶面位置。其深度从转槃面算起。

（20）水泥返高：固井时从管外上返的水泥浆凝固形成水泥环后的顶界面位置。

（21）井下作业：为维持和改善油、气、水井正常生产能力，所采取的各种井下技术措施的统称。

（22）大修：利用一定的工具，采用一定的措施处理油水井事故，恢复油水井正常生产的作业过程。

二、专业技术术语

（1）管柱：下入井中的油管或钻杆及工具的总称。

（2）落鱼：凡是掉入井内的部分管类、杆类等落物统称落鱼。

（3）鱼顶：又称鱼头，指落鱼的顶部。

（4）鱼长：指落鱼的长度。

（5）方余：方钻杆在方补心以上的长度称为方余。

（6）卡点：管柱或落鱼被卡位置的上限深度。

（7）测卡：确定卡点深度的工艺过程。一般常用测卡仪器测卡和公式计算两种方法。

（8）解卡：解除各种管柱或落鱼卡阻的施工过程。

（9）悬重：指工艺管柱下入井内后，反映在拉力表或指重表上的重力。

（10）钻压：修井施工中钻磨铣、打印、打捞、切割等措施时，工艺管柱下放施加给钻头、印模、打捞工具、割刀等工具的载荷。

（11）卡距：指相邻两个封隔卡点间的距离。

卡距＝下封隔器上段长度＋上封隔器下端长度＋两封隔之间的工具长度（如配产器、配水器、喷砂器等）＋两封隔器之间的油管长度。

（12）套管技术状况：指套管本身的完好程度，如径向尺寸变化、腐蚀孔洞、固井质量、落物情况等。

（13）压井作业：压井作业是指在自喷井和注水井作业时，先用水泥车把压井液加压泵入井内，在井内压井液的液压柱压力略高于油层静压时而把井压住，使油层内的油、气（或水）不致喷出（或流出）地面。这时可进行拆卸井口、起下管柱等井下作业。

（14）压井液：压井液是压井作业中所必须的一种液体。压井时，根据地层压力的大小选择不同密度的压井液，如：清水、盐水、钻井液等。选择合适的压井液是压井成败的关键，压井液密度小了压不住井，密度过大会把井压塌、压死，影响油层生产能力。

（15）灌注法压井：往井筒内灌注一段压井液就可以把井压住。此法多用在井底压力不高，井下作业工作简单，作业时间不长的井上。

（16）循环法压井：它是把配好的压井液泵入井内进行循环，将密度较大的压井液替入井筒，从而把井压住。这种方法现场应用较多。循环压井法又分为正循环和反循环两种。

（17）反循环压井：压井液从油套管环形空间泵入，从油管反出叫反循环压井。此方法多用于压力高、产量大的井上。因为在反循环压井的初期，井内油、气从油管中大量喷出，当压井液到达油管鞋时，则可用出口闸门控制其喷出量，所以不会使压井液气侵，容易提高压井效果。

（18）正循环压井：压井液从油管泵入，从油管套环形空间返出叫正循环压井。对于低压、气量较大的油井一般采用正循环压井。这种方法是：先把井内气体放空，造成暂时的停喷，然后再压井。这样，压井液受到气侵的可能性小，也可以防止漏失。

（19）挤注法压井：即井口只留压井液的进口，其余管路全部被堵死，以高压挤入压井液，把井内的油、气、水挤回地层，以达到压井的目的。这种方法是在不能用循环法，又不能用灌注法压井的情况下采用。如：砂堵、蜡堵或因其他事故不能进行循环的高压井等。其缺点是：压井时可能将脏物（砂泥等）挤入油层，对油层不利。

（20）喷水降压法：喷水降压是指注水井作业时将注入地层的水大量放喷，使井口压力降低，便于拆卸井口，进行井下作业。但是这样一来，地层压力下降，注水补充的部分能量也前功尽弃了。而且对于各层放出来的水量无法知道，从而使各油层内油、水动态难以掌握。因此，一般不采用此法。

（21）不压井、不放喷作业：指自喷井不压井、注水井不放喷进行起下管柱作业，简称不压井作业，也称加压起下作业。它是使用一套控制装置来克服管柱的上顶力，在井内保持高压的情况下实现安全起下管柱。不压井作业控制装置由三部分组成，即井口控制部分（控制油、套环形空间）、加压部分和油管密封部分。使用不压井作业技术在自喷油井和注水井上进行井下作业时，不需要用钻井液等压井和放喷降压，从而保护了油层，避免了因放喷而损耗地层能量。

（22）油管堵塞器与工作筒：油管堵塞器是在不压井、不放喷起下管柱时，用来堵塞（密封）油管的工具。它由工作筒和堵塞器组成。工作筒由工作筒主体、限位卡箍、密封短节组成。工作筒两端均为油管扣。

（23）释放：封隔器下入井内预定位置时，让封隔器的胶皮筒张开，起封隔上下层的作用。

（24）卸压：当需要更换井下封隔器或管柱时，应使封隔器胶筒收缩到释放前的状态，便于从井筒中起出管柱。

（25）验证：封隔器下入井内预定位置进行释放后，检查各封隔器是否已全部释放并封隔了油层。

（26）油管三丈量、三对口：在井下作业施工时为了确保组装管柱准确无误，要求对下井油管和工具进行三丈量（两人以上丈量三次）、三对口（实物、资料、设计要对口），以提高施工效率，保证施工质量。

（27）封堵：封堵也称堵水。在油田开采过程中，由于水层串槽或注入水突进，使一些油井过早见水或遭水淹。为了清除或减少水淹造成的危害所采取的封堵出水层段的井下工艺措施，叫做封堵或堵水。

（28）非选择性堵水：非选择性堵水是将封堵剂挤入油井的出水层，凝固成一种不透水的人工隔板，或叫人工井壁，以阻挡地层水流入井底。

（29）水玻璃堵水：它是利用水玻璃和氯化钙作用生成的硅酸钙和膨胀硅胶来封堵砂粒间的孔隙，从而达到堵水的目的。

（30）封隔器堵水：封隔器堵水就是利用封隔器将出水层与油层隔开，达到堵水目的。

（31）选择性堵水：选择性堵水是将具有选择性的堵水剂挤入油井中的出水层，使其与出水层中的水发生作用，产生一种固态或胶态的阻碍物，以阻止油层水流入井底。

（32）油基水泥浆堵水：就是把用油品与干水泥配制的油基水泥浆挤入出水

段层后，由于水泥本身的亲水性，油基水泥浆中的油品被水置换，使水泥与水化合而凝固将水层堵死。

（33）乳化石蜡堵水：它是将乳化石蜡溶液挤入出水油层，再挤入一定数量的破乳剂。在水层中，破乳后的硬脂酸和石蜡则凝固在水层砂粒表面，堵塞了出水层；在油层中，破乳后的硬脂酸和石蜡则呈小颗粒状悬浮在原油中，而能随油流排出地面。

（34）串槽：在多油层油田开采中，各层段沿油井套管与水泥环或水泥环与井壁之间的串通，叫串槽或管外串槽。

（35）验串：验串也叫找串。它是利用封隔器、同位素、声幅测井等方法，来验证套管外各油、水层间是否串通，以及串通的层位。

（36）封隔器找串：它是用两个封隔器卡住某个层的上下部位，再以不同压力从油管挤入液体，观察套管压力变化，或溢流量变化，即可判断是否串槽以及串通量的大小。

（37）同位素找串：指利用往地层内挤入含放射性的液体所取得的放射性曲线，与油井的自然放射性曲线作比较，来鉴别地层是否串通。放射性强度有明显增加的井段，说明有串通。

（38）封串：指对已找到的串槽，采取各种井下工艺措施，封住串槽，叫封串。

（39）探砂面：在油井管理中，根据出砂情况，相隔一定的时间用光油管在井筒内试探砂柱顶面的位置，以提供冲砂的依据。根据油管下入深度和人工井底深度可算出砂柱面的高度。这种确定砂柱高度的工艺措施叫探砂面。

（40）冲砂：冲砂是利用高速液流将井底的砂堵冲散，并将砂泥带出地面，将油层射孔部分清洗干净，从而恢复油井的产量或水井的注入量。

（41）冲管冲砂：它是把小直径的管子下入油管内进行冲砂。其优点是：操作方便，不动油管可以冲至井底。

（42）人工井壁防砂：指把具有特殊性能的水泥或化学剂挤入地层，这些物质凝固后形成一层既坚固又有一定渗透性的人工井壁，达到防止油层出砂的目的。

（43）检泵：抽油泵在生产过程中，常会发生各种故障，例如砂卡、蜡卡、抽油杆脱落、零件磨损等。此外，还经常需要加深和提高泵挂深度、改变泵径等。现场把解除上述故障和调整参数的工作统称为检泵。

（44）套管刮蜡：套管刮蜡是将螺旋式刮蜡器接在油管柱下部、下入井中，然后上起并活动油管，把套管壁上蜡刮掉；同时利用液体循环把刮下来的蜡带出地面。

（45）水力喷砂：水力喷砂是用油管将喷射器下至预定位置，再用压裂车往井内泵入携砂液体，当携砂液通过喷砂器的喷嘴时，以高速的流束射出，利用射流中砂粒的冲击力切割和摩削套管和水泥环，以此达到沟通井筒和地层的目的。

（46）打捞：就是用打捞工具来捞取井下落物。

（47）公锥：是打捞钻杆或油管及其他管件落物的一种简单的打捞工具。

（48）母锥：是用来打捞井下落物（如钻杆、油管本体）的一种工具。

（49）油管打捞矛：打捞矛是从管子内壁打捞管类落物的一种工具。

（50）卡瓦打捞筒：卡瓦打捞筒是卡住钻杆、油管、接箍或接头的外壁而打捞油管、钻杆的一种打捞工具。

（51）活页式打捞器：它是打捞抽油杆的一种工具。活页式打捞器是由接头、主体、活页和引鞋组成。

（52）磁铁打捞器：它可用来打捞钳牙、卡瓦牙、榔头、阀球座等小物件。它是由接头、壳体、顶部磁极、永久磁极、底部磁极、青铜套和铣鞋等组成。

（53）一把抓：它是用来打捞单独落井的小物件，如钢球、钳牙、卡瓦等。一把抓是用薄壁管做成的。

（54）内铣鞋与外铣鞋：内铣鞋与外铣鞋均是打捞工具的一种辅助工具。当井下落物被打捞的表面受损坏不能打捞时，用内铣鞋和外铣鞋进行修理后，磨出和铣出新表面，方可捞出。

打捞是指针对油、气、水井井内管柱遇卡，工具、仪器及管柱等掉落井内等现象，采用相应的打捞工具进行捞出井下落物的工艺方法。对井下落物、遇卡等实施打捞处理的整个工艺过程称为打捞作业。打捞作业是修井作业中非常重要的一个分支，尤其在大修工程中占有相当大的比例。

打捞并不是一种常规或常用技术，但从某种程度上来讲，每钻 5 口井可能就有 1 口井，每修 5 口井可能就有 4 口井需要打捞。由于打捞的费用（其中包括占用修井机折旧生产、服务成本）很高，因此必须谨慎行事并做出判断。多年来所研制出的打捞工具和发展形成的打捞工艺技术，几乎使任何井下事故的处理都成为可能，但打捞所需费用可能会阻止打捞的实施。鉴于动用修井机的费用加上打捞所需特殊作业费很高，所以必须做出正确的判断，并在占有全部现有资料的基础上做出决策。

三、打捞施工的基本原则

1. 基本原则

打捞的目的是处理井下事故，恢复井内正常状态，保证井筒畅通，以满足作业、增产措施及注采等工作的需要。

打捞作业应遵循的基本原则是：

（1）保护油层不受伤害和破坏。

（2）不损坏油层套管（或不破坏井身结构）。

（3）井下事故的处理必须是越处理越简单、落物越少。

（4）处理井下事故的设备能力、人员素质、工艺方案等必须满足工作需要，不得因处理井下事故而造成人员伤害、设备损坏、环境污染等事故。

2. 重点工作

（1）查清井况，做到"四清"。

一是历史情况清：上修前要查清采油（气）、注水、试油（气）、修井、增产措施、含水及周围水井影响的程度等问题，并明确施工目的。

二是鱼头状况清：目前鱼头形状、规范、是否靠边、有无残缺等状态要搞清。

三是复杂情况清：鱼顶周围套管是否损坏、损坏程度如何、井内是否出砂、鱼头是否砂埋、鱼头内外是否还有其他落物等；遇卡管柱结构、造成卡钻的原因要搞清楚。

四是井下数据清：送修数据、下井管柱及捞出落鱼长度等数据与井深或鱼头位置是否相符，若有差异，分析产生原因等。打捞作业要依据这"四清"制订具体打捞方案。

（2）正确选用工具。

选择合适的打捞工具是打捞成功的关键之一，必须考虑套管规范、鱼头尺寸、形状、工具下井的安全性、可靠性等。在上述前提下，尽可能选用结构简单、操作方便、灵活的工具，针对某些特殊井况，系列工具往往满足不了打捞需要。在这种情况下，还必须加工一些特殊工具，只有这样，才能为解决各种复杂井况提供必要条件。

（3）制订科学合理的打捞解卡方案。科学合理的打捞方案是复杂井处理的关键，同一种工具操作方法和辅助措施不同，捞获效果明显不同。如果方法不当，不仅影响打捞的成功率，甚至有可能造成新的事故。对于特殊井况，需要承担一定的风险，这就需要制订科学的、合理的、严密的措施方案，以顺利完成事故的处理。

（4）充分发挥人的主观能动作用。

打捞作业中值得注意的是，进行打捞之前必须做好井控防喷工作。

第二节　打捞的基本准则

虽然所有的打捞工作都是相近的，没有两次是完全相同的，但各种情况下的大量打捞实践还是确定了一些有用的基本准则。本节讨论的这些准则，无论把它们应用在哪里，都有助于确保打捞工作取得成功的可能性最大。

一、评价

首先是评价卡点位置，是什么东西卡在井筒的哪个部位了？打捞出来的可能性有多大？其次还需评价该井的所有历史记录以及整个油田的相关历史记录。多收集、听取打捞工具监督人员、工具推销商、钻井采油队长、工程师以及钻井工人们的意见，考虑各种可以应用的方案和替代方法。

总的原则应该是采用安全且被实践证明了的方法。对于一个给定的打捞作业，可能有几个可行的方案，但是被实践证明过的方法能确保出现意外的可能性最小。需要指出的是，还要考虑每一步施工（无论成败）对下一步施工的影响。此外，记录工具在井筒中的轨迹、使用情况以及产生的结果，是十分重要的。

二、沟通和交流

有效的沟通是成功的关键，任何时候都不能忽视。在打捞作业之前及施工中，所有参与人员都要遵循如下步骤：

（1）收集全面、准确的关于落鱼位置的信息资料。

（2）及时通知打捞公司，让他们调查问题、运送适当的工具和准备多套解决方案。

（3）确保所有的参与人员清楚地知道落鱼的位置情况，并对将要采用的打捞处理方案达成一致意见。

（4）在进行打捞施工时，要保证所有的参与人员完全了解施工过程，并提供概述性的进展报告，内容包括打捞是否成功、碰到了什么问题、对问题的分析、采取的改进方案以及需要的额外设备等。

三、搜集资料

下面列出了在打捞过程中需要考虑的一些关键因素以及需要收集、记录的资料信息。全面、准确地记录各种数据非常重要，不要对收集资料信息设置限制。如果某条信息有用，就应该收集、记录它。只有所有参与打捞作业的人员都掌握了足够多的资料，才能确保打捞工作的成功。

（1）弄清楚落鱼的内径、外径和长度，并要绘制草图，进行标注。要特别注意有小的内空通道的设备，因为可能需要球体或仪器通过其中。

（2）与打捞工作涉及的所有人员充分讨论打捞工作。

（3）知道每一次打捞管柱和工具的限制条件。

（4）确保钻柱重量指示仪完好精确。

（5）用井筒标记（如封隔器）、套环或自由点指示（如卡管）确定落鱼的顶部位置，当无法使用自由点指示时，用拉伸测量作交叉检查。

（6）管柱在拉伸时可能表现为自由状态，但加上扭矩后就不在自由状态了。裸眼中打捞作业时，推荐采用扭矩自由点法。

（7）如果井况允许，可以将自由点指示与爆炸解卡相结合进行施工。

（8）解卡倒扣时，在卡点以上留1~2根连接的自由管，这样能更容易到达落鱼顶部。

（9）假如自由点在套管井或裸眼井底外大约100m以内，解卡打捞就要进入到套管中。如果设备掉到了套管鞋以下的裸眼井段，要打捞成功是不可能的。

（10）如果卡点已知，可在稍直井段中进行倒扣，但同时要考虑地层岩性的类型。

（11）确定井筒的深度、条件及工具短接的尺寸。这些数据决定在倒扣工具上施加多大的倒扣扭矩。推荐每1000ft深度倒3/4转。下入井下工具的尺寸如图4-1所示。

（12）如果钻杆（落鱼）的尺寸减小，则需要施加的倒扣剩余扭矩量将增加。如倒 $2\frac{7}{8}$ in 外径的钻杆，每1000ft 可能需要旋转 1 圈（转）。

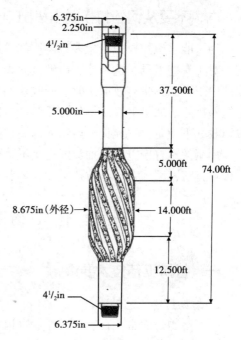

图 4-1　井下工具尺寸示意图

（13）如果不能使用爆炸解卡设备，人工解卡是唯一的选择了。

（14）打捞电缆时，如果可能，使用防喷管。

四、记录管柱标签

如果必须把钻杆下入井中，就意味着需要依靠打捞作业。要避免用于打捞作业的钻杆或钻铤与现场的其他钻杆混杂不清。应该点数和记录短接的数量，一些有经验的打捞工具操作工人称此为"out and in"打捞。测量所有下入井中的工具短接，测量、汇总所有起出的工件，总的差值应等于工具与落鱼顶的距离（也是必须下入或起出的量）。如果确定落鱼顶的位置有困难，对这项工作要做双倍检查。

五、不要旋转打捞管柱

应用钻柱或工作管柱进行作业时，为了加快打捞速度而在井筒中频繁地旋转管柱将导致连接处卸扣脱节。在打捞施工中，更是不能旋转管柱，因为这样做可能会丢失落鱼。频繁旋转打捞工具，如打捞筒、打捞锚、磁铁、捞屑篮或洗井筒，将导致落鱼重新掉回到井底。

六、不要从钢丝打捞筒中拔出电缆

为了能够施加拉力，大多数电缆都通过钢丝打捞筒剪切装置与工具或设备相连。对于有些工具，这意味着能够被回收，但这是一件危险的事情，特别是在裸眼井中下井工具带有放射源时。回收这些工具最可靠的方法是在工具表面处剪断电缆并拆除。如果电缆从钢丝打捞筒中被拉出，必须用能够击穿金属罐的抓启装置回收井下设备，并允许放射物质污染井中流体。

用钢丝绳打捞电缆或抽汲绳也是不可取的办法。打捞这些线类落鱼应该用油管传输打捞，因为钢丝会被搞乱而且还要考虑起出其本身的问题。

第三节 打捞工艺技术要求

一、打捞工艺技术要求

1. 落物打捞工艺技术

井下落物是油水井在生产或作业过程中，由于操作不当或疏忽大意而造成的工具或物件丢落井下。这种无卡阻的落鱼打捞，方法较简单，操作也容易。落物打捞前应首先调查落实清楚落鱼状况。对无卡阻落物的打捞步骤方法如下：

（1）打印落实鱼顶几何形状、尺寸、落鱼深度。

（2）根据印痕情况选择相应的打捞工具及管柱结构。

① 外螺纹型选用筒类、母锥类打捞工具。

② 内螺纹型选用矛类、公锥类打捞工具。

③ 杆类应选用筒类打捞工具。

（3）连接打捞工具管柱入井。

（4）抓捞落鱼，注意管柱悬重变化，抓捞时，不可全悬重抓捞。

（5）抓捞后试提、悬重增加，说明已抓获，可以起管柱。悬重无显示，无增加，应重新抓捞直至抓获。

（6）捞住落物后即可活动上提。当负荷正常后，可适当加快起钻速度。

下面仅对管类落物打捞作进一步介绍。

管类落物包括油管、钻杆、管类工具、配水（产）器、封隔器、套铣筒等。

2. 打捞施工前应考虑的几个问题

1）落实井况

（1）了解被打捞井的地质、钻井、采油资料，搞清井身结构，套管完好情况，井下有无早期落物等。

（2）搞清落井原因，分析落井后有无变形可能及井下卡埋等情况。

（3）计算鱼顶深度，判断清楚鱼顶的规范、形状和特征。对鱼顶情况不清时，要用铅模或其他工具下井探明（必要时应冲洗鱼顶）。

2）制订打捞方案

（1）绘出打捞工艺管柱示意图。

（2）制订出施工工序细则及打捞过程中的注意事项。

（3）根据打捞时可能达到的最大负荷加固井架。

（4）制订安全防卡措施，捞住鱼顶后，若井下遇卡仍可以脱手。

3）选择下井工具

根据鱼顶的规范、形状和所制订的打捞方案选择合适的下井工具。下井工具的外径和套管内径之间间隙要大于或等于 6mm。若受鱼顶尺寸限制，两者直径间隙小于 6mm 时，应在下该工具之前，下入外径与长度不小于该工具的通径规进行通井至鱼顶以上 1~2m。下井工具的外表面一般不准带刃、镶焊硬质合金或敷焊钨钢粉。必要时，其紧接工具上部须带有大于工具外径的接箍或扶正器（铣鞋除外）。公锥、捞矛等打捞工具在大直径套管中打捞时，必须带有引管和引鞋及其他定心找中装置。若在处理鱼顶或打捞中需循环洗井时，则选择的工具必须带有水眼，优先选用可退式打捞工具。当受条件限制选用不可退式工具时，下井管柱必须配有安全接头。工具下井前必须进行严格检查，做到规格尺寸与设计统一、强度可靠、螺纹完好、部件灵活。

3. 打捞管柱的组合

打捞管类落鱼时，现场常用的打捞管柱组合如下（自上而下）：钻杆（油管）、上击器、安全接头、打捞工具。

根据选择的打捞工具不同分别称为：公锥打捞管柱、母锥打捞管柱、滑块捞矛打捞管柱、可退式捞矛打捞管柱、卡瓦打捞筒打捞管柱、开窗捞筒打捞管柱。对于自由下落的落物可以不接上击器，鱼顶偏的落物要视情况下扶正器和引鞋。

打捞时，判断是否捞上落鱼的方法是：

（1）校对造扣方入。

（2）观察指重表悬重变化。

（3）对比打捞前后泵压。

（4）造扣后，上提钻具若干米再下放，观察钻具深度的变化。

一般捞上落鱼后放不到原来的深度。

二、大修内容及组织方法

1. 油水井故障的原因

油水井出现故障的原因很多，但归纳可分为潜在因素和后天因素两类。潜在因素有地质和钻井两种原因；后天因素有油井工作制度及作业不当两种原因。

由于地层构造、内部胶结、孔隙中流体等因素可以造成油井出砂、出水、结蜡、结钙、套管变形，甚至穿孔、错断等后果；由于钻井井身结构的设计不合理、固井质量不合格、完井套管质量差等因素，会造成套管破漏、断裂，造成不同层位之间相互窜通等后果；由于油井工作制度不合理，造成采油强度或注水强度过大，引起压力激动，注采结构不合理，造成油井出水、出砂、套管变形损坏卡钻后果；作业不当是由于设计方案差，入井流体与地层配伍性差、腐蚀性强，各类作业时违反技术标准或操作规程，造成掉、落、卡或对井身的伤害。

无论任何井下故障，都将影响油井产链，严重时可造成停产，还可能影响其他油井生产。

2. 大修工作的内容

大修与小修同属于井下作业，但从工作内容上既有联系，又有区别，这里我们单从工作内容上给予区别。

小修工作内容：冲砂、清蜡、检泵、换结构、简单打捞（下打捞工具 2 次以内）、注水泥等。

大修工作内容：井下故障诊断、复杂打捞（下打捞工具 3 次以上）、验封窜、找堵漏、找堵水、防砂、回采、修套管、过引鞋加深钻井、套管内侧钻、挤封油水层、油水井报废等工作。

随着油田不断开发，大修工艺技术的提高，大修作业内容也将不断完善。

3. 大修井送修程序及施工组织

大修送修程序有两种：一种是定向送修，一种是招标送修。

1）定向送修

根据所需大修井的技术要求，送修方认为只有某承修方可以完成，一般采用此种方式。

此送修程序为：

（1）油公司作出油水井大修送修书。

（2）送修书送给某承修公司。

（3）双方技术人员对送修书提出的要求交换意见。

（4）承修方作出大修井地质设计和工程设计。

（5）双方现场井口交接（送修方交，承修方接）并在井口交接书上签字。

2）招标送修

此方式是送修方针对一口井或一批井，在查清每口井井内情况，目的和要求明确，为了提高修井质量，缩短施工时间，降低不必要的作业费用，对有能力的承修公司，进行招标的一种形式。

此程序为：

（1）油公司发出招标公告。

（2）承修公司按公告要求获取招标文件。

（3）承修公司按招标文件要求作出标书。

（4）按要求参加招标会。

（5）中标后鉴定合同。

（6）按合同履行各自职责。

3）施工组织

接井后，整个施工组织以井队为主，力争独立完成。首先作出地质、工程设计，由主管部门审批后对全队人员进行技术交底。然后按设计要求，勘察路线，平整井场，准备材料，组织搬迁、安装，建立通信渠道，按设计及技术标准组织好每道工序的施工，最终按合同要求交井。

在此过程中，井队应每天由队长组织召开生产会，对当天工作进行小结，互通信息，共同研究下步措施。作业劳动组织及工序衔接安排，重大问题及时向管理部门反映并提出本队意见，井况有变时及时与油公司联系。每班应建立严格的交接班制度，交接班前后应由班长组织全班人员召开班会，班前会其主要内容应包括：当班安全工作、当班主要工作、技术要求，工作分工及相互配合，时间不宜超过30min。下班时召开班后会对当班工作进行小结。

此外，各管理部门应及时掌握和了解各井施工情况，全力支持井队工作，帮助井队解决困难。

第四节　解卡打捞工艺技术

卡钻是指油气水井在生产或作业过程中，由于操作不当或某种原因造成的井下管柱或井下工具在井下被卡住，按正常方式不能上提的一种井下事故。解卡打捞工艺技术是一项综合性工艺技术。目前多指井内落鱼难于打捞，常规打捞措施较难奏效，如配产配注工艺管柱中的工具失灵卡阻、电潜泵井的电缆脱落堆积卡阻、套管损坏的套管卡阻等，需要采取切割、倒扣、震击、套铣、钻磨等综合措施处理。这种复杂井况的综合处理方法通称为解卡打捞工艺技术。

目前随着油气田开发时间的不断增长，由于卡钻造成的完好井内复杂事故，难于用常规方法进行落物解卡打捞的井逐年增多，迫使油气水井的生产不能正常进行，甚至还会使油气水井报废，严重影响油田稳产和开发方案的顺利实施。因此，处理这种复杂井况的解卡打捞工艺技术显得越来越重要。

一、卡阻（钻）事故类型

卡阻事故有由于油气水井生产过程中造成的油管或井下工具被卡，如砂卡、蜡卡等；有由于井下作业不当造成的卡钻，如落物卡、水泥（凝固）卡、套管卡等；有因井下下入了设计不当或制造质量差的井下工具造成的卡阻，如封隔器不能正常解封造成的卡阻等。了解井下卡阻事故类型，对于解卡打捞工艺技术的实施效果有着重要的作用。

目前，根据油水井套管技术状况和井内工艺管柱结构、采油工艺方法等，可将井下卡阻分成以下几种类型。

1. 砂、蜡卡阻型

这种类型多指井内出砂严重、结蜡严重、原油凝结严重，将井内工艺管柱的工具卡埋而使之受阻，如图4-2所示。

相对于蜡卡，在实际生产中砂卡要普遍得多。对于砂卡，其造成原因分析如下：

（1）油井生产过程中，油层砂子随着油流进入套管，逐渐沉淀而使砂面上升，埋住封隔器或一部分油管；在注水过程中由于压力不平稳，或停注过程中的"倒流"现象，使砂子进入套管，造成砂卡。

（2）冲砂时泵的排量不足，使液体上返速度过小，不足以将砂子带到地面上来，砂子下沉造成砂卡。

（3）压裂时油管下得过深，含砂比过大，排量过小，压裂后放压过猛等，均能造成砂卡。

（4）其他原因，如填砂、注水井喷水降压时喷速过大等，也能造成砂卡。

2. 小物件卡阻型

这种类型多指井内落入小物件如钳牙、钢球、螺帽、吊卡销子、喷砂器弹簧折断脱落等，使工具受阻而提不动，如图4-3所示。

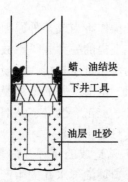

图4-2 砂、蜡、死油卡阻示意图

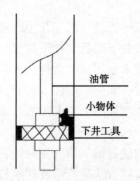

图4-3 小物件卡阻示意图

3. 电缆脱落、卡子崩落堆积卡阻电潜泵

电潜泵因其产量高而深受油田青睐，而检泵、换泵、或因机泵套损等问题，常使电潜泵井发生电缆拔断、卡子脱落而卡机组，使之难于打捞。

4. 井下工具卡阻型

这种类型多指井内各种工艺管柱中的下井工具，如封隔器、水力锚、支撑卡瓦等失灵失效而使工具坐封原位不能活动，致使管柱受阻而提不动，如图4-4、图4-5所示。

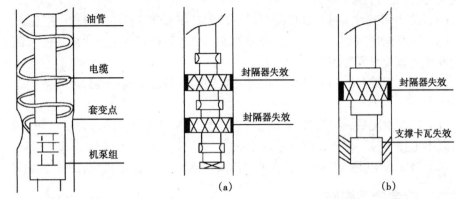

图 4-4　电缆脱落卡阻示意图　　　　图 4-5　下井工具失灵卡阻示意图

5. 套损卡阻型

这种类型多指套管技术状况较差，出现变形、破裂、错断等，使工艺管柱中的大直径工具受卡阻而提不动，这种井况目前日渐增多，是油田修井重点，如图 4-6 所示。

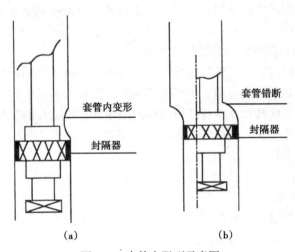

图 4-6　套管卡阻型示意图

6. 其他复杂的卡阻型

其他类型的卡阻，一般指以上各种卡阻类型以外的卡阻，如水泥固凝卡、化学堵剂凝固卡、工具失效及砂埋卡阻等。

对于水泥卡钻有如下原因：

（1）注完水泥塞后，没有及时上提油管至预定水泥塞面以上进行反冲洗或冲洗不干净，致使油管与套管环隙多余水泥浆凝固而卡钻。

（2）憋压法挤水泥时没有检查上部套管的破损，使水泥浆上行至套管破损位

183

置流入套管内，造成卡钻。

（3）挤注水泥时间过长或催凝剂用量过大，使水泥浆在施工过程中凝固。

（4）井下温度过高，对水泥又未加处理，或井下遇到高压盐水层，使水泥浆性能变坏，以致早期凝固。

（5）注水泥浆时，由于计算错误或发生别的故障造成油管或封隔器被固定在井中。

（6）在注水泥后，未等井内水泥凝固，盲目探水泥面，误认为注水泥失败，此时既不上提管柱，又不洗井，造成卡钻。

（7）挤注水泥候凝过程中，由于井口渗漏，使水泥浆上返，造成井下管柱固封。

二、综合处理措施

综合处理措施是指解卡打捞工艺技术实施中，采取两种或两种以上不同方式方法，如活动管柱法无效后采取的割出卡点以上管柱，然后打捞以下落鱼并采取震击解卡，或分段分部倒、捞解卡等，直到解除卡阻、全部捞出落鱼。一旦发生卡钻事故，切不可盲目操作，以免卡钻事故更加严重，应认真分析研究，确定卡钻事故的原因、遇卡位置及类型，及时妥善处理。

综合处理措施主要由下列各项工艺方法组成，而某些单项工艺方法也可独立完成解卡打捞作业。

1. 检测探明鱼顶状态或套管技术状况

印模法为常用的一种机械检测技术，通常使用各种规格的铅模、胶模、蜡模或泥模等来完成对鱼顶的检测。印模法检测在打捞解卡施工中的重点是核定落鱼深度、鱼顶几何形状和尺寸，为打捞措施的制定和打捞工具的选择及管柱结构的组合提供依据。印模法机械检测也适用于套管变形、错断、破裂等套损程度及深度位置等套管技术状况的检测。

2. 卡点预测

1）公式计算法

井下工艺管柱遇卡有各种原因，而准确地测得卡点深度，对于打捞解卡是非常重要的。卡点计算需与现场施工结合，经一定的提拉载荷后，测得被卡管柱在某一提拉负荷下的伸长量，然后再按式（4-1）计算：

$$H = \frac{E \cdot A \cdot L}{W} \tag{4-1}$$

式中　H——卡点深度，m；

　　　　E——钢材弹性系数，MPa，一般油管 $E = 2.06 \times 10^5$ MPa；

　　　　A——被卡管柱截面积，m^2；

　　　　L——管柱在上提负荷下的三次平均伸长量，m；

　　　　W——平均（3次）上提负荷，kN。

例如某井 $2\frac{7}{8}$ in 油管，壁厚 9mm，钢级 J-55，分层配注管柱，尾管下至 1523.5m，4 级 K344-112 封隔器，3 级偏心配产器。管柱遇卡不动，试用理论计算法计算管柱遇卡深度。试上提平均负荷 300kN，管柱平均伸长 1.15m，则代入式（4-1）得：

$$A = \frac{\pi}{4}(D^2 - d^2) = 1808.64 \text{mm}^2$$

$$H = \frac{2.06 \times 10^{11} \times 1808.64 \times 10^{-6} \times 1.15}{300 \times 10^3} = 1428.2 \text{mm}$$

2）测卡仪器测卡法

测卡仪器测卡点法是近几年引进测卡车和仪器后发展起来的新的测卡技术。它大大提高了打捞解卡的成功率和减少了施工时间，特别是测得的卡点直观准确可靠。

具体做法如下：用 2~3m 长方钻杆连接井内被卡管柱，将测卡仪器通过井架天车、地滑轮后下入井内管柱中直至遇阻。然后上提被卡管柱或扭转被卡管柱，在最少 3 个不同提拉负荷或转动圈数下，测卡仪器即可将被卡管柱的卡点深度直观、准确地在地面接收面板上显示出来。

用测卡仪测管柱卡点应注意：应先进行理论公式计算或经验公式计算，预算出卡点大约位置，然后下入测卡仪器使其处于最佳状态（不受拉伸状态）、仪器入井遇阻后，慢慢上提至预算卡点附近，一般在预算卡点上、下 2~4m 范围内测卡效果最为理想。

3. 活动管柱法

活动管柱法即在原井管柱（即原被卡工艺管柱）许用提拉负荷下反复提拉、下放，使卡点处产生疲劳破坏，达到解除卡阻。在活动管柱过程中，应注意，上提负荷应保持在管柱许用拉力内，尽量不使管柱拔断脱落；在下放时，应采用快速下放，使管柱急速回缩，给卡点以震击力，以此解除卡阻。

活动管柱法在原被卡工艺管柱拔断脱落，捞出断脱处以上管柱后，仍需下钻具继续进行活动，而此时应用强度更高的钻杆，可将上提负荷适当增加，以不拉断打捞管柱，在井架负荷许可的条件下，大力上提，快速下放，一般多能见效。

4. 取出卡点以上管柱法

在活动管柱（指原被卡管柱）无效后，完整地取出卡点以上管柱，为下步震击解卡、套铣解卡、钻磨解卡等措施的实施做好准备。取出卡点以上管柱的方法主要是切割、爆炸松扣和机械倒扣。

5. 震击解卡法

在被卡管柱卡点以上管柱全部取出后又经大力上下活动管柱而仍无明显作用后，可对被卡的落鱼进行震击解卡，包括向上震击和向下震击。震击力的来源主要靠震击工具来实现，通常由提放管柱产生的拉伸变形能来产生震击力。震击解卡作业必须在抓获落鱼后方可实施，常用管柱结构（自上而下）为钻杆柱、配重钻铤、液体加速器、钻铤、震击器（根据震击方向适当选用液压上击器、开式下击器或润滑式下击器）、安全接头、打捞工具（可退式或可退可倒扣式捞矛、捞筒类工具），这种震击解卡方法比较适用于砂、蜡卡，小物件卡、下井工具的密封胶件失效失灵卡等，尤为适用于砂、蜡卡和小物件卡。

6. 浸泡解卡

对卡点位置注入相应的解卡剂，浸泡一定的时间后，将卡点溶解，以达到解卡的目的。浸泡解卡适用于水泥卡、蜡卡、滤饼卡等。

7. 钻磨铣套法

钻磨铣套法就是在以上解卡无效或无明显作用后常采取的最后有效法。所谓最后有效法就是所有较先进的措施方法都用上了但仍无解卡作用而不得不采用最古老的破坏性解卡方法，即采用各种钻头、磨铣鞋、套铣筒等硬性工具对被卡落鱼进行破坏性处理，如对电缆、钢丝绳、下井工具、水泥固封等进行钻磨、套铣、清除掉卡阻处的落鱼，以解除卡阻。虽然这对某些落井工具有破坏作用和对套管可能产生磨损，但对一口井的产能恢复或可维持一定产能，采取这种最无奈而又有效的方法来解除卡阻是很有必要的。

以上各种处理措施可以单独使用，也可以组合使用，组合采用这些措施中的某两项或两项以上的就是所谓综合处理措施。值得注意的是，解卡打捞关键是解卡，卡点解除后，打捞则将非常容易。而卡点的解除，卡点预测、测卡非常必要。

落鱼的几何形状、尺寸和深度位置必须检测核实准确，这样才能为下步措施的采取提供准确可靠的依据。另外，钻磨铣套解卡应严格限制使用，一经采取后，必须慎重实施且应采取套铣保护措施，以免增加新的套损的可能。

第五节　电动潜油泵打捞工艺技术

电泵采油技术已成为当今石油开发的重要手段之一，特别是进入高含水阶段的大产能老油田，采用电泵采油是任何机械采油方法无法比拟的。随着电泵井的增加，作业过程中卡泵、电缆击穿、脱落、掉泵、砂卡电泵、套管变形卡泵等事故不断发生，且电泵结构复杂、外径大，加上电缆因素，人们曾一度被打捞电泵问题所困扰。以往对这种类型的复杂故障井，处理措施较单一，配套的专用工具也较少，往往采取倒扣、打捞电缆、磨铣电缆、机泵组等，并且施工周期较长，电潜泵解卡打捞工艺技术因此而产生并迅速发展、配套和完善。目前，由于引进、成功研制了测卡仪、油管爆炸切割弹、机泵组专用捞筒、电缆捞钩、高强度快速磨铣工具、震击工具及综合配套切割、整形工具等，可以成功地处理砂蜡油卡、小物件卡、套损卡、电缆堆积卡等各种较复杂的井况，而电潜泵故障井处理专用工具的合理开发应用，还将使电潜泵故障井处理技术更快更好地向前发展。

一、电潜泵井下事故原因

在众多的电潜泵生产井中，由于机泵组工作寿命问题、电缆事故问题、调整工作制度和参数等问题，往往需进行起泵等起下管柱作业。由于泵挂深度不同、泵径不同、套管规格不同、井的开发时间不同，往往出现油蜡集结卡阻泵组，油层吐砂卡埋工艺尾管、套管变形、错断等卡阻机泵组以及上提管柱时，电缆不能同步而拔断脱等等，这些复杂的卡阻现象使电潜泵不能顺利地起出更换而造成严重事故使井停产，长时间不能利用，严重地影响油田稳产及油田开发方案的顺利实施。这些复杂的卡阻事故可以归纳为如下几种原因。

1. 间隙很小易卡泵

中国油井的油层套管多为 $\phi 140mm$（$5\frac{1}{2}in$），内径 $\phi 121 \sim 124.5mm$，而电泵机组最大外径为 $\phi 116mm$，套管与电泵之间的间隙只有 $4 \sim 5mm$，若油层出砂，就很容易产生砂卡。

2. 连接环节薄弱

电泵机组之间的相互连接均为 8 条 $\phi 8mm$ 螺栓，在起泵时，若有卡泵现象，容易从此处拉断，造成事故。

3. 电缆击穿

由于电缆质量问题，或长期使用老化，或电缆受到腐蚀等因素影响，容易发生击穿，起泵时电缆断掉、滑脱，甚至堆积而发生井下事故。

4. 与一般机泵井相同的事故

油管滑扣、套管卡泵、砂卡、落物卡等所有造成其他泵卡、落井的事故，同样会造成电泵落井事故。

二、故障处理方式及步骤

电潜泵故障井的处理，严格说应属解卡打捞范畴。但因电潜泵井情况特别复杂，比普通自喷井、机采井的解卡打捞难度大，采取的措施基本是综合性的先进措施。因此将电潜泵故障井处理单列为一项工艺技术也是符合客观实际的。

目前对电潜泵故障井的处理应取慎重态度，一般需对故障类型进行调查落实，然后根据故障类型、卡阻特点、现有设备、设施、专用工具、工艺技术配套情况等采取综合技术措施进行处理。措施的一般原则是：打捞为主，铣、磨、修为辅，常规和专用工具结合，大段割取油管、电缆，整体处理机泵组。

根据前面介绍的故障类型，结合电潜泵故障井处理的经验、教训，基本可以将电潜泵卡阻严重程度分成一般卡阻（砂卡、蜡油卡、小物件卡）、电缆堆积卡阻、套损卡阻三种情况，而在这三种类型中又可分成电缆脱落堆积卡阻和电缆未脱落的其他卡阻（砂、蜡、小物件、套损卡等）两种类型。因此较复杂的卡阻类型基本上可采取以下几种综合措施进行处理。

1. 压井

压井是采用设备从地面往井里注入密度适当的流体，使井筒里的液柱在井底造成的回压与地层的压力相平衡，恢复和重建压力平衡的作业。压井是其他作业的前提，其目的是暂时使井内流体在修井施工过程中不喷出，方便作业。

因电缆泵故障井处理时间一般较长，而管柱的泄油阀深度距油层中部较远，即压井深度不够，因此为施工安全起见，一般在选择压井液密度时，相对增大附加量。可按式（4-2）计算：

$$\rho_{wk} = \frac{p_{ws} \times 102}{D_0}(1 + 50\%) \tag{4-2}$$

式中　ρ_{wk}——压井液密度，g/cm^3；

　　　p_{ws}——施工井近三个月内所测静压，MPa；

　　　D_0——油层中部深度，m。

压井液黏度应不超过 70s，含砂不超过 2%，稳定性能应达 48h 内 45℃下失水低于 4mL，无干涸松散现象发生。

压井时应用循环法压井，严格限制挤注法压井。

2. 安装作业井口

压井后卸掉采油井口，安装作业井口，安装钻台及转盘，同时在井口 3~5m 处安装电缆缠绕滚筒，并将地面电缆缠绕在滚筒上。

3. 试提

松开顶丝后直接用提升短节对扣试提原井管柱。

试提时，最高负荷不超过油管许用提拉负荷，不得将油管柱在试提时拔脱扣而使电缆在不必要断脱处断脱。

试提负荷一般不超过 300kN，即油管螺纹的滑脱负荷。

试提行程达 1~1.5m 悬重无明显变化（300kN 以内），可停止试提，倒出油管挂。试提行程较短（0.5m 以内），悬重上升较快（200~300kN），说明管柱有卡阻，应停止试提，再放回管柱，卸掉油管挂。

4. 测试卡点

测试卡点深度位置对于处理机泵卡阻有重大作用，一般可先行用公式法预算卡点深度，然后用测卡仪器测试卡点深度，两者结果的综合即可得到准确的卡点深度。

5. 卡点以上管柱与电缆处理

1）聚能切割弹爆炸切割卡点以上管柱

根据所预算和测试的卡点深度，用爆炸方法将卡点以上管柱及电缆割断，一次同步取出卡点以上油管和电缆。

用 2~3m 长方钻杆连接井内被卡管柱将聚能切割炸弹用电缆下至卡点以上 2~4m 位置避开接箍，然后校正深度无误后，上提管柱以一定提拉负荷，并使电缆也受一定提拉，引爆雷管，炸药即可切割断卡点以上管柱，同时，断口处喷出的残余高压高温气体，将使被拉伸的电缆造成一定伤害。

切割后，正旋管柱 10~20 圈，使电缆尽量多地在管柱上缠绕，然后上提起出卡点以上管柱，电缆与管柱应同步起出。

注意，提拉负荷不得过大也不能过小，否则将达不到预想效果。提拉过大还会爆炸，管柱上弹过快过多顶弯油管，也可能使电缆在其他部位断脱或多处断脱，所以应严格按提拉公式计算结果进行提拉。

2）机械内割刀割取卡点以上管柱

用 $2\frac{7}{8}$in 机械式内割刀切割卡点以上管柱，切割点应避开接箍。若卡点在机泵组，则在机泵组以上油管部位 1~2m 处切割；卡点在油管柱上，则在卡点以上 2~4m 处切割。

切割断后，应正旋管柱 10~20 圈缠绕电缆，然后上提管柱，尽量使电缆在管柱断口处拔断脱落。

同步起出管柱、电缆。

3）倒扣取出卡点以上管柱

倒扣法取出卡点以上管柱，应在电缆已脱落堆积下对管柱倒扣，否则电缆将同管柱一同反向旋转缠绕油管，将使倒扣增加困难或无法倒扣。

应根据卡点深度，正确选择中和点深度倒扣，一次尽量多地取出卡点以上管柱。

6. 卡阻点井段的处理

卡阻点以上管柱，电缆切割后，砂卡型、套损型、小物件卡阻型可同步起出管柱与电缆。

死油死蜡卡阻型，切割后用热洗方法化蜡，循环挤入洗井液，一般可使用清水，温度 70~80℃，使死油、死蜡完全溶化，并被冲出，之后同步起出被割断的卡点以上管柱和电缆。

对砂卡、小物件卡、套损卡阻机泵组的井况，同步起出割断的管柱和电缆后，做如下处理：

（1）冲砂、打捞残余电缆。

（2）打捞处理机泵组卡阻点以上部分下井工具。

（3）打印落实、核定鱼顶状况及套损状况。

7. 机泵组卡阻处理

砂卡型卡阻机泵组是油气田电潜泵井多发故障，在处理这种故障井时应做到如下几点。

（1）冲砂。卡阻点以上的管柱和电缆处理打捞干净后，大排量正循环冲砂，必要时用长套铣筒套铣冲砂使卡阻点以上沉砂冲洗干净。

（2）打捞处理机泵组以上的下井工具、油管。

（3）打捞机泵组。在打捞机泵组以上的工具、油管时，应注意在机泵组以上留 1~2 件下井工具或油管短节，为下一步打捞震击留有抓捞部位。

（4）大力活动、震击解卡。下入打捞、震击组合管柱捞取机泵组后，先大力向上提拉活动管柱，不能解卡时，可向上震击或向下震击解卡。组合管柱结构（自上而下）为：

①上击管柱为钻杆柱、液压加速器、配重钻铤、液压上击器、可退式打捞工具；

②下击管柱为钻杆柱、配重钻铤、开式下击器或润滑式下击器、可退式打捞工具。

一般情况下，大力活动管柱与震击解卡，对砂卡型卡阻机泵组都能达到明显作用。

8. 小物件卡阻处理

小物件卡阻机泵组，如小螺栓、小螺母、电缆卡子等的卡阻，也属常见型卡阻，特别是电缆脱落堆积后更易造成电缆卡子堆积环空而卡阻机泵组。处理这种井况应做到：

（1）卡阻点深度清楚、准确，机泵组以上电缆、油管柱、下井工具打捞处理干净。

（2）用薄壁高强度套铣筒套铣环空卡阻的电缆卡子、小物件。

（3）小物件或卡子不多时，可试用震击解卡。

（4）套铣或震击效果不明显或无效时，最后使用磨铣钻方法。磨铣掉少部分机泵组，为解体或整体打捞创造条件。

9. 套损型卡阻的处理

套管变形、破裂、错断等类型的卡阻机泵组，在油田属多见类型。处理这种类型的卡阻，应做到：

（1）捞净卡阻点以上电缆、油管、下井工具。

（2）下击机泵组，让出套损部位。

（3）打印核实套损部位套损程度、深度等情况。

（4）根据套损状况选择相应的修整措施及工具对套损部位进行修整扩径。

①对变形状况，选用梨形胀管器或长锥面胀管器等整形复位。

②对破裂状况，选用胀管器顿击，使破裂口径向外扩，恢复通径、或选用锥形铣鞋修磨破裂口，使此井段恢复直径尺寸。

③对错断状况，视错断通径大小与错断类型（活动或固定形）适当选用整形器复位或锥形铣鞋修磨复位。

④对变形、错断的卡阻，还可采用燃爆整形扩径，打通卡阻点以上通道，为下步捞取机泵组创造必要条件。

以上处理措施都不能见到明显效果时，可最后采取磨铣钻套的方法磨铣机泵组解除卡阻。

套损卡阻处理后实施通井：

（1）机泵组处理完成后，用通径规或铅模通井至防砂工艺尾管以上 1~2m 或通至尾管顶部。

（2）必要时捞出防砂工艺尾管通井至人工井底。

（3）冲砂至人工井底或工艺尾管顶端。最后完井，按地质方案设计要求下入完井管柱，安装采油井口，替喷完井。

第六节　深井超深井小井眼打捞工艺技术

一、概述

随着石油需求的日益加大，21 世纪的石油工业面临着增加石油后备储量的压力。中国地质情况复杂，储层埋藏深，勘探开发费用高，但为了开采油气资源，就要钻井，钻穿各种地层。随着钻井技术的不断发展和钻井设备的更新换代，同时为了勘探开发新的储层，深井和超深井的数量逐渐增多，井眼尺寸越来越小，井身结构也越来越繁琐，下部井段套管经常采用 5in 或 5½in 尾管，甚至更小。

迄今为止，小井眼钻井活动已遍及世界，如美国、法国、德国、英国、加拿大和委内瑞拉等 80 多个国家。20 世纪 90 年代以来，小井眼钻井技术已成为国外经济钻井技术的热点之一，世界钻小井眼井的数量呈不断增长趋势。近年来，随着工艺技术的不断进步，国外在打捞工具的研制和打捞工艺方面随之取得了长足的进步。打捞工具上，除了不断改进和优化打捞工具的结构与材料之外，还开发与完善了组合打捞工具，并将连续油管作业设施应用于打捞作业。此外，国外厂商还将高科技应用于打捞工具的研究中，开发了井下视频电视测卡仪和井下打捞专家系统等。

20 世纪 90 年代以来，中国小井眼钻井技术作为一种经济型钻井技术取得了不断的进步和发展。随着钻井量与采油作业量的日益增加，小井眼解卡打捞技术的应用范围也不断扩大。近些年来，中国塔里木、大庆、胜利、大港等油田都在进行小井眼打捞工艺技术的尝试与实践，正处于萌芽与发展阶段。目前中国大井眼解卡打捞技术已基本为成型工艺，而小井眼解卡打捞才刚起步，打捞工具材质不过关且未规格系列化、事故处理手段相对匮乏，深井超深井打捞经验更少。显然，深井超深井小井眼的事故处理代表以后打捞技术的发展方向。

所谓深井超深井，按国际通用概念，深度在 4500m 以上为深井，超过 6000m 属超深井，超过 9000m 的属特深井范围。中国新疆地区深井超深井较多。对于深

191

井超深井，几乎每一项打捞作业都有其特殊性，因此需要对打捞程序的每一个环节进行仔细分析并作出判断。

深井最明显的特点是：井底温度高、压力高、相对井眼小。打捞工艺与常规井相似，但具体情况和难易程度不同。其主要表现为：

（1）高温、高压、高气油比对修井液的影响。由于深井井下温度高、地层压力大、油层气油比高，对修井液的要求也相应要高。目前高密度修井液用于3000m以内的井其性能比较稳定，能满足作业要求，但对3000m以上高压、高温、高气油比的井，在井内的稳定性就比较差。对于深井使用密度 1.6g/cm³ 以上修井液施工时，在井内很短时间性能就发生变化，严重时修井液在井内出现沉淀，容易造成井况复杂化，从而降低大修效率，增加修井成本。

（2）深井井身结构对打捞作业的影响。目前中国新疆油田绝大部分深井选用 ϕ139.7mm 油层套管完井，从开发的角度讲，选用 ϕ139.7mm 油层套管完井成本相应较低，但是对后期采油、油井维修以及打捞作业均带来诸多不便。因为进行打捞作业时，随着井深增加，钻具长度及重量也随着增加。首先，打捞钻具在满足自身及被捞落物重量的基础上还要克服钻具及被捞落物在井内的摩擦阻力，因此深井钻具的钢级、尺寸就与常规井有所不同。根据新疆油田的现状，目前在 ϕ139.7mm 套管内只能选用 ϕ73mm 钻杆、ϕ105mm 钻铤。使用打捞工具最大尺寸在 ϕ116mm 以内。目前深井打捞作业的钻具组合是以 ϕ73mm 钻杆为主，因为打捞作业主要是以紧扣、上下大吨位提拉活动、造扣、倒扣等方法来实现的，上述尺寸的钻杆在深井打捞作业中易发生断钻具、钻杆粘扣、接箍内螺纹被拧成喇叭口等事故。

（3）井身质量对打捞作业的影响。当深井井身质量差时，由于井眼轴线的方位变化、井斜变化，造成井壁对管柱的摩阻及井内管柱的弹性弯曲，管柱自重影响等较常规井都更明显，使得深井超深井打捞时的操作、判断也不同于常规井，比较困难、复杂。

所谓小井眼是相对常规的井眼而言的，目前，国际上还没有小井眼的通用概念，而比较普遍的定义是：90%的井眼直径小于 7in 或 70%的井眼直径小于 6in 的井称为小井眼井。小井眼打捞相对困难，由于小井眼钻探深，起下钻时间较长，如果措施的选择，扭矩及其施工参数的选择不当，工具质量不过关等，往往会造成跑空钻，不仅耽误时间，甚至会使事故更加复杂化。

二、深井超深井小井眼打捞技术难点

深井超深井小井眼事故处理无非是从管内打捞、管柱外径打捞、套铣、倒扣、爆炸松扣、磨铣等几种处理方式。对光管柱来说，由于受到井深、环空、落鱼本身强度以及打捞管柱强度的限制，采用管内打捞的成功率较低，而采用管柱外打捞又受到环空和常规打捞工具的限制。大多无法采用常规的管外打捞作业，套铣也受到环空间隙和落鱼外径的很大限制，倒扣作业又难以保证从卡点处倒开，爆炸松扣对于钻具来说多可实现，可对油管，特别是油管外尚有电缆时就很难实现，且有损坏套管的潜在可能。在以上措施难以实现时往往进行磨铣作业，但因受环空和落鱼内外径的影响，在磨铣过程中常因磨铣的碎屑无法及时循环带到地面而在井内沉降，最终导致卡钻。深井小井眼事故处理难度和风险都很大，稍有不慎，就有可能造成事故进一步复杂，甚至可能导致该井报废。概括起来，深井小井眼事故具有以下主要特点：

（1）作业环空间隙狭小，摩阻大，对工具性能要求苛刻，工具选择余地小，处理手段比较单一。这是受套管通径的影响。对 5in 或 5½in 套管来讲，其通径分别为 105mm 和 118mm，这就要求所使用的打捞工具外径不能大于这一尺寸。

（2）作业用小钻具强度低，易导致事故进一步恶化。目前国产的小尺寸打捞工具由于受材质和热处理工艺的影响，其强度难以满足深井打捞作业的要求，易导致事故的复杂化。特别是对外打捞工具来讲，为增加工具本身的强度，一般采用增大工具尺寸来实现，如增加捞筒的壁厚，可这又反过来减小了可打捞落鱼的范围，对环空间隙小、落鱼尺寸又较大的情况就很难实现。

（3）钻具、工具、落鱼水眼小，难于进行常规的爆炸松扣和切割作业。落鱼水眼易堵死，难以建立正常循环。

（4）小钻具易变形，在深井作业中判断方入比较困难，加上开式下击器与超级震击器行程的影响，对方入的准确判断就更困难了。经常出现一些无法用正常方式去解释的现象或假象，给制定事故处理方案和现场操作带来很大困难。

（5）钻具水眼小，沿程损耗大，泵压高，排量小，携屑困难，尤其是钻磨作业中形成的铁屑，易发生处理钻具再次卡钻或堵水眼事故等。

三、镁粉切割工艺技术

深井超深井小井眼中经常发生卡钻、断钻具、卡电缆、卡封隔器和电泵等，传统处理事故的方式主要有用公锥或捞矛进行水眼内打捞，用卡瓦打捞筒从管柱外打捞，套铣，转盘倒扣，测卡、爆炸松扣和磨铣等，必要时也采取切割手段。而对于管柱多点被卡，或油管柱外表附带电泵电缆等，这些传统方式就会受到很大的限制，施工周期长，效率低下。

对于这类事故，管内切割、分段处理是目前最常用的处理方式之一。目前，国内常用的切割方式有切割弹切割和机械切割两种。由于被卡管柱一般为 3½in 以下的钻具和油管，水眼直径较小，国产内切割工具往往受其安全稳定性和送入方式等方面的限制，难以满足施工要求。因此，油田迫切需要采用性能较好、操作简便的内切割工具。

近年来，美国 Weatherford 公司已成功研制了镁粉切割工具。镁粉切割技术

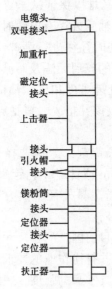

电缆头
双母接头
加重杆
磁定位
接头
上击器
接头
引火帽
接头
镁粉筒
接头
定位器
接头
定位器
扶正器

图 4-7　RCT 工具结构示意图

是当今世界上最先进的切割技术之一，在国外各油田已逐步推广。该项技术在国内的首次引进和应用，并取得了明显的社会和经济效益，为各油田处理井下事故开辟了一条新路。

1. 镁粉切割工具介绍

1）分类

Weatherford 公司研制的 RCT（Radial Cutting Torch）切割工具分为：

（1）高聚能镁粉火炬切割系列工具（RCT）。

（2）高压高聚能镁粉火炬切割系列工具（HP-RCT）：RCT+转换工具。

2）管串基本结构

管串基本结构如图 4-7 所示。

3）镁粉切割工具规格

镁粉切割工具规格参数见表 4-1。

表 4-1　镁粉切割工具规格参数

序号	名称
1	1in RCT 切割头，切割管柱尺寸范围：$1\frac{1}{2}$~$1\frac{3}{4}$in，适应于所有厚壁的管柱
2	$1\frac{3}{8}$in RCT 切割头，切割管柱尺寸范围：$2\frac{3}{8}$in，适应于所有厚壁的管柱
3	$1\frac{1}{2}$in RCT 切割头，切割管柱尺寸范围：$2\frac{3}{8}$in，适应于所有厚壁的管柱
4	$1\frac{11}{16}$in RCT 切割头，切割管柱尺寸范围：$2\frac{7}{8}$in，适应于所有厚壁的管柱
5	2in RCT 切割头，切割管柱尺寸范围：$3\frac{1}{8}$in，适应于所有厚壁的管柱
6	$2\frac{1}{2}$in RCT 切割头，切割管柱尺寸范围：$3\frac{1}{2}$in，适应于所有厚壁的管柱
7	$2\frac{15}{16}$in RCT 切割头，切割管柱尺寸范围：4in，适应于所有厚壁的管柱
8	$3\frac{3}{8}$in RCT 切割头，切割管柱尺寸范围：$5\frac{1}{2}$in，适应于所有厚壁的管柱

将在地面装配好的 RCT 切割工具，用电缆送达管内预定位置，通过电缆传输额定电流到热发生器，热发生器内的电阻器被加热后温度升高，随后热发生器产生的热量点燃导火索，然后通过混合粉末释放的氧来燃烧大部分负荷镁粉。这一过程的副产品是以高能熔化等离子形式存在的热能。这种热能导致切割工具内压增加，一旦压力超过井筒液柱压力，喷嘴上的滑动套筒就会下滑，使喷嘴暴露在管径中，高能等离子体通过喷嘴释放离子，使 90% 离子作用在管内壁上，切割作业开始。这时它的切割能力是喷砂设备的 6000 倍，它就像富含高温和腐蚀物的原子微粒一样射向切割区。正是这种腐蚀物使得 RCT 切割工具即使在远离管壁的情况下仍有较高的效率，切割过程在 25ms 内完成。切割结束后，工具将通过电缆起出，其中的压力平衡器和热发生器可清洗后重复使用。

2. 镁粉切割作业环境

高聚能镁粉火炬切割系列工具（RCT）的井下工作条件：

工作压力：10000lb/in^2；工作温度：500℉。

高压高聚能镁粉火炬切割系列工具（HP—RCT）是在常规切割工具上加装转换装置，其井下工作条件：

工作压力：15000 lb/in^2；工作温度：500℉。

3. 镁粉切割工具的特点

镁粉切割工具适用于落鱼环空较小、无法套铣且落鱼通径较小、常规内割刀无法下入时的事故处理，它的主要特点有：

（1）镁粉切割管串的外径较小，最大外径是 42.5mm，适用范围较广，适应于 7⅝in 及其以下所有尺寸的油、套管以及 3½in 钻杆、4⅜in 钻铤管内切割。切割不同的管柱时，通过更换镁粉桶即可。

（2）无需监测、跟踪及废物处理，无危害性。

（3）无需特殊的装载许可，可运输到任何海上石油平台，陆地作业现场。

（4）无爆炸性，同时在作业时无需无线电静默管制。

（5）无需特殊的装载工具箱，它本身所有的成分都是安全的，具有良好的稳定性。

（6）便于进行打捞作业，切割完油管后，鱼头较规则，打捞直径不变形，无膨胀及喇叭口等现象，如图 4-8 所示，有效缩短事故处理时间。

图 4-8　切割口形状对比示意图

（7）RCT 切割工具管串的下入工具比较简单，通常使用测井或测卡车电缆送入；操作方便，通过电流点火引燃点火帽即可实施切割。

（8）RCT 切割工具的承压能力较高，可在 10000~15000 1b/in^2 压力下工作。

（9）与普通内割刀相比，RCT 切割工具的安全性较高，不会发生因割刀刀头掉落而使事故进一步复杂化。

4. 镁粉切割与其他处理手段的对比

（1）倒扣作业。倒扣作业难以保证从卡点附近倒开，且容易使事故进一步复杂化。

（2）爆炸松扣。爆炸松扣可以实现打捞管柱的目的，但同时会将油管外的电缆切断，使打捞电缆的次数增加，延长打捞作业周期。

（3）机械式内割刀。目前国内有些厂家已生产出尺寸较小的内割刀，但因受到管柱水眼的限制，在深井小井眼事故处理过程中还没有得到实际验证，且因其送入和传递扭矩需用1in抽油杆或1½in油管，其强度是否适应深井作业的要求还有待验证。

5. 镁粉切割作业施工方法

（1）施工准备。清理好井场，上绞车、准备镁粉切割工具。

（2）测卡点深度。用测卡车或提拉方法测出管柱卡点，求出卡点深度。根据卡点深度，在卡点上部1~2m选择合适的切割点。此时，要考虑是否从钻具的最薄弱点即最易切断处切割，避开接箍等较难切割的位置。

（3）下入镁粉切割工具。确认电缆线路接通后，用绞车将装配好的镁粉切割工具送入预定的位置。送入过程中操作应平稳。

（4）上提钻具15~20t，以使切断后能在拉力作用下断开，以免在高温下再次粘接。

（5）接通电源，点火切割。切割过程非常快，0.25m/s内即可完成切割作业。

（6）起出电缆及切割工具，观察镁粉杆四周是否有烧焦痕迹，进一步验证切割效果。

（7）拆卸切割工具，上提、起出被切割管柱。

6. 镁粉切割注意事项

（1）卡点深度应计算准确，切割位置选择得当。

（2）若被卡管柱水眼不通，则需要在切割位置下（上）50cm左右开水眼，以循环钻井液。可射孔或者用切割弹切孔。

（3）在装镁粉时，要严格按照规章操作，以防爆炸。全井场要停电、关手机，禁止机动车运行。

镁粉切割工艺技术是深井超深井小井眼事故处理最有效的方式之一。该技术在深井油田有较好的推广应用价值。

第七节　其他打捞工艺技术

一、套铣鱼颈工艺技术

卡钻事故发生后，经活动钻具、转动、震击、浸泡解卡剂等均无效果，就只能进行倒扣或爆炸松扣，将卡点以上钻具起出后，对卡点以下钻具、工具进行套铣。如落鱼较短，一次套铣完成后，即可进行打捞；若落鱼较长，只能进行分段套铣、分段倒扣、打捞。在深井小井眼套铣打捞作业更为困难，因此，目前已成功开发研用套铣鱼颈工艺技术。

套铣鱼颈工艺实际上就是利用高效套铣鞋对落鱼鱼头进行套铣，使鱼头外径减小，保证现有卡瓦打捞筒能够有效抓住落鱼。例如，利用 ϕ104.8mm 套铣鞋在原鱼顶上部套铣进尺 0.3~0.5m，将鱼顶外径由原来的 ϕ89mm 缩小到 ϕ79.4mm，下 ϕ104.8mm 薄壁捞筒进行倒扣或震击落鱼作业。套铣鱼颈工艺是一项非常实用的小井眼打捞工艺技术，能为小井眼落鱼外打捞创造良好的作业条件。

1. 套铣鱼颈工艺的技术要求及特点

（1）套铣鞋工具工艺非常考究。

①管壁薄，管体强度高。

②内触刃焊接要把握好火候、圆度、通径尺寸。

③必须在套铣鞋内合适位置焊接确认标记等。

（2）套铣时，严格控制施工参数，套铣速度控制在 0.1m/h 左右。

（3）根据进尺、套铣鞋内触刃磨损情况及确认标记综合判断鱼径是否成功。

（4）卡瓦打捞筒壁要尽量薄，并且强度一定要高。

（5）套铣后鱼径光滑，尺寸准确是其最大特点。

2. 套铣前的准备工作

（1）套铣管入井前，对设备进行全面检查保养，保证设备处于完好状态，仪器、仪表灵敏可靠。

（2）用与钻进同尺寸钻头通井，井眼畅通无阻时，方可进行套铣作业。

（3）套铣作业时钻井液性能必须达到设计要求，可加入一定量的防卡剂，以利于施工安全。

（4）当井下漏失比较严重时，必须堵住漏层，方能进行套铣作业。

（5）套铣管管体及螺纹在车间均须严格探伤，若发现螺纹碰扁、密封台肩损坏，管体咬伤深度在 2mm 以上、长度 50mm 以上，套铣管单根长度的直线度大于 5mm 以上，管体不圆度在 2mm 以上等问题一律不得下井。

（6）套铣管卸车时要用吊车，不能滚卸。上下钻台用游车及大门绷绳，并戴好护丝。

3. 套铣时的钻具结构

第一种：铣鞋+套铣管+大小头+安全接头（或配合接头）+下击器+上击器（配加重钻杆）。

第二种：铣鞋+套铣管+大小头+安全接头（或配合接头）+加重钻杆+钻杆+方钻杆。

4. 套铣参数

套铣参数的选择，应以最小的整跳、最快的套铣进尺、井下最安全作为选择的标准，推荐套铣参数为：钻压 20~70kN，排量 20~40L/s，转速 40~60r/min。

二、文丘里接头在磨铣作业过程中的应用技术

深井超深井小井眼事故处理过程中，经常需要进行磨铣作业，而因受环空的限制，如若不采用辅助设备，磨屑很容易把钻具卡住，使事故进一步复杂化。文丘里接头特别适用于深井小井眼磨铣作业，它配合磨鞋使用，可有效清洁井内环空，预防磨屑堆积致卡。

1. 文丘里接头基本结构

文丘里接头结构示意图如图 4-9 所示。

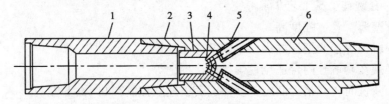

图 4-9　文丘里接头结构示意图

1—上部接头；2—装配筒；3—喷嘴；4—腈环；5—出流管；6—下部接头

2. 文丘里接头工作原理

文丘里接头的工作原理如图 4-10 所示。当管路中液体流经文丘里喷嘴时，液流断面收缩，在收缩断面处流速增加，压力降低，使喷嘴前后产生压差，形成负压抽汲效果。

正是利用文丘里接头自身结构特点，使钻井液由接头的喷嘴水眼高速流出，形成负压抽汲作用，迫使钻井液在环空内携带磨铣碎屑及杂物向磨铣鞋底部快速流动，进入磨鞋水眼及管内，经过滤网过滤，钻井液继续循环，碎屑留在滤网下钻铤水眼内，以此来清洁环空，防止堆积。

另外，在深井超深井小井眼作业中，钻具扭矩的传递也是一个非常重要的问题，转盘圈数过多，可能拧断钻具；圈数过少，扭矩可能无法充分传递到落鱼上，达不到预期处理效果。为此，经过多年现场实践得出：每次转动转盘 5 圈左右时，刹住转盘，用 B 型大钳憋住方钻杆，以 5t 幅度上提、下放，往复活动钻具，有效、平稳地向下传递扭矩。根据现场经验，与连续旋转方式相比，这种方式可节约 1/3~1/2 旋转圈数，效果非常理想。

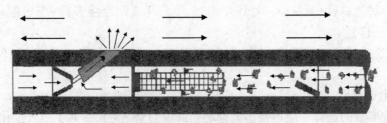

图 4-10　文丘里接头工作原理示意图

第五章　小件落物打捞

第一节　落物卡钻的原因

在打捞落物时常常遇到落物被卡阻的现象，在落物被卡阻的情况下打捞落物就是解卡打捞。

卡钻是指油水井在生产或作业过程中，由于某些原因造成的井下管柱被卡，按正常方式不能起出的一种井下事故。卡钻事故常常使油水井的生产不能正常进行，严重时会导致油水井报废，给油田造成重大的经济损失。因而如何妥善处理卡钻事故，对维护油田生产和提高作业水平非常重要。

卡钻事故可分为砂卡、水泥凝固卡、落物卡钻和套损卡钻4种类型，下面分别介绍其形成的原因。

一、砂卡的原因

砂卡的特征是管柱提不动、放不下、转不动。

1. 造成砂卡的原因

（1）油井生产过程中，油层砂子随着油流进入套管，逐渐沉淀使砂面上升，埋住封隔器或一部分油管；在注水过程中由于压力不平稳，或停注过程中的"倒流"现象，使砂子进入套管，造成砂卡。

（2）冲砂时泵的排量不足，液体上返速度小，不足以将砂子带到地面，倒罐或接单根时，砂子下沉造成砂卡。

（3）压裂时油管下得过深，含砂比过大，排量过小，压裂后放压过猛等，均能造成砂卡。

（4）其他原因，如填砂、注水井喷水降压时喷速过大等，也能造成砂卡。

2. 预防砂卡的措施

从造成砂卡的原因来看，要避免砂卡的产生，需采取以下预防措施：

（1）对出砂较严重的生产井，要尽早采取防砂措施，或及时进行冲砂处理，防止砂卡。

（2）冲砂时泵的排量要达到规定数值，以保持将砂带至地面。在倒罐或接单根时，动作要快，防止砂子下沉造成砂卡。

（3）压裂施工作业中，要严格按照施工要求执行，避免油管下得过深、含砂比过大、排量过小及压裂后放压过猛等现象发生。

（4）在填砂、注水井喷水降压时注意填砂量的确定，操作中要防止喷水降压过猛。

二、水泥凝固卡钻的原因

1. 水泥凝固卡钻的原因

（1）打完水泥塞后，没有及时上提油管至预定水泥塞面以上，进行反冲洗或冲洗不干净，致使油管与套管环隙多余水泥浆凝固而卡钻。

（2）憋压法挤水泥时没有检查上部套管的破损，使水泥浆上行至套管破损位置返出，造成卡钻。

（3）挤注水泥时间过长或催凝剂用量过大，使水泥浆在施工过程中凝固。

（4）井下温度过高，对水泥又未加处理，或井下遇到低压盐水层，使水泥浆性能变坏，以致早期凝固。

（5）打水泥浆时，由于计算错误或发生别的故障造成油管或封隔器凝固在井中。

2. 预防水泥凝固卡钻的措施

（1）打完水泥塞后要及时、准确上提油管至水泥塞面以上，确保冲洗干净。

（2）憋压挤水泥前，一定要检查套管是否完好。

（3）挤注水泥时要确保水泥浆在规定时间内尽快挤入，催凝剂的用量一定要适当。

（4）井下温度较高，或可能遇到高压盐水层时，一定要确保注水泥过程中不发生其他事故，万一发生其他事故，而又不能及时处理时，要立即上提油管，防止油管被固住。

三、落物卡钻的原因

造成落物卡钻的原因多数是由于从井口掉下小的物件，如钳牙、卡瓦、井口螺丝、撬杠、扳手等，将井下工具（封隔器、套铣筒等）卡住。

预防落物卡钻最主要是在起下油管或钻杆时，对所有工具、部件要详细检查。对有损坏的工具要及时修复或更换，井口要装防掉板。油管起完后，坐上井口或盖上帆布。

四、套损卡钻的原因

1. 套管卡钻的原因

（1）由于对井下情况掌握不清，误将工具下过套管破损处，造成卡钻。

（2）对规章制度执行不严，技术措施不恰当，均会因套管损坏而卡钻。如注水井喷水降压时，由于放压过猛，可能会使套管错断。

2. 预防套管卡钻的措施

（1）测井或分层作业前，要用通井规通井。

（2）起下钻时，如有卡钻或遇阻现象，要下铅模打印探明情况，必要时，对可疑点进行侧面打印。

（3）如套管有损坏，必须将其修好后，方可再进行其他作业。

第二节　解卡打捞工具及操作

在落物卡阻的情况下，处理卡阻的过程就是解卡打捞。解卡和打捞是密不可分的，解卡为了打捞，是手段，将卡阻的落物捞出来才是最终的目的。解卡工作不可盲目，以免使卡阻更严重，应认真分析研究，确定卡阻原因、遇卡位置及类型，妥善处理。

一、常用工具

1. 液压上击器

液压上击器（以下简称上击器），主要用于处理深井的砂卡、盐水和矿物结晶卡、胶皮卡、封隔器卡以及小型落物卡等。尤其在井架负荷小、不能大负荷提拉钻具时，上击器的解卡能力更显得优越。该工具加接加速器后也适用于浅井。

液压上击器主要由上接头、芯轴、撞击锤、上缸体、中缸体、活塞、活塞环、导管、下缸体及密封装置等组成，如图 5-1 所示。

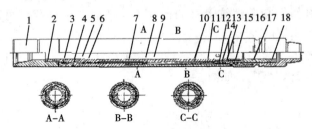

图 5-1　液压式上击器结构示意图

1—上接头；2—芯轴；3、5、7、8、11、16—密封圈；4—放油塞；6—上壳体；9—中壳体；
10—撞击锤；12—挡圈；13—保护圈；14—活塞；15—活塞环；17—导管；18—下接头

上击器的工作过程可分为拉伸储能阶段、卸荷释放能量阶段、撞击阶段、复位阶段 4 个阶段。

1）拉伸储能阶段

上提钻具时，因被打捞管柱遇卡，钻具只能带动芯轴、活塞和活塞环上移。由于活塞环上的缝隙小，溢流量很少，因此钻具被拉长，就储存了变形能。

2）卸荷释放能量阶段

尽管活塞环缝隙小，溢流量少，但活塞仍可缓缓上移。经过一段时间后，活塞移至卸荷槽位置，受压液体立刻卸荷。受拉伸长的钻具快速收缩，使芯轴快速上行，弹性变形能变成钻具向上运动的动能。

3）撞击阶段

急速上行的芯轴带动撞击锤，猛烈撞击上缸体的下端面，与上缸体连在一起的落鱼受到一个上击力。

4）复位阶段

撞击结束后，下放钻具卸荷，中缸体下腔内的液体沿活塞上的油道毫无阻力地返回上腔内至下击器全部关闭，等待下次震击。

液压上击器技术规范见表5-1。

表5-1 液压式上击器技术规范

规格型号	外径（mm）	内径（mm）	接头螺纹	冲程（mm）	推荐使用钻铤重量（kg）	最大上提负荷（kN）	震击时计算负荷（kN）	最大扭矩（N·m）	推荐最大工作负荷（kN）
YSQ-95	9	38	NC26（2A10）	100	1542~2087	260	1442	15500	204.5
YSQ-108	108	49	NC31（210）	106	1588~2132	265	1923	31200	206.7
YSQ-121	121	51	NC38（310）	129	2540~3402	423	2282	34900	331.2

2. 开式下击器

开式下击器与打捞钻具配套使用，抓获落鱼后，可以下击解除卡阻，可以配合倒扣作业。与内割刀配套使用时，可给割刀一个不变的进给钻压。与倒扣器配套使用时，可补偿倒扣后螺纹上升的行程。与钻磨铣管柱配套可以恒定进给钻压，这是开式下击器的最大优点。

开式下击器由上接头、外筒、芯轴、芯轴外套、抗挤压环、挡环、"O"形密封圈、紧固螺钉等组成，如图5-2所示。

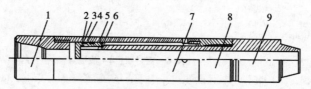

图5-2 开式下击器结构示意图

1—上接头；2—抗挤环；3—"O"形密封圈；4—挡圈；5—撞击套；
6—紧固螺钉；7—外筒；8—芯轴外套；9—芯轴

下击器的工作过程可以看成是一个能量相互转化的过程。上提钻柱时，下击器被拉开，上部钻柱被提升一个冲程的高度（一般为500~1500mm）具有了势能。进一步向上提拉，钻柱产生弹性伸长，储备了变形能。急速下放钻柱，在重力和弹性力的作用下，钻柱向下作加速运动，势能和变形能转化为动能。当下击器达到关闭位置时，势能和变形能完全转化为动能，并达到最大值，随即产生向下震击作用。

开式下击器技术规范见表 5-2。

表 5-2　开式下丰器技术规范

规格型号	外径尺寸（mm）	接头螺纹代号	性能参数			
			冲程（mm）	许用拉力（kN）	水眼直径（mm）	许用扭矩（N·m）
XJ-K95	$\phi 95 \sim 1413$	$2\frac{7}{8}$REG（230）	508	1250	38	11700
XJ-K108	$\phi 108 \sim 1606$	NC31（210）	808	1550	49	22800
XJ-K121	$\phi 121 \sim 1606$	NC31（210）	508	1960	51	19900
XJ-K140	$\phi 146 \sim 1850$	NC50（410）	508	2100	51	43766

3. 套铣筒

套铣筒是与套铣鞋联合使用的套铣工具，其功能除旋转钻进套铣之外，还可以用来进行冲砂、冲盐、热洗解堵等作用。

套铣筒基本结构如图 5-3 所示。

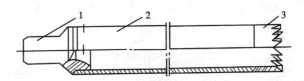

图 5-3　套铣筒结构示意图
1—上接头；2—筒体；3—铣鞋

套铣筒的技术规范见表 5-3。

表 5-3　套铣筒技术规范

规格型号	外径（mm）	内径（mm）	壁厚（mm）	最小使用井眼（mm）	最大套铣尺寸（mm）
TXG114	114.3	97.18	8.56	120.65	80.90
TXG127	127.0	108.62	9.19	146.05	101.60
TXG140	139.7	121.36	9.17	152.4	117.48
TXG146-1	146.05	130.21	7.92	161.93	127.00
TXG146-2	146.05	128.05	9.00	161.93	120.65

4. 倒扣器

倒扣器是一种变向传动装置，由于这种变向装置没有专门的抓捞机构，必须同特殊型式的打捞筒、打捞矛、公锥或母锥等工具联合使用，以便倒扣和打捞。

倒扣器主要由接头总成、变向机构、锚定机构、锁定机构等组成，如图 5-4 所示。

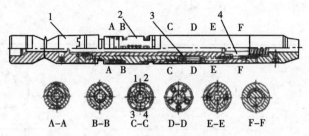

图 5-4　倒扣器结构示意图
1—接头总成；2—锚定机构；3—换向机构；4—锁定机构

当倒扣器下部的抓捞工具抓获落物并上提一定负荷确定已抓牢时，正旋转管柱，倒扣器的锚定板张开，与套管壁咬合，此时继续旋转管柱，倒扣器中的一组行星齿轮工作，除自转（随钻柱）外，还带动支承套公转。由于外筒上有内齿，将钻杆的转向变为左旋，倒扣开始发生，随着钻柱的不断转动，倒扣则不断进行，直至将螺纹倒开。此时旋转扭矩消失，钻柱悬重有所增加，倒扣完成之后，左旋钻柱 2~3 圈，锚定板收拢，可以起出倒扣管柱及倒开捞获的管柱。

倒扣器技术规范见表 5-4。

表 5-4　倒扣器技术规范

项目名称型号		DKQ95	DKQ103	DKQ148		DKQ196
外径（mm）		95	103	148		196
内径（mm）		16	25	29		29
长度（mm）		1829	2642	3073		3037
锚定套管尺寸（内径）（mm）		99.6~127	108.6~150.4	152.5~205	216.8~228.7	216~258
抗拉极限负荷（kN）		400	660	890	890	1780
扭矩值（N·m）	输出	5423	13558	18982	18982	29828
	输入	9653	24133	33787	33787	53093
井内锁定工具压力（MPa）		1.1	3.4	3.4	3.4	3.4

5. 倒扣捞矛

倒扣捞矛同倒扣捞筒一样既可用于打捞、倒扣。倒扣捞矛由上接头、矛杆、花键套、限位块、定位螺钉、卡瓦等零件组成，如图 5-5 所示。

倒扣捞矛与其他打捞工具一样，靠两个零件在斜面或锥面上相对移动胀紧或松开落鱼，靠键和键槽传递力矩，或正转或倒扣。

倒扣捞矛技术规范见表 5-5。

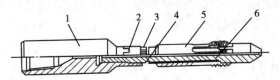

图 5-5 倒扣捞矛结构示意图

1—上接头；2—矛杆；3—花键套；4—限位块；5—定位螺钉；6—卡瓦

表 5-5 倒扣捞矛技术规范

规格型号	外型尺寸（mm×mm）	接头螺纹	打捞尺寸（mm）	许用拉力（kN）	许用扭矩（N·m）
DLM-T48	95×600	NC26	39.7~41.9	250	3304
DLM-T60	100×620	2⅞REG	49.7~50.9	392	5761
DLM-T73	114×670	NC31	61.5~77.9	600	7732
DLM-T89	138×750	NC38	75.4~91	712	14710
DLM-T102	145×800	NC38	88.2~102.8	833	17161
DLM-T114	160×820	NC50	99.8~102.8	902	18436

6. 倒扣捞筒

倒扣捞筒既可用于打捞、倒扣，又可释放落鱼，还能进行洗井液循环。在打捞作业中，倒扣捞筒是倒扣器的重要配套工具之一，同时也可同反扣钻杆配套使用。

倒扣捞筒由上接头、筒体、卡瓦、限位座、弹簧、密封装置和引鞋等零件组成，如图 5-6 所示。

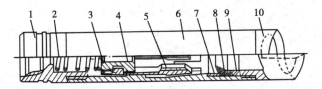

图 5-6 倒扣捞筒结构示意图

1—上接头；2—弹簧；3—螺钉；4—限位座；5—卡瓦；6—筒体；7—上隔套；
8—密封圈；9—下隔套；10—引鞋

倒扣捞筒的工作原理与其他打捞工具一样，靠两个零件在锥面或斜面上的相对运动夹紧或松开落鱼，靠键和键槽传递扭矩。倒扣捞筒在打捞和倒扣作业中，主要机构的动作过程是当内径略小于落鱼外径的卡瓦接触落鱼时，卡瓦与筒体开始产生相对滑动，卡瓦筒体锥面脱开，筒体继续下行，限位座顶在上接头下端面上迫使卡瓦外胀，落鱼引入。若停止下放，此时被胀大了的卡瓦对落鱼产生内夹紧力，紧紧咬住落鱼。上提钻具，筒体上行，卡瓦与筒体锥面贴合。随着上提力的增加，三块卡瓦内夹紧力也增大，使得三角形牙咬入落鱼外壁，继续上提就可实现打捞。如果此时对钻杆施以扭矩，扭矩通过筒体上的键传给卡瓦，使落鱼接头松扣，即实现倒扣。如果在井中要退出落鱼，收回工具，只要将钻具下击，使卡瓦与筒体锥面脱开，然后右旋，卡瓦最下端内倒角进入内倾斜面夹角中，此刻限位座上的凸台正卡在筒体上部的键槽上，筒体带动卡瓦一起转动，如果上提钻具即可退出落鱼。

倒扣捞筒技术规范见表5-6。

表5-6　倒扣捞筒技术规范

规格型号	外型尺寸（mm×mm）	接头螺纹	打捞尺寸（mm）	许用提拉负荷（kN）	许用倒扣扭矩	
					拉力（kN）	扭矩（N·m）
DLM-T48	95×650	2⅞REG	47~49.3	300	117.7	275.4
DLM-T60	105×720	NC31	59.7~61.3	400	147.1	305.9
DLM-T73	114×735	NC31	72~74.5	450	147.1	346.7
DLM-T89	134×750	NC31	88~91	550	166.7	407.9
DLM-T102	145×750	NC38	101~104	800	166.7	448.7
DLM-T114	160×820	NC46	113~115	1000	176.5	611.8
DLM-T127	185×820	NC46	126~129	1600	196.1	713.8
DLM-T140	200×850	NC46	139~142	1800	196.1	815.8

7. 平底磨鞋

平底磨鞋是用底面所堆焊的 YD 合金或耐磨材料去研磨井下落物的工具，如磨碎钻杆钻具等落物。

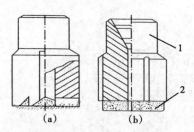

图 5-7　平底磨鞋结构示意图
1—磨鞋体；2—YD 合金

平底磨鞋由磨鞋本体及所堆焊的 YD 合金或其他耐磨材料组成，如图 5-7 所示。磨鞋体从上至下有水眼，水眼可做成直通式或旁通式两种。

平底磨鞋依其底面上 YD 合金和耐磨材料在钻压作用下，吃入并磨碎落物，磨屑随循环洗井液带出地面。

平底磨鞋技术规范见表5-7。

表5-7　平底磨鞋技术参数

规格型号	外型尺寸（mm）	接头螺纹	使用规范及性能参数	
			最大磨削直径分段 D（mm）	工作套管（in）
PMB114	D×250	NC26（2A10）	94、95、96、97、98、99、101	4½in
PMB127	D×250	NC31（210）	106、107、108、109、110、111、112	5in

规格型号	外型尺寸 (mm)	接头螺纹	使用规范及性能参数	
			最大磨削直径分段 D (mm)	工作套管 (in)
PMB140	D×230	NC31 (210)	116、117、118、119、120、121、122、123、124	5½in
PMB168	D×270	NC38 (310)	145、146、147、148、149、150、151、152	6⅝in
PMB178	D×280	NC38 (310)	152、153、154、155、156、157、158、159	7in

8. 领眼磨鞋

领眼磨鞋可用于磨削有内孔，且在井下处于不定而晃动的落物，如钻杆、钻铤、油管等。

领眼磨鞋由磨鞋体、领眼锥体或圆柱体两部分组成，底面中央锥体或圆柱体起着固定鱼顶的作用，如图 5-8 所示。

领眼磨鞋主要是靠进入落物内的锥体或圆柱体将落物定位，然后随着钻具旋转，焊有 YD 合金的磨鞋磨削落物，磨削下的铁屑被修井液带到地面。

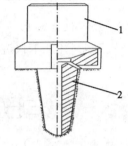

图 5-8　领眼磨鞋结构示意图
1—磨鞋体；2—领眼锥体

二、解卡打捞操作步骤

1. 测卡

卡钻事故发生后确定卡点位置即测卡对解卡来说是一项基础工作。测卡有两种方法即提拉测卡和测卡仪器测卡。

1）提拉测卡

提拉测卡是一般利用原井下管柱测定其受某一提拉力时的伸长量，根据经验公式计算出卡点位置。

具体操作方法是：

（1）测卡时上提钻具，使其上提拉力比大于井下管柱的悬重，记下这时的拉力 P_1，并且在方钻杆上沿转盘平面作记号 L_1。

（2）再用较大的力上提（一般增大 10~20t）同样记下拉力 P_2，和方钻杆上的记号 L_2。

（3）计算两次上提拉力的差（P_1-P_1）记为 ΔP，两次上提方钻杆的伸长量（L_1-L_2）记为 ΔL。

（4）用大小不同的拉力提拉至少 3 次，测出每次提拉的 ΔP 和 ΔL。分别求平均值，然后可根据式（5-1）或式（5-2）求出卡点深度 L。

$$L = EF\Delta A\Delta L/\Delta P \tag{5-1}$$

式中　F——被卡钻具的截面积，cm；

E——钢材弹性系数（取 2100000kg/cm²）。

$$L = K\Delta A\Delta L/\Delta P \qquad\qquad (5-2)$$

式中 K——经验系数，由表5-8查得。

表5-8　计算系数 K 值表

管类	直径（in）	壁厚（mm）	K	管类	直径（in）	壁厚（mm）	K
钻杆	$2\frac{7}{8}$	9	380	油管	2	5	182
	$3\frac{1}{2}$	9	475		$2\frac{1}{2}$	5.5	245
		11	565		3	6.5	375

2）测卡仪器测卡

卡点也可用测卡仪进行测定。测卡仪的结构如图5-9所示。

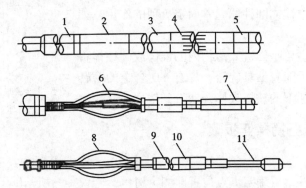

图5-9　测卡仪结构示意图

1—电缆头；2—磁性定位器；3—加重杆；4—滑动接头；5—振荡器；6—上弹簧锚；
7—传感器；8—下弹簧锚；9—底部短接；10—爆炸接头；11—爆炸杆

测卡仪的技术参数见表5-9。

表5-9　测卡仪的技术参数

外径 （mm）	可测范围 （mm）	精度 （mm/m）	可用井温 （℃）	可耐压力 （N·Pa）	可测井深 （m）
50~114（2in~4in）油管	73~168（2in~6in）钻杆	0.01/1.5	150	45	3500
166~203（3in~9in）钻铤	114~245（4in~9in）套管				

　　测卡仪的工作原理是：当管材在其弹性极限范围内受拉或受扭时，应变与受力或力矩呈一定的线性关系。被卡管柱在卡点以上的部分受力时，应变符合上述关系，而卡点以下部分，因为力（或力矩）传不到而无应变，因此，卡点位于无应变到有应变的显著变化部位。测卡仪能精确地测出 2.54×10^{-3} mm 的应变值，二次仪表能准确地接收、放大且明显地显示在仪表盘上，从而测出卡点。

　　测卡仪的使用方法及注意事项如下。

（1）调试地面仪表。先将调试装置与地面仪表连接好，再根据被卡管柱的规范，将调整装置上的拉伸应变表调到适当的读数后（应超过预施加给被卡管柱的最大提升力所产生的伸长应变），把地面仪表的读数调到"100"，然后把指针拔转归零。同法调试地面仪的扭矩。这样才能保证测卡时既不损伤被卡管柱，又能准确测出正确的数据。

（2）先用试提管柱等方法估计被卡管柱卡点的大致位置，进而确定卡点以上管柱重量，并根据管柱的类型、规范确定上提管柱的附加力。

（3）将测卡仪下到预计卡点以上某一位置，然后自上而下逐点分别测拉伸与扭矩应变，一般测 5~7 点即可找到卡点。测试时先测拉伸应变，再测扭转应变。

（4）测拉伸应变，先松电缆使测卡滑动接头收缩一半，此时仪器处于自由状态，将表盘读数调整归零，再用确定的上提管柱拉力提管柱，观察仪表读数，并作好记录。

（5）测扭转应变，根据管柱的规范确定应施加于被卡管柱旋转圈数（经验数据是 300m 的自由管柱转四分之三圈，一般管径大、壁厚的转的圈数少些）。先松电缆，使测卡仪处于自由状态，然后将地面仪器调整归零，再按已确定的旋转圈数缓慢平稳地转动管柱，观察每转一圈时地面仪表读数的变化，直至转完，记下读数值。然后控制管柱缓慢退回（倒转），观察仪表读数的变化，以了解井中情况，这样逐点测试，直到找准卡点为止。

（6）被测管柱的内壁一定要干净，不得有滤饼、硬蜡等，以免影响测试精度。

（7）测卡仪的弹簧外径必须合适，以保证仪器正常工作。

（8）所用加重杆的重量要适当，要求既能保证仪器顺利起下，又能保证仪器处于自由状态，以利于顺利测试。

2. 震击

在卡点附近制造一定频率的震击，有助于被卡管柱的解卡。常用的震击器类工具有上击器、下击器。

使用液压上击器的操作步骤如下。

（1）上击器应按下列顺序组成钻具（自下而上）：捞筒（捞矛）+安全接头+上击器+钻铤+加速器+钻杆（注意浅井和斜井须加接加速器）。

（2）上击器入井前须经试验架试验，检查上击器的性能，并填写资料卡片。上击器上、下腔中必须充满油，各部密封装置不得渗漏。

（3）检查下井工具规格是否符合要求，部件是否完好。

（4）测量各个下井工具的长度，计算方入。

（5）连接工具时必须涂抹螺纹油，用大钳紧扣。

（6）工具下至鱼顶以上 1~2m 时，记录悬重。

（7）缓慢下放钻具使捞矛进入落鱼，并注意观察碰鱼方入和落鱼方入。

（8）下放钻具到指重表读数小于正常下放悬重 100kN 左右，使上击器关闭。上击器关闭过程，可在指重表上显示出来，指针会出现一段静止或回摆，说明上击器已经闭合。

（9）按需用负荷上提钻具，一般比正常上提钻具的悬重多提 200~300kN，刹住刹把。上击器震击瞬间，指重表指针摆动，钻台上可感到震动。

（10）井内提拉时，上提力从小到大逐渐增加，直至许用值。如果第一次震击不成功，则应逐步加大提拉力，或提高上提速度。如果不产生第二次震击，就应把钻具多放一些，完全关闭下击器。

（11）确定上击器能正常工作后，重复（8）、（9）两步动作，使震击器反复震击。并且根据井下情况增大震击力，直到卡阻解除。

（12）起钻将被卡落物捞出。

（13）需要长时间震击时，每连续震击半小时，要停止震击 10min，以便使震击器中液压油冷却。

（14）在操作中，震击器震击效果，除与上提速度有关外，主要由上提拉力决定。上提拉力受多方面因素的影响，实际操作中主要考虑上提、下放钻具存在的摩擦阻力，上提震击和下放关闭时应去掉这部分阻力，正确地确定提放吨数。

上击解卡作业中上提负荷的计算：理论上提负荷是震击器上部的钻柱重量加上所需的震击力。但事实上这一负荷影响因素较大，实际传到震击器上的释放负荷与地面不同，这样就会使震击器在不同条件下震击，主要是深而弯曲的井摩擦阻力的影响。其次是指重表误差和震击时开泵循环的效应。实际上提负荷应根据式（5-3）计算。

$$G = G_1 - G_2 + G_3 + G_4 + G_6 \qquad (5-3)$$

式中　　G——上提负荷，kN；

G_1——原悬重（井内钻具重量），kN；

G_2——上击器以下钻柱的重量，kN；

G_3——震击器所需的震击力，kN；

G_4——钻井液阻力约为上提拉力的 5%，kN；

G_5——摩擦阻力，定向斜井影响大，约为上提力的 10%~20%，kN；

G_6——指重表误差（指重表本身精度决定），kN。

用开式下击器下击解卡操作步骤如下。

（1）使用下击器时应注意震击器要尽量靠近鱼顶，并且上部应有足够重量的钻铤。

（2）检查开式下击器是否好用。

（3）检查开式下击器规格是否符合要求。

（4）下击器装在打捞钻柱中，紧接在各种可退式打捞工具或安全接头之上。

（5）根据不同的需要可采用不同的操作方法，使下击器向下或向上产生不同方式的震击，以达到落鱼解卡或退出工具的目的。

（6）在井内向下连续震击。

上提钻柱，使下击器冲程全部拉开，并使钻柱产生适当的弹性伸长。迅速下放钻柱，当下击器接近关闭位置 150mm 以内时刹车，停止下放。钻柱由于运动惯性产生弹性伸长，下击器迅速关闭，芯轴外套下端面与芯轴台肩发生连续撞击。除去摩擦阻力外，压在下击器上的钻压要大于事先调节的震击吨位，然后刹住刹把，观察下击器工作，下击器震击瞬间，指重表的指针摆动，井口可感到震动。

需要再次下击时，首先要使下击器重新打开，即上提钻具，直到指重表上所显示的悬重证明下击器已打开。再次下放钻具，直至解卡。

（7）在井内向下进行强力震击。

上提钻柱使下击器冲程全部拉开，钻柱产生一定的弹性伸长。迅速下放钻柱，下击器急速关闭，芯轴外套下端面撞在芯轴的台肩上，将一个很大的下击力传递给落鱼。这是下击器的主要用途和主要工作方式。

（8）在地面进行震击。

打捞工具（如可退式捞矛、可退式捞筒等）及落鱼提至地面，需要从落鱼中退出工具时，由于打捞过程中进行强力提拉，工具和落鱼咬得很紧，退出工具比较困难。在这种情况下，可在下击器以上留一定重量的钻具，并在芯轴外套和芯轴台肩面间放一支撑工具，然后放松吊卡，将支撑工具突然取出，下击器迅速关闭形成震击，可去除打捞工具在上提时形成的胀紧力，再旋转和上提就容易退出工具。

三、套铣倒扣解卡打捞

套铣倒扣主要用于处理水泥卡钻即焊管柱，有时也用于处理裸眼卡钻。具体做法是首先将卡点以上的管柱取出，然后用套铣筒套铣油、套管环形空间的水泥环或被卡管柱和井壁之间的环空，使被卡管柱解卡。然后下倒扣工具，倒出解卡的管柱。重复套铣倒扣操作，直到将井内落物全部捞出为止。

套铣倒扣常用工具有套铣筒、倒扣器、倒扣捞矛、倒扣捞筒等。

1. 套铣筒套铣解卡

套铣筒是与套铣鞋联合使用的套铣工具，其功能除旋转钻进套铣之外，还可以用来进行冲砂、冲盐、热洗解堵等作用。

套铣筒基本结构如图 5-10 所示。

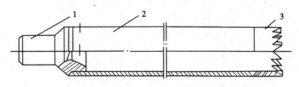

图 5-10　套铣筒结构示意图

1—上接头；2—筒体；3—铣鞋

套铣筒的技术规范见表 5-10。

表 5-10　套铣筒技术规范

型号	外径 （mm）	内径 （mm）	壁厚 （mm）	最小使用井眼 （mm）	最大套铣尺寸 （mm）
TXQ114	114.3	97.18	8.56	120.65	80.9
TXQ127	127.0	108.62	9.19	146.05	101.60
TXQ140	139.7	121.36	9.17	152.4	117.48
TXQ146-1	146.05	130.21	7.92	161.93	127.00
TXQ146-2	146.05	128.05	9.00	161.93	120.65

套铣筒套铣解卡的操作步骤如下：

（1）铅模打印，检测井下鱼顶深度和形状。

（2）根据检测结果选用合适的套铣筒。

（3）测量套铣筒的长度，计算方入。

（4）将套铣筒与下井钻柱连接，并紧扣。

（5）工具下放到鱼顶以上 1~2m 开泵循环，待循环正常后，将套铣筒下放至井底。

（6）启动转盘开始套铣，转盘转速控制在 50~80r/min，钻压控制在 30~50kN。

（7）进尺达到套铣筒的长度时，起钻。

（8）下捞矛、捞筒等倒扣工具倒出套铣解卡后的管柱。

（9）下套铣筒套铣继续套铣解卡，并重复倒扣直至落物全部捞出。

（10）套铣筒直径大，与套管环形空间间隙小，而且长度大，在井下容易形成卡钻事故，因而注意在操作中应使工具经常处于运动状态，停泵必须提钻，还应经常使其旋转并上下活动，直至恢复循环。

使用倒扣器倒扣打捞的操作步骤如下：

（1）与打捞工具的组接顺序（自下向上）为：倒扣捞筒（倒扣捞矛）、倒扣安全接头、倒扣下击器、倒扣器、正扣钻杆（油管）。

上述组接形式中，倒扣捞筒或倒扣捞矛用于抓捞落鱼，下击器用于补偿连接螺纹松扣时的上移量，安全接头用于落物无法释放时退出安全接头以上管柱。

（2）按使用说明书检查钢球尺寸。

（3）根据落鱼尺寸选择打捞工具，按组接顺序连接好工具管柱。

（4）将工具管柱下至鱼顶深度，记下悬重 G 值，开泵洗井，正常后停泵。

（5）直下或缓慢反转工具管柱入鱼，待指重表向下降 10~20kN 停止下放，在井口记下第一个记号。

（6）上提工具管柱，其负荷为 $Q = G + (20~30)$ 并在井口记下第二个记号

（此时抓住落鱼，拉开下击器）。

（7）继续增加上提负荷。上提负荷大小视倒扣管柱长度而定，但不得超过说明书规定负荷。

（8）在保持上提负荷的前提下，慢慢正转工具管柱（使翼板锚定）。

（9）继续正转工具管柱（倒扣作业开始）。

（10）当发现工具管柱转速加快，扭矩减少，说明倒扣作业完成。

（11）反转工具管柱使锚定翼板收拢。

（12）起钻捞出落物。

（13）根据倒扣作业的某种情况，需要释放落鱼退出工具时，应按下列程序退出工具：

① 反转工具管柱，关闭锚定翼板。

② 下压工具管柱至井口第一个记号（关闭下击器），使倒扣器正转 0.5~1 圈起钻。

如果仍不能退出工具，可投球憋压（有的倒扣器可直接憋压）锁定工具，边正转边上提卸开安全接头。

（14）注意事项。

① 倒扣作业前井下情况必须清楚。如鱼顶形状、落鱼自然状态、鱼顶深度、套管和落鱼间的环形空间大小、鱼顶部位套管的完好情况等。对不规则鱼顶要修整、对变形套管要整形、而对倾斜状态下的落鱼可加接引鞋。

② 倒扣器不可锚定在裸眼内或者破损套管内。如果鱼顶确系处于裸眼或破损套管处时，必须在倒扣器与下击器间加接反扣钻杆，使倒扣器锚定在完好套管内。

③ 倒扣器在下至鱼顶深度的过程中，切忌转动工具。一旦因钻柱旋转，使倒扣器锚定在套管内时，反转钻柱即可解除锚定。

④ 倒扣器工作前必须开泵洗井，循环不正常不得进行倒扣作业。

⑤ 锚定翼板上的每组合金块安装时必须保证在同一水平线上。校对方法可用一钢板尺检查，低者、高者均需更换。

使用倒扣捞筒倒扣打捞的操作步骤如下：

（1）铅模打印，检测鱼顶深度和状态。

（2）根据检测情况选用合适的打捞筒。

（3）检查倒扣捞筒各部件是否好用。并测量捞筒的长度和有效打捞长度。

（4）涂抹螺纹油与钻杆连接，并用大钳紧扣。下井管柱的扣型必须与落物扣型相反。

（5）下放工具距鱼顶 1~2m 时开泵循环冲洗鱼头。待循环正常后 3~5min 停泵，记录悬重。

（6）慢慢旋转并下放工具，待悬重回降后，停止旋转及下放。

（7）上提钻具，上提负荷为钻具重量加上卡点以上落物的重量，尽量使中和点接近卡点。

（8）用安全卡瓦紧贴转盘卡紧方钻杆，防止倒扣时方补心飞出。钻台上的人员全部撤离到安全位置。

（9）启动转盘，开始倒扣。倒扣过程需要一气呵成，不允许停顿，以免将落物倒散。

（10）当转盘负荷减小，钻柱转速加快时，说明倒扣完成，起钻。

（11）当需要退出落鱼时，钻具下击，使工具向右旋转 1/4～1/2 圈并上提钻具，即可退出落鱼。

（12）起出井口后，将倒扣捞筒和落物一起卸下，甩至地面，用管钳卸开上接头，将落物从捞筒上方拿出。

使用倒扣捞矛倒扣的操作过程如下：

（1）铅模打印，检测鱼顶深度和状态。

（2）根据检测情况选用合适的倒扣捞矛。

（3）检查倒扣捞矛各部件是否好用。并测量捞矛的整体长度和有效打捞长度。

（4）涂抹螺纹脂与钻杆连接，并用大钳紧扣。如不用倒扣器和下井管柱的扣型必须用与落物反扣的相反。

（5）下放工具距鱼顶 1～2m 时开泵循环冲洗鱼头。待循环稳定后停泵，记录悬重。

（6）慢慢旋转并下放工具，待悬重下降有打捞显示时，停止下放及旋转。

（7）缓慢上提钻具，上提负荷为钻具重量加上卡点以上落物的重量，尽量使中和点接近卡点。

（8）用安全卡瓦紧贴转盘卡紧方钻杆，防止倒扣时方补心飞出。钻台上的人员全部撤离到安全位置。

（9）启动转盘，开始倒扣。倒扣过程需要一气喝成，不允许停顿，以免将落物倒散。

（10）当转盘负荷减小，钻柱转速加快时，说明倒扣完成，起钻。

（11）当需要退出落鱼时，钻具下击，使工具向右旋转 1/4～1/2 圈并上提钻具，即可退出落鱼。

四、磨铣解卡打捞

当被卡管柱与套管之间有小件落物堆积而造成卡阻时，可用磨鞋将卡点上下的被卡管柱连同小件落物一起磨掉，解除卡阻。施工时，首先在油管上设标记卡点，然后用平底磨鞋或凹底磨鞋磨去管柱和水泥环。

磨铣时磨鞋上部应接扶正器。磨铣一段时间后，可用磁铁打捞器或反循环篮捞净碎铁屑，然后再继续磨铣。

用平底磨鞋磨铣解卡打捞的操作步骤如下：

(1) 铅模打印，检测鱼顶深度和状态。

(2) 根据检测情况选用合适的平底磨鞋。

(3) 检查水眼是否畅通，YD 合金或耐磨材料不得超过本体直径。

(4) 涂抹螺纹脂与钻杆连接，并用大钳紧扣。

(5) 下放工具距鱼顶 $1\sim2m$ 时开泵循环冲洗鱼头。

(6) 待井口返出洗井液流平稳之后，启动转盘慢慢下放钻具，使其接触落鱼进行磨削。转盘转速控制在 $30\sim50r/min$，钻压控制在 $10\sim30kN$。

(7) 观察磨铣进尺，如过长时间无进尺，应分析原因，采取措施，防止磨坏套管。

(8) 磨铣进尺达到 $30\sim50cm$ 时，停止磨铣。

(9) 起钻，下铅模打印。如果小件落物消失，说明卡阻已经解除，可下打捞工具打捞。如果仍然存在小件落物，应再下磨鞋继续磨铣。

(10) 也可下可退式打捞工具，进行试捞。如果没有解卡则退出打捞工具，继续磨铣。

用领眼磨鞋磨铣解卡的操作步骤如下：

(1) 铅模打印，检测鱼顶深度和状态。

(2) 根据检测情况选用合适的领眼磨鞋。

(3) 检查水眼是否畅通，YD 合金或耐磨材料不得超过本体直径。

(4) 涂抹螺纹脂与钻杆连接，并用大钳紧扣。

(5) 下放工具距鱼顶 $1\sim2m$ 时开泵循环冲洗鱼头。

(6) 待井口返出洗井液流平稳之后，启动转盘慢慢下放钻具，将领眼锥体插入鱼腔内，并使平面部分接触落鱼进行磨铣。转盘转速控制在 $30\sim50r/min$，钻压控制在 $10\sim30kN$。

(7) 观察磨铣进尺，如过长时间无进尺，应分析原因，采取措施，防止磨坏套管。

(8) 磨铣进尺达到 $30\sim50cm$ 时，停止磨铣。

(9) 起钻，下铅模打印。如果小件落物消失，说明卡阻已经解除，可下打捞工具打捞。如果仍然存在小件落物，应再下磨鞋继续磨铣。

(10) 也可下可退式打捞工具，进行试捞。如果没有解卡则退出打捞工具，继续磨铣。

第三节　整形打捞及操作

在打捞作业中常常会遇到这种情况：油水井套管发生套变，落物位于套变点以下。这种情况要想打捞落物，首先要对套变点进行整形，以保证打捞工具、打捞管柱和井底落物能够通过变点。这种情况下进行的打捞作业称之为整形打捞。

一、冲胀整形打捞

1. 常用工具

1) 笔尖

笔尖是现场用来找通道的工具之一，常用于通径较小或没有通道的井况。直径有 2in 和 $2\frac{7}{8}$in 两种。长度一般在 2m 以上，如图 5-11 所示。

图 5-11 笔尖结构示意图

2) 梨形胀管器

梨形胀管器简称胀管器，是用来修复井下套管较小变形的整形工具之一。梨形胀管器基本结构，如图 5-12 所示。胀管器工作面外部车有循环用水槽，水槽分直式和螺旋式两种。可根据变形井段变形形状和尺寸选用。胀管器的斜锥体前端锥角一般应大于 30°。当锥角小于 25°时，大量现场经验证明胀管器锥体与套管接触部位易产生挤压粘连而发生卡钻事故。因此一般前端锥角大于 30°。

梨形胀管器整形原理是通过上提下放钻具，将钻柱的重力和加速度产生的冲击力经由梨形胀管器的工作面作用在套管变形部位，使套管逐渐恢复原始尺寸。

梨形胀管器工作面与套管变形部位接触的瞬间所产生的侧向分力 F 可由式（5-4）表示。

$$F = \frac{Mv^2}{4\tan a/2} \tag{5-4}$$

式中 M——钻柱质量，kg；

v——钻柱下放速度，m/s；

a——胀管器锥角，(°)。

由此可知 F 与钻柱质量成正比，与下放速度平方成正比，与锥角成反比。

使用梨形胀管器冲胀整形后可换用打捞工具将落物从变点以下捞出。

3) 长锥面胀管器

长锥面胀管器原理与梨形胀管器相同，只是形状上比梨形胀管器长，呈长锥形，如图 5-12 所示。整形范围大，下一次工具就可从 105mm

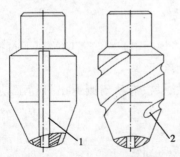

图 5-12 梨形胀管器结构示意图
1—直槽式；2—螺旋槽式

整形至 120mm，省去了梨形胀管器逐级整形的麻烦。

2. 冲胀整形打捞的操作步骤

（1）检测套管变形井段深度、变形尺寸、形状等井下技术状况。

（2）管柱结构（自下而上）为：冲胀整形工具、安全接头、钻铤、钻杆柱。

（3）工具下至变形井段以上 1~2m 时，开泵循环工作液、洗井，记录钻柱悬重。

（4）下放钻柱、预探变形井段顶点。在钻柱方余长度上做记号。

（5）根据钻柱及配备钻铤数量确定计算出上提的冲胀高度，以一定的下放速度下放钻柱冲击胀管。一般正常情况下上提冲胀距离不大于 2m，当记号距井口（自封面）10~30cm 时刹住车，利用钻柱惯性伸长使胀管器冲击、挤胀变形井段。如此反复，直至工具能顺利通过变形井段、上提无夹持力。

（6）冲胀力不够时，应增加开式下击器、增加钻铤根数来增大钻柱质量，不应提高冲胀距离和增加下放速度。

（7）胀管器是反向旋转的，如不及时紧扣，胀管器就会被卸掉。在整形过程中，每冲胀 10~15 次应停下紧扣，避免胀管器脱落。

（8）冲击行程过长，下放速度太快，容易损坏管柱和设备。使用胀管器整形，操作人员必须严格按要求执行，才能避免损坏设备的情况发生。

（9）变形点整形完成后，起出整形管柱。下打捞管柱将落物捞出。

二、磨铣整形打捞

磨铣整形打捞是在一定转速和钻压下，利用磨鞋、铣锥的硬质合金切削掉套管变形或错断部位通径小的部分，使套管畅通，整形扩径，然后下打捞工具打捞变点以下的落物。

1. 常用工具

1）梨形磨鞋

梨形磨鞋可以用来磨削套管较小的局部变形，修整在下钻过程中，各种工具将接箍处套管造成的卷边及射孔时引起的毛刺、飞边，清整滞留在井壁上的矿物结晶及其他坚硬的杂物等，以恢复通径尺寸。

梨形磨鞋由磨鞋本体和焊接在其上的 YD 合金组成，本体上除过水槽及水眼处均堆焊很厚一层 YD 合金，焊后略成梨形而得名，如图 5-13 所示。

梨形磨鞋依靠前锥体上的 YD 合金铣切突出的变形套管内壁和滞留在套管内壁上的结晶矿物和其他杂质。其圆柱部分起定位扶正作用，铣下碎屑由洗井液上返带出地面。技术规范见表 5-11。

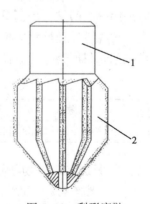

图 5-13　梨形磨鞋
结构示意图
1—磨鞋本体；2—YD 合金

表 5-11　梨形磨鞋技术参数

序号	D （mm）	L （mm）	a （mm）	d （mm）	接头螺纹	工作套管 （in）
1	90~102	233	80	25	NC26（2A10）	4½
2	104~112	250	80	25	NC31（210）	5
3	112~124	255	100	25	NC31（210）	5½
4	140~150	270	100	30	NC38（310）	5¾
5	152~158	300	100	30	NC38（310）	6⅝

2）笔尖铣锥

笔尖铣锥是在笔尖接箍下部，用钨钢等硬质合金铺焊成锥形而成的磨铣工具。它的优点是锥体以下部位可以插入通道，起到引子作用，确保通道不丢，结构如图 3-14 所示。

3）长锥面铣锥

用以修整略有弯曲或轻度变形的套管、修整下衬管时遇阻的井段和用以修整断口错位不大的套管断脱井段。当上下套管断口错位不大于 40mm 时，可用以将断口修直，便于下一步工作顺利进行，铣锥结构如图 5-14 所示。

图 5-14　长锥面铣锥结构示意图

当用梨形磨鞋磨削通过套管变形段之后，而其他工具管柱不能顺利通过时，可采用铣锥磨铣，因而其磨削作用是从套管径向方向磨削，可以增加套管的直度，故各级外径尺寸均相同，长度则逐级变化，以达到逐步修直的目的。铣锥技术规范同梨形磨鞋，但长度须按表 5-12 选用。

表 5-12　铣锥长度系列表

级数	一级	二级	三级	四级
长度（mm）	0.3~0.5	0.5~1	1~1.8	1.8~2.5

2. 磨铣解卡打捞的操作步骤

（1）铅模打印，检测鱼顶深度和状态。

（2）根据检测情况选用合适的磨铣工具。

（3）检查水眼是否畅通。

（4）涂抹螺纹脂与钻杆连接，并用大钳紧扣。

（5）下钻过程中要慢下，防止严重刮碰套管，下放工具距鱼顶 1~2m 时开泵循环冲洗鱼头。

（6）待井口返出洗井液流平稳之后，启动转盘慢慢下放钻具，使其接触变点进行磨铣。转盘转速控制在 30~50r/min，钻压控制在 10~20kN。

（7）观察磨铣进尺，如出现单点磨铣，无进尺或进尺缓慢时，应及时分析采取相应措施。

（8）如钻具放空转速加快说明已经通过变点。可提起钻具至变点以上，重新磨铣。反复在套变段划眼，如无卡阻说明整形工作已完成。

（9）起钻，下铅模打印。检测鱼顶状况及深度。

（10）根据检测结果，选用合适的打捞工具，打捞落物。

第四节　气井解卡打捞

气井油套压力高，解卡打捞作业需要高度重视安全问题。气井内的杆管类落物易腐蚀脱落，强度受到较大程度的损坏，给打捞造成极大的困难。气井打捞作业中用的压井液既要能够压住井又不能污染油气层，影响产能。因气井解卡打捞有其特殊性，故将专门编写一节。

一、气井卡钻类型和原因

气井工艺管柱的断脱与卡阻主要有以下三种类型：

（1）射孔试气联作管柱在射孔时由于射孔枪的严重变形而断脱与卡阻。

（2）气井压裂时由于替挤量不够、气层返砂、工具损坏失效、掉小件落物而断脱与卡阻。

（3）由于产出气体中一般含有 CO_2、H_2S 等腐蚀性气体，严重腐蚀生产管柱，造成管柱断脱卡阻。

二、气井解卡打捞作业特点和要求

气层易受污染，需要使用气井专用压井液进行压井，在压井方式选择上，首选循环压井，尽量避免采用挤注压井。

气井易井喷，要求能随时进行压井，同时需要安装井口控制装置。在作业过程中，各项操作要严格遵守安全防碛规定。

气井内腐蚀断脱的油管强度低，常规的打捞工具不适应，需要使用专用打捞工具。

三、气井解卡打捞管柱和操作方法

气井解卡打捞管柱组合结构为：井底抓捞（或倒扣、套铣、切割等）工具、循环阀、安全接头、上击器、钻杆、方钻杆。其中的循环阀由上接头、循环孔、筒体、滑套、球座、密封圈、销钉组成，结构如图5-15所示。

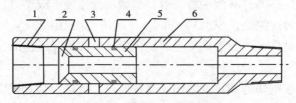

图5-15　循环阀结构示意图

1—上接头；2—球座；3—循环孔；4—密封圈；5—滑套；6—筒体

气井解卡打捞管柱的特点是，在打捞工具的上面安装了循环阀。此阀平时关闭，使打捞管柱在打捞前和打捞过程中可进行套铣、冲洗和循环压井作业。在打捞工具抓获落物后，主循环通道堵塞而又出现井喷预兆时，可投球憋压剪断销钉，滑套下移，露出循环孔进行循环压井，保证了施工作业安全，减少了气层伤害，提高了打捞成功率。

由于气井易漏失压井液，为防止气层严重伤害，气井压井为动平衡压井，压力附加系数很低，在起下钻过程中下钻过快易使井底压差增大，使压井液进入气层产生污染，而起钻过快易产生活塞抽汲作用，降低井底压差，诱发井喷。因此，起下钻时进行限速，一般2m/min。起钻时要及时灌注压井液，防止井喷。

四、专用解卡打捞工具

1. 套铣母锥

（1）应用范围：用于油管腐蚀严重、打捞空间堵塞的井况。

（2）结构：套铣母锥由套铣头、母锥体、接头组成。套铣头用YD硬质合金和铜焊条铺焊。母锥体较长，约为1m左右，打捞尺寸分为$\phi62mm$和$\phi76mm$两种，结构如图5-16所示。

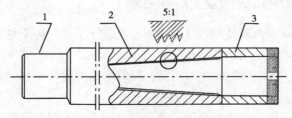

图5-16　套铣母锥结构示意图

1—上接头；2—母锥；3—套铣头

（3）原理：套铣头冲洗套铣清理环空腐蚀油管体、沉积的铁锈和钻井液并使落物进入母锥体内，母锥体堆集的油管碎体块被压实，当继续套铣时，或者把下部管柱倒开，或者把下部腐蚀的油管扭断，把母锥体内的落物捞出。

2. 套铣闭窗捞筒

（1）应用范围：用于油管腐蚀严重、断脱后段数较多、打捞空间堵塞井的打捞。

（2）结构：套铣闭窗捞筒由套铣头、闭窗筒体、接头组成。套铣头用 YG 硬质合金和铜焊条铺焊。闭窗筒体内有壁钩，打捞尺寸分为 $\phi62mm$ 和 $\phi76mm$ 两种，结构如图 5-17 所示。

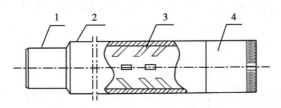

图 5-17　套铣闭窗结构示意图
1—上接头；2—工作筒体；3—内钩；4—套铣头

（3）原理：套铣头冲洗套铣，清理环空腐蚀油管体、沉积的铁锈和钻井液并使落物进入闭窗筒体内，当筒体内的油管碎体块满足打捞尺寸时，将被壁钩夹住，上起将这段落物捞出。

五、安全防喷措施

气井修井时要制定一系列的安全防喷措施。当发现井喷预兆后，能及时控制环空和管内并能循环压井，保证施工安全。

压井前进出口管线按要求进行锚定和试压，井口漏气时应用铜制工具进行连接，以防使用时撞击产生火花。

倒闸门时应侧对闸门，慢开慢关。完毕后应观察 24h，判断确实压住井后才能卸采油树。按要求进行防喷器的检查、安装和试压。井场备足压井液，随时做好压井的准备。在起下钻前，应采用回压阀等内防喷工具控制管内液、气。在起下钻前，观察井口是否有溢流和气上窜显示，在确保安全的前提下方能进行起下钻。起钻时，必须及时向井内灌压井液，并要做好灌入记录。发现井口有脱，没有断脱的也已经被腐蚀得面目全非，其强度和刚性受到严重破坏；且井内还有电缆、压力计等测试工具，井下落物及技术状况复杂。以升深 2 井为例。

（1）施工危险性大。目前井下套管已腐蚀穿孔，表层套管外地面及井口四通法兰处漏气，井口油套压力大于 27MPa，说明该井已经处于危险状态。如果井口处的油层套管短节腐蚀严重，承压能力下降，在压井过程中由于压力较高，此段套管断脱后，将导致采气树飞出伤人和井喷失控事故，后果不堪设想。

（2）压井成功率低。分析判断目前井内生产管柱已经腐蚀穿孔或断脱，甚至比上一次更严重，已经无法实施循环压井；如果油管内电缆堆积严重，插管封隔器密封，则无法实施挤注压井；实施液气置换法压井时，钻井液易气侵，压井成功率低。

（3）解卡打捞难度大。由于井下管柱腐蚀严重，甚至腐蚀成多段，堆积在井筒内，解卡打捞很困难。如果在打捞油管时电缆掉在套管环空且成团堆积，解卡打捞就更加困难。

（4）如果前期井眼处理不好，封堵报废难以实现。如果某些落物没有打捞出来，通道不畅通，气层的压井又高，封堵报废时挤注压力高，堵剂进入气层量少，效果难以保证。

1. 处理方法

1）安全保障措施

升深 2 井原始地层压力 32.25MPa，地层温度 118.8℃。关井时油压 27.10MPa，套压 27.3MPa。且井口漏气严重，如果处理不当易发生着火、爆炸、井喷失控等恶性事故。一旦施工中出现意外，现场施工所有人员、设备和周边群众、环境都将面临灾难性后果。因此施工中必须采取行之有效的安全保障措施。

（1）拆掉井场内所有工艺管线和建筑物，井场平整后，四周用警示带围好。设专人巡视井场，禁止无关人员进入。

（2）设专人检测井场周围 500m 范围内可燃、有毒气体含量，建立交接班记录。在明显处设立风向标。

（3）修井机搬到井场后暂不就位，停在上风口，距井口 50m 以上。

（4）井场内禁止使用手机、明火、电气焊等。需动明火时，严格执行动用明火审批程序。井场照明用电采用防爆灯和防爆开关，用电线路经反复检查，严禁金属线裸漏在外。进入井场的所有设备都加带防火帽。

（5）严格按照井控要求连接好压井放喷和节流管汇。接管线时使用铜质工具，以免产生火花。采气树用绷绳固定好。

（6）对进入井场人员进行安全培训与演练。对施工人员进行详细的施工设计交底。

（7）所有准备工作完成后，经大队、分公司、油公司验收合格后，方能进行施工。

（8）放喷和压井时安排专门人员点火、开肩闸门，其他人员远离井场。点火和开关闸门人员需穿防火服。

（9）选用 70MPa 液压闸板防喷器，井控操作严格执行四、七动作和九项管理制度。

（10）下井管柱安装回压阀，方钻杆接下旋塞，起钻时每 3 柱灌一次修井液。

（11）井场备有消防车、救护车和医务人员。

（12）出现着火、中毒、烫伤事故，立即执行着火、中毒、烫伤紧急预案。

如果出现其他事故，执行 HSE 两书一表中相应规定。

2）技术措施

（1）施工准备：模拟训练和配套工作完成后，2004 年 7 月 22 日搬至该井，一切施工准备工作完全按设计要求进行。8 月 2 日，经油公司领导和专家验收和检查，一致认为施工准备工作完全符合设计要求，达到了点火降压施工的条件。

（2）点火降压：8 月 2 日 10 时点火，经 48h 压力由 27MPa 降至 6MPa，为成功压井提供了前提和保证。

（3）压井：8 月 5 日 10 时，用泵车正循环清水 0.5m³ 后，放喷管线火苗减小，出口见液，经计算分析，井下第 4～5 根油管已经腐蚀断脱或腐蚀穿孔，形成短路循环，无法实施循环压井。只好实施挤注压井。8 月 5 日 15 时挤清水 19.5m³，挤密度 1.40kg/cm³ 的无固相压井液 50m³，挤密度 193kg/cm³ 的膨润土压井液 35m³，打开节流阀，溢流量逐渐减小，至无溢流。停工观察 24h 井口仍无液体溢出，证明压井成功，可进行下一步施工。

（4）打捞：8 月 7 日 15 时，起出油管 4 根和第 5 根油管接箍及外加大部分。起出的 4 根油管本体上被腐蚀出很多孔洞，第 4 根油管中部已被腐蚀掉 4/5，第 5 根油管自本体外加大部分腐蚀断脱。从起出的油管分析判断，井内油管已腐蚀严重，如图 5-18 所示，为此选用设计的死钩和滑块捞矛组合工具、死钩和活钩组合工具、套铣母锥、套铣闭窗捞筒等和磨铣解卡打捞管柱共计套铣倒扣打捞 58 次，历时 15d，捞出油管 213 根，常开阀、常闭阀各一个，扶正器两个，电缆约 1600m，封隔器以上落物全部捞出。捞出的油管有 12 根被电缆、电缆外铁丝和钻井液堵死。

图 5-18　油管腐蚀情况示意图

2. 处理经验

气井修井危险性大，必须有全面细致的安全措施，保证施工安全。该井在施工前详细制定了安全措施和紧急预案，并根据要求对施工队伍全体员工进行了为期 15d 的模拟训练，在思想上和技术上确保准确无误后才开始施工，安全工作做得非常到位。大庆油田天然气含有二氧化碳，对井内油管腐蚀非常严重，该井在进行打捞时要充分考虑了这一特点，设计了死钩和滑块捞矛组合工具、死钩和活钩组合工具、套铣母锥、套铣闭窗捞筒等工具管柱，保证了施工的顺利进行。

第五节　打捞应用实例

一、磨铣打捞放气管——以杏1-3-F38井为例

1. 案由

杏1-3-F38井，2003年9月，取套施工，资料显示该井有放气管80m，用$\phi290m \times \phi160m$磨铣头磨铣到井深81.05m时，发现有憋钻及异常情况，套铣无进尺。

2. 原因分析

这是因为放气管偏离正常位置，进入套铣筒与井壁之间，套铣头同样偏离正常位置，骑在套管上，将套管磨断，导致鱼头丢失。

3. 处理方法

9月18日下可退捞矛打捞鱼头，共捞出7根套管及1.47m套管短节，证实第8根套管1.47m处被切断。用笔尖找鱼头无效，起出套铣钻具。将磨铣钻头换成收鱼钻头，下钻收鱼，套铣至82m时又发生憋钻及异常现象，无进尺。

9月20日下$\phi140mm$铅模打印，打印深度在57.08m，铅模印痕为2in放气管。在收鱼头过程中，放气管又进入套铣筒内；从81.05m套铣至82m过程中，放气管下部已经盘在套管或者鱼头上面。现有的打捞工具满足不了这种复杂井况的打捞，这种情况只有根据井底实际技术状况加工合适的打捞工具。

9月25日现场加工套管开窗捞筒。取1.5m长的一段$\phi140mm$套管，在底部1/3处，周向120°用气焊切割3个等腰三角形的三角块，用锤子砸向套管内部，形成开窗。用套管开窗捞筒打捞多次，捞出2in放气管接箍1个。

9月27日现场加工带扶正的凹形磨鞋。取一个划块捞矛，将捞矛杆紧贴接头切割掉，在其底面用钨钢块铺焊成凹形磨鞋，并在其外面罩上一个$\phi140mm$套管筒子用以扶正，筒子前部焊接$\phi175mm$引鞋。用加工好的凹形磨鞋磨铣1m，下卡瓦捞筒打捞无效。

9月30日现场加工带扶正的公锥。将$\phi35mm \times \phi100mm \times 800mm$公锥，尖部割成导角，外焊扶正筒子，制成外扶正公锥。用外扶正公锥造扣打捞，捞出放气管3根。

10月2日下收鱼钻头继续收鱼，没有进尺。用$\phi290mm$平底磨鞋磨铣，进尺1m。深度83m。起出后再下收鱼铣头收鱼，套铣至井深84m，打印证实已将鱼头收进套铣筒内。

4. 处理经验

取套过程中，磨铣放气管是一项复杂的工艺，稍有不慎就会发生丢鱼事故。放气管及被磨铣后的碎片非常容易缠绕在套管上，给打捞工作带来麻烦，现有的

打捞工具绝大多数都不能适应这种复杂情况，需要根据实际现场加工打捞工具。由于对井下情况认识不足该井在处理过程中加工了三个工具，由于对井下情况认识不足前两个工具都没有起到多大作用，这说明打捞过程也是对井下情况逐渐认识的过程，当彻底弄清了井下情况，落物打捞就是很容易的事了。

二、取套打捞——以南 6—10—733 井为例

1. 案由

该井于 2001 年 1 月取套施工，资料显示井深 1250m，人工井底 1246.85m。1997 年施工发现在 649.16m 处套管变形，最小通径 ϕ85mm。关井至今。井内有油管 45 根，整筒泵一个，筛管 2 根，丝堵一个。

生产准备后，下铅模打印，落实变点深度，在 650m 遇阻，印痕为套管错断印，最小通径为 ϕ60mm，层位为泥岩。下笔尖找通道，失败。

2. 原因分析

1997 年套变深度为 649.16m，2001 年打印在 650m 遇阻两者基本相符，但 1997 年最小通径矽 85mm，而 2001 年却只有 60mm，这是因为泥岩与水膨胀挤压套变点所至。下笔尖找通道失败，很有可能是因为断口是活动错断，笔尖不但没有插入断口，反而将断口挤到井壁一边去了。

3. 处理方法

采用先取套后打捞的方法施工。1 月 5 日，下 ϕ260mm 先套铣头套铣。8 日套至断点以上 641m，9 日起出套铣筒，更换 ϕ320mm 收鱼套铣头。10 日套铣至 645m 时，泵压突然升高至 12MPa，经反复活动管柱，充分循环，发现上返大量死蜡，泵压正常后，继续套铣。11 日套铣至 648m 处，充分循环，捞出套铣筒内断点以上全部套管。14 日开始套铣收鱼，套铣至 650m 断点处有轻微别钻现象，证明已碰到鱼头，继续套铣至 657m 处，停止套铣。下铅模探鱼头，印痕为错断的套管印，证实鱼头已被收回。15 日继续套到 665m，倒出断点以下第一个完好的套管接箍，17 日下套管对接成功。18 日下 ϕ58mm 划块捞矛打捞井内落物，捞出油管 45 根，整筒泵一个，筛管 2 根，丝堵一个。

4. 处理经验

正常取套施工应该先打捞落物后进行套铣取套，该井由于打不开通道，采用先套铣取套，后打捞落物施工，顺利地完成生产任务。说明取套打捞有时不失为一种有效的打捞手段。但是目前收鱼找鱼技术成功率不高，万不得已最好不要冒险取套，因为到变点后如果找不回鱼头，前期取套施工将前功尽弃，白白浪费功夫。

三、压裂卡管柱事故处理——以南 2—丁 6—P28 井为例

1. 案由

该井于 2000 年 4 月 20 日压裂，压裂后，拔不动管柱，经活动管柱、倒扣，

捞出 φ62mm 油管 86 根，封隔器中心管一个，后下入反扣下击器及 φ56mm 捞矛，进行打捞，震击解卡施工，活动不开，拔负荷 500kN 拔脱。目前井内落物有，下击器下半部分，φ56mm 捞矛 1 个，K344-114 封隔器 3 级，喷砂器 2 级，φ62mm 油管 4 根，丝堵 1 个，鱼顶为下击器六棱，鱼顶深度 819.44m。

2. 原因分析

该井是由于压裂反排，地层砂进入井筒造成砂卡。如果封隔器胶筒没有完全复位，环形空间体积变小，返排的工程砂非常容易在变小的环形空间造成卡钻事故。

3. 处理方法

5 月 21 日转大修，先下入 φ118mm 铅模打印，在 820m 遇阻，印痕为下击器六棱。用 φ118mm 平底磨鞋，大力下击落物，反复下击无进尺。

由于井内落物，下击器及捞矛是反扣的，为了避免用反扣打捞工具捞住后，拔不动，倒不开的情况，22 日用正扣公锥及正扣钻具进行倒扣打捞，倒出下击器下半部及捞矛接箍，鱼头为 φ56mm 捞矛杆，深度为 822m。

24 日下 φ118mm 长套铣筒套铣冲砂到 829m，下公锥倒扣，捞出 K344-114 封隔器 3 级，喷砂器 2 级。

25 日下 φ114mm 长 10m 的套铣筒，套铣冲砂到 839m，下公锥倒扣，倒出 φ62mm 油管 1 根。

采用套一根捞一根的方法到 5 月 28 日，捞出井内全部落物，冲砂通井至人工井底。

4. 处理经验

由于该井是砂卡，落鱼上部是反扣工具，在处理时没有急于用反扣打捞工具打捞，而直接采用了正扣打捞工具，从而有效地避免了捞住、拔不动、倒不动的现象，为下部落物的处理创造了有利的条件。

四、电泵处理——以北 3-4-36 井为例

1. 案由

该井于 2003 年 3 月发现 260m 处套管外漏。起原井管柱检修，起到 φ62mm 油管 70 根时遇卡，上提 300kN 未拔动。关井待大修，井内有 φ62mm 油管 315m，电缆 300m，测压阀、单流阀、离心泵、分离器、保护器、电动机、扶正器和捅杆各 1 个，丢手管柱 1 套。2005 年 5 月大修施工时发现油套环空无溢流，油管内溢流很大，无法压井。

2. 原因分析

由于该井是电泵井，油套环空无溢流，而油管内溢流很大，说明油套环空被死油死蜡堵死，并且卡死了电泵机组。

3. 处理方法

5 月 21 日反复上提下放活动管柱，上提 350kN 解卡，起出油管 7 根，每一

根阻力都在 300kN 左右，并且提起后放不到原位。起到第 7 根油管时，管内溢流消失。说明电泵机组已到结蜡点，油管内进入了死蜡被堵死。起第 8 根时阻力增大，上提 400kN 管柱被拔脱，拔出第 8 根和第 9 根油管，井内落鱼长度为229.5m，被扯断的电缆落入井内。下铅模打印，鱼顶深度为 17.2m，印痕为电缆印。下活齿外钩打捞电缆，捞出 12.10m。由于该井死蜡太多，蜡卡非常严重，而且打捞管柱只有两根，重量太轻，因此下不到鱼顶位置。考虑到该井 260m 套管外漏，无法进行有效的刮蜡施工，并且油套都被死蜡堵死，井内落物掉不下去，于是决定采取取套打捞，也就是通过取套把套管连同井内落物一并取出。5月 25 日下 ϕ260mm 套铣钻头，套铣至井深 286.83m 完钻，此时套铣深度已超过井内落物 40.13m，有足够的倒扣空间。5 月 27 日倒扣打捞，捞出套管 29 根及管内的油管、电缆及电泵机组、扶正器和通杆，井内落物全部捞出。

4. 处理经验

该井在处理落物的时候没有采取常规的打捞方式——套铣倒扣打捞，而是采取外部取套的方式处理落物，简化了打捞过程，为打捞作业提供了一个新的思路。但是取套打捞只适用于落物卡阻深度浅、取套施工比较顺利的井况，落物卡阻深度深、取套施工复杂（例如套管外有放气管等）的井不适合用取套的方法打捞。

五、打捞潜油电泵——以北 1—丁 2—61 井为例

1. 案由

该井于 1984 年 2 月 21 日完钻，完钻井深 1245.0m。2001 年 12 月 7 日作业施工，热洗不通，上提负荷 240kN 油管伸长 0.3m 拔脱而终止施工，该井落物为62mm 油管 108 根，200m/d 电泵机组一套，通杆、扶正器、活门、253—4 封隔器、尾管、丝堵及电缆等。2003 年 6 月 2 日大修施工，压井时油管柱内外都洗不通。

2. 原因分析

2001 年作业时，热洗不通，2003 年大修时内外都洗不通说明有大量的死蜡，堵塞了油管内径和油套环空，造成蜡卡管柱。

3. 处理方法

6 月 2 日抬进口后，下 ϕ114mm 铅模打印，在 219.5m 遇阻，印痕为油管母接箍印。下滑块捞矛，捞住油管后倒扣，倒出油管 40 根。6 月 3 日下 ϕ11 4mm 铅模打印，遇阻深度为 550m，印痕为电缆印。下活齿外钩捞电缆，捞出电缆200m。6 月 4 日 ϕ120mm 刮蜡器进行刮蜡，在下 ϕ114mm 铅模打印，遇阻深度599.15m，印痕为油官接箍印，下滑块捞矛，捞住油管后倒扣，到出油管 50 根。下活齿外钩捞电缆，捞出电缆 450m。6 月 7 日经重复使用，将电动机以上的油管及电缆全部捞出。

6月10日采用抽心打捞方式打捞电动机，即用定位套铣筒套掉电动机上部接头，捞出电动机头及电动机转子，使电动机本体内有空间，受力减弱，在用捞矛捞出电动机的定子和外壳。

6月14日打捞253封隔器，经过前期的打捞，电缆卡子及电缆已成小件落物堆积在253封隔器打捞头上，常规打捞工具像公锥、母锥、打捞筒等工具不能穿透堆积的小件落物进行有效打捞，现场加工了楔入式公锥（将公锥底部加工成楔形），边旋转边下放，通过楔形将小件落物拨到一边，露出鱼腔，公锥顺利进入到打捞位置，捞住了封隔器打捞头，倒扣捞出了封隔器的上部接头和中心管，使253封隔器解封，然后又下滑块捞矛捞出封隔器外筒。

4. 处理经验

该井在处理过程中采取倒扣、打捞、刮蜡的方式，没有采用活动管柱大力上提的方式，避免了电缆在蜡阻的情况下产生堆积，使落物进一步受卡。电机的本体外径为118mm，在经过前期的打捞过程中，有碎电缆和电缆卡等小件落物卡阻，加之套管有变形，使电机受力很大，这种情况下抽心打捞是打捞电机的常用方法。现场加工了楔入式公锥倒出打捞头及封隔器的上部和中心管，使253封隔器解封，避免了磨套方式，解决了卡瓦牙脱落造成复杂的落物卡。

六、磨铣加固管打捞案例——以朝118-38井为例

1. 案由

本井2000年3月21日大修施工，对864.0～875.5m加固，最小通径ϕ100.2mm。2000年12月12日重配施工管柱拔不动。井内有ϕ62mm油管93根，封隔器3级、偏心1级和ϕ90mm喇叭口一个。

2. 原因分析

封隔器胶皮膨胀后，直径可达到ϕ124mm，而加固管最小通径只有ϕ100.2mm，封隔器胶皮变形量大，若不能全部收回很容易造成封隔器卡。

3. 处理方法

2003年3月11日大修，上下活动管柱，上提负荷0～30t，反复活动1h活动开。在起出ϕ62mm油管17m后负荷上升至380kN，并且放也放不下去，被牢牢卡死。判断有未释放的封隔器卡在加固管内，上提负荷0～400kN活动3次，拔脱。起出ϕ62mm油管93根，封隔器1级、偏心1级及封隔器上接头1个，第二级封隔器中心管被拔断。12日下ϕ120mm铅模，深度864.0m，印痕为加固管上接头印。再下ϕ90mm铅模打印，深度871.2m，铅模印痕不太清，分析为封隔器胶皮盖在鱼头上。由于在加固管内，鱼头不清晰，决定先磨掉加固管上接头，打捞出加固管，由于封隔器卡在加固管内，落物很有可能直接带出。正好鱼头离加固管上接头871.2m-864.0m=7.2m，磨掉上接并没有和打捞加固管均不会破坏鱼头。13日下ϕ120mm梨形铣锥至井深864.0m，用清水正循环磨铣，进尺0.2m

后，转盘转速自动突然加快，分析认为已磨掉加固管上接头。上提下放几次，无卡阻，证实确实已磨掉加固管上接头。起钻发现加固管上接头磨开后的剩余部分夹在梨形铣锥上。14 日下 $\phi95mm$ 滑块捞矛打捞加固管。捞住后，上提负荷至 300kN，又下降至 200kN，分析加固管与下接头已解封。起出打捞管柱，果然发现除了捞出加固管后，又把剩余的井内落物带出。

4. 处理经验

打捞施工一定要根据实际情况，采取相应的打捞措施。假如本井当时下捞矛先打捞落物的话，由于加固管的局限，即使打捞成功，也不能顺利活动出来，会给打捞施工带来不必要的麻烦。

七、钢丝绳卡油管柱的处理——以杏 5-1-P28 井为例

1. 案由

该井于 2003 年测试时，测井钢丝绳断脱掉入井内。检泵起出原井油管 102 根、$\phi70mm$ 加长整筒泵 1 个，发现 $\phi62mm$ 防砂筛管 3 根掉入井内。下 $\phi115mm$ 伸维式捞矛 1 个打捞，打捞负荷 480kN，拔脱。起出 $\phi62mm$ 油管 80 根，检查发现第 80 根油管公扣断脱，井内落物为 $\phi62mm$ 油管 40 根，$\phi115mm$ 伸缩式捞矛 1 个、$\phi62mm$ 防砂筛管 3 根及测试钢丝。

2. 原因分析

由于原井内有测试钢丝，在起打捞管柱过程中造成钢丝卡管柱。

3. 处理方法

7 月 27 日打印证实井内鱼头为油管接箍印，下 $\phi58mm$ 滑块捞矛打捞成功。活动管柱，发现已卡死，上提下放均不行。上提负荷 200kN 倒扣，倒出 $\phi62mm$ 油管 40 根。28 日打印证实井内为钢丝印，下活齿外钩打捞 3 次，共捞出钢丝 500m。打印，鱼头清晰，为 $\phi115mm$ 伸缩式捞矛，下 $\phi58mm$ 滑块捞矛打捞，捞住后，活动管柱，负荷上提至 400kN 时活动开，捞出防砂筛管 3 根，带出钢丝 500m，下铅模通井至人工井底。

4. 处理经验

本井为典型的绳类落物卡油管井，这种情况最怕井内鱼头搞乱，鱼头一乱，给打捞施工造成困难，造成连锁反应，延长施工时间，浪费原材料，甚至造成井的报废。

八、打捞电泵施工案例——以高 154-斜 46 井为例

1. 案由

高 154 斜 46 井是一口斜直井，1991 年 6 月 28 日完钻，其斜度 38.6°，水平位移 367m。2003 年 2 月 16 目检泵施工发现泵头法兰盘折断，下电泵捞筒打捞未成功，井内落物为 250m³/d 电泵、分离器、保护器、电动机各 1 件，小扁电缆

20m 及相应护罩。2003 年 3 月 10 日大修施工，打印证实落物为电缆和电泵同步，用电泵捞筒上提 60t 及相应的活动管柱而未获。

2. 原因分析

该井由于斜度大，下井钻具的上提拉力不能全部传送到鱼头，而落物又受到电缆堆积的卡阻，环行空间狭窄，下井工具不能有效发挥效能。

3. 处理方法

3 月 11 日用定位套洗筒对钻具进行套洗，以求打开环行空间，但在套洗的过程中，发现进尺缓慢，经分析是套洗筒与落物不能吻合，产生对鱼头切削。3 月 12 日改用加长的套洗筒对套洗头进行扶正，工序效率得到提高。3 月 13 日下带有扶正和大引斜的大口母锥进行倒扣打捞，捞出了 250m³/d 电泵、分离器、保护器、电动机各 1 件，小扁电缆 20m 及相应护罩。

4. 处理经验

斜直井电泵打捞，由于电泵本体外径大，受环行空间和斜度的影响大，打捞工具的力量不能有效地传送到鱼顶。首先要考虑工具的扶正问题，保证下井后能有效地捞住落物。所以在选择工具时要有扶正，有大引斜。

九、解卡——以茂 22-114 为例

1. 案由

茂 22-114 井是一口水井，该井人工井底 1872.23m，2001 年 8 月 29 日重配管柱拔脱，井内有 φ62mm 油管 60 根，4 级 3 段封隔器，偏心配水器。下滑块捞矛打捞成功但拔不动。2002 年 4 月 26 日大修，活动管柱时拔不动。

2. 原因分析

根据上述情况分析为封隔器在落入井段以下未释放。应为封隔器卡。

3. 处理方法

4 月 27 日，上提负荷 500kN，刹车刹死，在静压力作用下管柱缓慢上行 0.5m。将负荷降到零后再上提 500kN，刹车刹死，管柱又缓慢上行 0.8m。重复上述过程，当封隔器进入射孔井段后，胶皮被磨坏，卡阻解除，井内落物被一次全部捞出。

4. 处理经验

该井对这种情况，上提负荷不宜太高，因为井内的封隔器就像活塞一样，抽力越大卡得越紧，如果负荷提太高，容易将管柱拔脱，使打捞施工复杂化。

十、处理过程——以升扶 42-54 井为例

1. 案由

升扶 42-54 井于 2002 年 2 月 22 日作业施工，起下打捞数次，共捞出普通油管 55 根，之后下 φ73mm 捞筒，捞住落物后反复活动三次滑脱，鱼头破损，终止

施工。井内有 ϕ62mm 油管 1290m，抽油杆 21 根，ϕ32mm 管式泵 1 台，ϕ62mm 筛管 1 根和导锥 1 个。

2. 原因分析

该井在抽油杆断脱后没有及时停机，造成油管在油管内壁摩擦使抽油杆接箍磨损严重而脱节。

3. 处理方法

2002 年 4 月 1 日大修，打印证实鱼头为破损的油管本体，内捞、外捞都无法进行打捞。4 月 2 日下 ϕ118mm 平底磨鞋修整鱼头，进尺 40cm。4 月 3 日—5 日下滑块捞矛、母锥、公锥、螺纹抓等工具打捞，共捞出 ϕ62mm 油管短节 1 根及油管接箍 1 个。4 月 6 日下开口为 ϕ107mm 的大母锥进行造扣打捞，捞出一个捞筒及 ϕ62mm 油管尾部外螺纹。卸下母锥发现在捞筒的上面接的是油管变钻杆的变扣头，内无通道。4 月 7 日—10 日捞出油管 126 根。4 月 11 日下入铅模打印，印痕为不规则的抽油杆印，下活齿外钩捞出 ϕ19mm 的抽油杆 2 根。尾部为抽油杆接箍，发现抽油杆的两个接箍都被磨去了一半。这是由于抽油杆断脱后没有停机，造成抽油杆在油管内壁摩擦使抽油杆接箍磨损严重而脱节。再下活页捞筒，捞出抽油杆 19 根及活塞一个，其中在内并排夹着两根抽油杆。4 月 12 日下滑块捞矛捞出井内全部落物。

4. 处理经验

该井井内落物相当复杂，有油管、抽油杆和打捞工具，而且鱼头还遭到严重破坏。对于这类井打捞施工必须要弄清井下落物的实际情况，采取相应的技术措施，选用合适的打捞工具，才能顺利地将落物捞出。

十一、电泵井解卡打捞——以喇 6-111 井为例

1. 案由

喇 6-111 井 1997 年 11 月 4 日检电泵，上提负荷 300kN 拔脱，起出油管 1 根，井下落鱼为：ϕ73mm 油管：119 根，ϕ54mm 工作筒、测压阀、单流阀、电泵、分蔗器、保护器、电动机、扶正器、捅杆、Y441-114 封隔器、活门、丝堵。

2. 原因分析

该井虽处于套管损坏区，但有活动余地，以此判断卡点不是套变卡。前期洗井施工中泵压、排量正常，可以排除蜡卡和砂卡。从起出拔断的一根油管未带出电缆，说明电缆及电缆卡子落在井内，并形成堆积造成电缆堆积卡。

3. 处理过程

1998 年 6 月 10 日定卡点位置在 996～997m 之间。11 日下化学切割仪器至 996.30m，上提负荷，100kN 引爆，悬重无变化。起出仪器后发现切割弹已发射，证明切害点在卡点以下。上提 220kN。拔脱，起出切割油管 106 根。13 日下震击器震击解卡：上提 300kN 反复下击无位移，然后上击管柱，震击数次后管柱开始

上移；上移 1.5m 后配合下击，震击数次后解卡。起出油管 5 根、测压阀、工作筒、单流阀、分离器、保护器、电动机、扶正器、捅杆及堆积电缆。

4. 处理经验

对电泵井解卡打捞来说，化学切割与倒扣相比有明显的优势，化学切割可以避免倒扣导致的电缆和电缆卡子等物在套管内的堆积，使打捞过程简单化。

第三部分
打捞实例及新技术

第六章 实例分析

第一节 油田修井基本操作

一、穿提升大绳

1. 使用工具

通井机 1 台、游动滑车 1 个、φ22mm×210m 提升大绳 1 根、φ22mm×40m 棕绳 1 根（做引绳）、1.5m 长细麻绳多根、300mm×36mm 活动扳手 1 把、375mm× 46mm 活动扳手 1 把、200mm 手钳 1 把、安全带 1 副。

2. 操作步骤

（1）地面操作人员将游动滑车摆正。

（2）把提升大绳缠在通井机滚筒上。

（3）由 1 名操作人员（系好安全带）携带引绳爬上井架天车位置，将安全带的保险绳系牢。

（4）井架顶端处人员，将引绳从天车滑轮组右边第一个滑轮穿过，使引绳的两端头分别从井架前、后落到地面上。

（5）地面操作人员把井架后的引绳与提升大绳端头连接，用细铁丝捆牢。将井架前引绳端拴在提升大绳端部。

（6）地面操作人员拉动前引绳，将提升大绳拉向天车。

（7）提升大绳与引绳连接处到达天车后，天车处操作人员把提升大绳扶入天车右边第一个滑轮内（快轮）。

（8）地面操作人员继续拉动引绳，将提升大绳拉向地面。解开引绳，再用细麻绳与提升大绳端头连接。

（9）将细麻绳从游动滑车右边第一个滑轮自上而下穿过，使提升大绳进入游动滑车右边第一个滑轮内。

（10）天车操作人员调整引绳，使位于井架后的引绳从井架前顺到地面。

（11）地面操作人员将后引绳与提升大绳端头扎牢，将前引绳拴在提升大绳的端部。

（12）拉动前引绳带动提升大绳升向井架天车。

（13）提升大绳端头到达井架天车后从天车右边第二个滑轮穿过，天车处操作人员将引绳拨入天车第三个滑轮内，地面操作人员继续拉动引绳，使提升大绳从井架天车降到地面。

（14）用步骤（9）～（13）的操作方法将提升大绳从游动滑车第二个滑轮、第三个滑轮、第四个滑轮及天车第三个滑轮、第四个滑轮、第五个滑轮穿过，当提升大绳端头从天车第四个滑轮穿过后，将引绳的一端从井架中间拉到地面。

（15）提升大绳从井架天车第五个滑轮穿过，并沿井架中间到达地面后，即可进行卡死绳工作。

3. 技术要求

（1）穿大绳时，需要1人上井架操作，1人在地面指挥，相互配合。

（2）提升大绳所不得有松股扭折，每一捻距断丝不超过5丝。

（3）新启用的提升大绳应在穿大绳前松劲，以免打扭。

（4）上井架人员不许穿硬底鞋，以免打滑蹬空造成伤亡事故。

（5）上井架人员随身携带的小工具必须用安全绳系在身上，以免掉下伤人。

二、卡活绳

1. 使用工具

Y7-22mm钢丝绳卡1个、手钳1把、细铁丝2m、撬杠1个、300mm×36mm活动扳手1把。

2. 操作步骤

（1）将活绳头用细铁丝扎好并用手钳拧紧，顺作业机滚筒一侧专门孔眼穿过。

（2）将提升大绳头从滚筒内向外拉出，把活绳头围成直径约20cm左右的圆环，然后用钢丝绳卡子卡在距离绳头4~5cm处，用活动扳手拧上绳卡螺母（松紧程度以挡住绳卡时，1人用力能滑动为止）。

（3）将绳环纵向穿过井架拉筋，撬杠别住绳环卡子，使绳环直径小于10cm，取出绳环，卡紧。

（4）在滚筒一侧拉动钢丝绳，使活绳头绳环卡在滚筒外侧，以不碰护罩为准。

3. 技术要求

（1）卡好的活绳环直径小于10cm，绳头长度不能大于5cm，不磨碰护罩。

（2）绳环绳卡的卡紧程度以钢丝绳直径变形1/3为准。

三、卡死绳与拉力计

1. 卡死绳与拉力计使用工具

120kN经校验合格的拉力计1个、Y7-22mm钢丝绳卡15个、ϕ22mm×4m钢丝绳2根、300mm×36mm活动扳手2把。

2. 操作步骤

（1）用1根ϕ22mm×4m的钢丝绳穿过井架底座的主梁根部及拉力计下环。

环绕井架 1 周，分别在每个主梁上系成猪蹄扣后，将每个绳头与主绳分别卡紧。拉力计位置要居中。

（2）将死绳穿过拉力计上拉环后，两头对折用绳卡卡紧。

（3）慢提游动滑车将死绳和拉力计拉起，把提升大绳死绳头的剩余钢丝绳在悬绳器上系猪蹄扣。

（4）将猪蹄扣两绳头拉直，卡紧。

（5）用钢丝绳穿过拉力计上、下环后，围成圆圈，卡紧，当作安全绳。

3. 技术要求

（1）卡死绳时各股要拉直，各股吃力要均匀。

（2）绳卡与钢丝绳直径相符合，$\phi22mm$ 钢丝绳卡的卡距为 150~200mm，绳卡数 5 个。卡紧程度以钢丝绳直径变形 1/3 为准。

四、安装井口装置

1. 使用工具

作业起重设备 1 套、$\phi16mm$ 钢丝绳套 1 个、大锤子 1 把、井口死扳手 2 把、密封带 1 卷黄油少量。

2. 操作步骤

（1）首先检查井口装置各部件是否齐全、完好，闸门开关是否灵活好用。

（2）用井口死扳手从套管短节法兰处卸开。

（3）取下钢圈槽内的钢圈。

（4）卸去套管短节的护丝，将套管短节螺纹和套管接箍螺纹刷干净，检查螺纹是否完好。

（5）将密封带缠绕在套管短节螺纹上。

（6）将套管短节外螺纹对在井口套管接箍上逆时针转 1~2 圈对扣。

（7）对好扣后，将套管短节上紧。

（8）将钢圈槽内抹足黄油，然后把钢圈放入槽内。

（9）用钢丝绳缓慢吊起采油树本体和大四通。

（10）将采油树本体和大四通坐在套管短节法兰上。

（11）转动采油树，使钢圈进入钢圈槽内，转动调整采油树方向，对角上紧 4 个法兰螺栓，摘掉绳套。

（12）将剩余的法兰螺栓对角上紧。

3. 技术要求

（1）井口装置拉送到井场后，要验收井口装置合格证和清单，检查井口装置各部件是否齐全，闸门开关是否灵活，有无螺纹及手轮丝杠变形，钢圈及钢圈槽损伤与否，若有损坏不能使用。

（2）井口装置安装一定要按操作顺序进行，大四通上、下法兰缝间隙要一致，螺栓上紧后上部统一留半扣，井口装置安装后手轮方向一致、平直、美观。

（3）钢圈上只能用钙基、锂基、复合钙基等黄油，绝不允许用钠基黄油。

（4）安装过程中要相互配合，确保安全操作。

五、测量、计算油补距和套补距

1. 使用工具

1000mm 钢板尺 1 个、200mm 直角尺 1 把、钢笔 1 支、记录纸 1 张。

2. 操作步骤

（1）由施工设计书中查出联入数据，并记为 L。

（2）装好井口装置。

（3）用钢板尺测量井口最上一根套管接箍上平面到套管短节法兰上平面之间的距离，记为 L_1。

（4）用钢板尺测量套管短节法兰上平面与套管四通法兰上平面之间的距离，记为 L_2。

（5）计算油、套补距。将 L_1 和 L_2 数据代入油补距和套补距公式，即可求出油、套补距。油补距 $L=（L_1+L_2）$ 套补距$=L-L_1$。

3. 技术要求

（1）查找到的联入数据要准确。

（2）测量套管接箍与套管短节法兰之间的距离时，尺子要垂直，测量误差为±5mm。

六、校正井架

1. 使用工具

修井起重设备 1 套（包括作业机和穿好提升大绳的游动系统）、吊卡 2 只、吊环 2 只、油管 1 根、撬杠 2 根、250mm×30mm 活动扳手 3 把。

2. 操作步骤

施工过程中井架出现位移较小的偏移，可按照下面步骤进行校正。

（1）用作业机将油管上提至油管下端距井口 10cm 左右，观察油管是否正对井口中心。

（2）如油管下端向井口正前方偏离，校正方法是先松井架前两道绷绳，紧后 4 道绷绳，使之对正井口中心。

（3）如油管下端向井口正后方偏离，校正方法是先松后 4 道绷绳，紧井架前两道绷绳，使之对正井口中心。

（4）若油管下端向正左方偏离井口，校正方法是先松井架左侧前、后绷绳，紧井架右侧前、后绷绳，直到对正为止。

（5）若油管下端向正右方偏离井口，校正方法是先松井口右侧前、后绷绳，紧左侧前、后绷绳，直到对正。

（6）若井架向斜侧方偏离，可按照下面方法进行井架的校正：①若油管下端向左前方偏离井口，校正方法是先松左前绷绳，紧右后绷绳，直到对正。②若油管下端向右前方偏离井口，校正方法是先松右前绷绳，紧左后绷绳，直到对正。③若油管下端向左后方偏离井口，校正方法是先松左后绷绳，紧右前绷绳，直到对正。④若油管下端向右后方偏离井口，校正方法是先松右后绷绳，紧左前绷绳，直到对正。

（7）若因井架底座基础不平而导致井架偏斜严重，由安装单位校正。

3. 校正井架技术要求

（1）校正井架后，每条绷绳吃力要均匀。

（2）校正井架一定要做到绷绳先松后紧。

（3）如花篮螺钉紧到头绷绳还松时，先将花篮螺钉松到头，松开绷绳卡子，拉紧绷绳后，再紧花篮螺钉（大风天气不能做此项工作，不能同时松开两道以上的绷绳）。

（4）注意花篮螺钉要灵活好用，要经常涂抹黄油防止生锈。

（5）作业施工队校正井架，只有在井架底座基础及井架安装合理的情况下，对井架天车未对准井口进行微调，因井架安装不合格而对井架的校正应由井架安装队进行。

（6）井架校正后，花篮螺钉余扣不少于 10 扣，以便于随时调整。

七、吊装液压油管钳

1. 使用工具

通井机起重设备 1 套（通井机、18m 井架、游动系统）、液压油管钳 1 台、液压循环回路管线 2 根、φ22mm 钢丝绳 20m 和 3m 各 1 根、Y4-12 钢丝绳卡 8 个、油管吊卡 2 只、250mm×30mm 活动扳手 1 把、安全带 1 副、钢丝绳绳套 1 个、大锤 1 把。

2. 操作步骤

（1）操作人员扎好安全带，携带 20m 长钢丝绳和固定吊绳的小滑轮，爬上井架适当高度，将安全带保险绳扣好。

（2）将小滑轮固定在井架横梁上，将钢丝绳从小滑轮穿过，调整小滑轮在横梁上的位置，注意，不能固定在横梁的中间。

（3）将预先准备好的绳套套在液压钳上，然后，挂在游动滑车大钩（或吊卡）上，上提（上提高度打背钳钳口在油管接箍以上 5cm 左右为宜）j 在上提过程中，操作人员要拉住液压油管钳，以防撞击井口。

（4）将从井架内穿过的 22mm 钢丝绳，绕井架悬绳器系好猪蹄扣，并卡紧。

（5）将从井架上顺下的 22mm 钢丝绳，穿过吊钳上的挂环并拉紧向上折。用绳卡卡住（松紧程度以稍吃劲，下放时将钢丝绳拉紧不滑脱为宜)。

（6）缓慢下放游动滑车，当钢丝绳绷紧时，停止下放。观察液压油管钳悬吊位置：若背钳恰好能卡住接箍，主钳卡住油管，则上齐两个绳卡并卡紧；若悬吊位置高，则轻敲绳卡，使其缓慢滑脱至适当高度后卡紧；若悬吊位置低，则视其误差重新调整钳体悬吊高度后卡紧。调整完悬吊高度，再拧动钳体重心调节螺钉使其保持水平状态。

（7）将另一段 3m 长（φ12mm）钢丝绳的一端穿过钳体尾绳螺栓，用两个绳卡卡紧，另一端绕过井架底脚，用两个绳卡卡紧。注意：从井架底脚至锥体尾部之间钢丝绳绳长，以能将锥体拉至井口，主钳开口卡住油管为准。

（8）检查、清洗两根液压管线的接头，按进出循环回路，连接通井机上的液压泵与液压油管钳。

注意：接头处必须连接牢靠。

3. 技术要求

（1）液压油管钳悬吊高度必须适当。

（2）用于悬吊钳体和拴安全尾绳的钢丝绳，必须用与绳径相匹配的钢丝绳卡卡紧。．

（3）液压管线两端的快速接头要连接好，以防上、卸油管螺纹时漏油。

八、装卸井口压力表

1. 使用工具

压力表 1 块、压力表保护接头 1 个、管钳 1 把、活动扳手 1 把、密封脂少许、麻绳丝或密封带少许。

2. 操作步骤

装压力表：

（1）选择量程合理的压力表。

（2）在压力表保护接头螺纹上涂上密封脂，或缠上密封带。

（3）将压力表上在采油树生产闸门或套管闸门上。

（4）在压力表接头的螺纹上涂密封脂或缠上密封带，上在压力表保护接头上，且使表盘朝着便于观察压力的方向。

（5）将压力表保护接头上的放压顶丝拧紧。

（6）打开压力表保护接头闸门。

（7）操作人员站在与压力表相反的方向开生产闸门或套管闸门，使压力表显示井口压力。若各连接部位无刺漏现象，则安装完毕。否则，应放压后卸掉重装。

卸井口压力表：

（1）卸生产闸门上的压力表，则关生产闸门（或关压力表保护接头闸门）；

若卸套管闸门上的压力表，则关套管闸门或压力表接头闸门。

（2）操作人员站在压力表保护接头闸门放压孔相反方向的位置，拧松放压顶丝放压。

（3）当放压孔不出油、气、水，压力表显示为零后，用活动扳手卡在压力表接头四棱体部位，逆时针方向旋转，卸下压力表。

3. 装卸井口压力表的质量技术要求

（1）装压力表时，必须在压力表和接头的螺纹缠上少许密封带并上紧，但注意不得用管钳等加大力矩上扣。

（2）卸压力表时，必须先关闸门放压后，才能进行下步工作。同时应注意一只手卸压力表，另一只手握着压力表，勿使压力表掉在地上。

（3）放压时，操作人员必须站在放压孔的侧面或背面。

（4）指针不回零的压力表不能使用。

4. 装卸井口压力表的安全环保要求

（1）施工中，严格按照环境保护作业指导书执行。

（2）在施工中要注意保护植被，不超范围占地。

（3）杜绝跑、冒、滴、漏现象。

（4）在敏感作业地区施工，要采取有效措施减少污染物落地。

（5）施工完成后，在规定时间内将井场恢复原貌。

九、安装油井防喷盒

1. 使用工具

抽油杆吊卡、抽油杆防喷盒、抽油杆胶皮闸门、密封填料、方卡子、钢锯、锯条等。

2. 操作步骤

（1）卸开防喷盒压盖，取出上压帽、密封填料、弹簧及下压帽。

（2）卸开下盘根座，取出盘根及压帽。

（3）把胶皮盘根倾斜锯开一个切口。

（4）用光杆没接头一端，穿过胶皮闸门、抽油杆防喷盒部件，装够密封填料。

（5）将胶皮闸门及防喷盒各部件连接螺纹抹好密封脂对扣连接，关闭胶皮闸门，卡紧卡牢方卡子。

（6）坐抽油杆吊卡在光杆方卡子下面，提起光杆对扣上紧。然后，开胶皮闸门手轮，上提抽油杆，撤去吊卡，下放光杆使泵内的活塞接触泵底。

（7）上紧各连接部位螺纹。

3. 安装油井防喷盒的质量技术要求

（1）提光杆时，必须扶起防喷盒，防止将光杆压弯。

（2）放盘根胶皮时，上下两块应避开切口位置，胶皮盘根切口朝不同方向。

（3）防喷盒上扣时不能过紧，以防挤裂。

4. 安装油井防喷盒的环保安全要求

操作人员必须穿戴好劳保用品，在井口铺设防渗布，防止防喷盒内原油污染地面，所用工用具摆放在防渗布上，防止工用具润滑油污染地面。

十、处理提升大绳跳槽

1. 工用具准备

钢丝绳 8~10m、绳卡子、撬杠、安全带。

2. 操作步骤

（1）提升大绳在天车跳槽，但大绳可自由活动。

① 把游动滑车固定在井架上。

② 解除大绳负荷。

③ 操作人员系安全带在井架天车平台处，用撬杠把跳槽大绳拨进天车槽内。

④ 提游动滑车，大绳承负荷后刹车。

⑤ 卸下钢丝绳与绳卡子。

⑥ 活动游动滑车，正常后停车。

（2）提升大绳卡死在天车两滑轮之间，且大绳不能自由活动（活绳没有卡死）。

① 把游动滑车卡在活绳上。

② 上提游动滑车放松大绳，刹车。

③ 操作人员系安全带在井架天车平台上，用撬杠把卡死大绳撬出并拨进天车滑轮槽内。

④ 下放游动滑车，待各股大绳都承受负荷后，卸掉钢丝绳与绳卡子。

⑤ 提放游动滑车，正常后停车。

（3）提升大绳在游动滑车内跳槽，但大绳仍能自由活动。

① 下放游动滑车至地面，并放松大绳。

② 用撬杠将跳槽大绳拨进槽内。

③ 上提游动滑车离开地面。

④ 提放游动滑车两次，正常后结束处理。

（4）提升大绳跳槽后，卡死在游动滑车内，且大绳不能自由活动。

① 在井架上固定游动滑车。

② 松活绳，依次拉松游动滑车的大绳，直至卡死位置，再用撬杠把被卡死的大绳撬出后拨入轮槽内。

③ 上提大绳提起游动滑车，刹车。

④ 卸掉钢丝绳及绳卡子。

⑤ 提放游动滑车，正常后停车。

3. 处理提升大绳跳槽的安全注意事项

（1）处理提升大绳跳槽，井架天车处高空作业人员一定要系好安全带，所带处理跳槽的工具、用具要用尾绳牢固拴在井架上，严防落下伤人。

（2）处理跳槽要有专人指挥，高空作业人员与地面操作人员要协调配合好。

（3）拨大绳时要用撬杠拨，严禁用手拨钢丝绳，以防挤伤。

十一、铅模打印施工

1. 工具用具准备

铅模 1 个、内外卡钳 1 副、游标卡尺 1 个、钢板尺 1 个、数码相机 1 个、绘图工具 1 套。

2. 操作步骤

（1）冲砂。

（2）将铅模，连接在下井的第一根油管底部，下油管 5 根后装上自封封井器。

（3）铅模下至鱼顶以上 5m 时，冲洗鱼头，边冲洗边慢下油管，下放速度不超过 2m/min。

（4）当铅模下至距鱼顶 0.5m 时，以 0.5~1.0m/min 的速度边冲洗边下放，一次加压打印。一般加压 30kN，增加钻压不能超过 50kN。

（5）起出油管，卸下铅模清洗。

铅模描述：

（1）用照相机拍照铅模，保留铅模原始印痕。

（2）用 1:1 的比例绘制草图。

3. 铅模打印施工的技术要求

（1）铅模下井前必须认真检查。

（2）严禁带铅模冲砂。

（3）冲砂打印时，洗井液过滤后方可泵入井内。

（4）一个铅模在井内只能加压打印一次。

（5）起下铅模管柱时，要平稳操作随时观察拉力计的变化。

（6）起带铅模管柱遇卡时，严禁猛提猛放。

（7）在修井钻井液里打铅印，如果因故停工，应将井内修井钻井液替净或将铅模起出，防止卡钻。

（8）若铅模遇阻时，切勿硬顿硬砸。

（9）当套管缩径、破裂、变形时，下铅模打印加压不超过 30kN，防止铅模卡在井内。

4. 铅模打印施工安全环保要求

冲砂压井液要做好配伍试验，不污染油层，井口反出液要进干线或者使用设备接，防止污染地面，起下操作时，在井口装好控制器，控制井内流体，施工的设备、工用具应在地面铺设防渗布，防止设备工用具润滑油污染地面。

十二、倒洗压井井口流程

1. 工用具准备

水泥车、罐车一组，水龙带、300mm 活动扳手、管钳。

2. 操作步骤

首先明确正、反洗压井。

正洗压井：

（1）用扳手打开套管生产闸门。

（2）用管钳搬松并缓慢打开靠生产流程的套管闸门。

（3）用管钳搬松并用手缓慢打开油管闸门。实现油管进、套管出的正洗压井工艺。

反洗压井：

（1）用扳手打开干线生产闸门。

（2）缓慢关闭靠生产流程的套管闸门，用管钳搬松并用手缓慢打开油管闸门。

（3）用管钳搬松并用手缓慢打开另一侧套管闸门。实现套管进、油管出的反洗压井工艺。

3. 倒洗压井井口流程技术质量要求

（1）开工前填好开工许可证，各岗要对 HSE 检查表上的每一项认真检查，合格后签字。班组安全检查员负责班组安全。

（2）冬季施工要防止冻管线。

（3）施工用管线试压压力为工作压力的 1.5 倍，施工人员不能靠近作业区，严禁跨越。

（4）施工现场必须配备各种安全警示牌、警示旗等标志。

十三、安装自封封井器

1. 工用具准备

游动滑车、吊卡、自封封井器、井口螺栓、死扳手、黄油、三通、炮弹闸门。

2. 操作步骤

（1）卸掉自封封井器压盖，取出压环，将胶皮芯子平面朝上放入自封封井器壳体内，放上压环，盖上压盖，上紧。

（2）下入 10 根油管以后（或 10 根油管以上没有大直径工具下井后可装自封封井器），将钢圈放在吊卡上，把自封封井器抬到井口油管接箍上坐好扶住，将油管慢慢地插入自封封井器芯子中。

（3）打好背钳，边下压管钳边转油管，使油管下面油管内螺纹接箍对正上紧。

（4）抬起自封封井器检查油管螺纹是否上紧，否则重上。

（5）上提油管，摘掉吊卡，将四通钢圈槽抹好黄油放入槽内。

下放油管使钢圈坐进下法兰钢圈槽内，对角上紧 4 条螺丝，再上紧自封封井器上压盖，就可以正常下油管作业。

3. 安装自封封井器的技术质量要求

封井器各部件齐全，丝杆润滑良好，灵活好用，按照要求更换胶皮芯子，封井器在使用前要经过试压，合格后方准使用，钢圈压环要涂抹润滑脂，保证密封可靠。

十四、排放、丈量油管，计算油管累计长度

1. 工用具准备

钢卷尺 1 把，内径规 1 个，记录笔及记录纸。

2. 操作步骤

（1）检查所需丈量油管螺纹、管体腐蚀、有无弯曲、裂痕和孔洞等。

（2）准备好下井油管若干根摆放在油管桥上，油管桥距地面 30~40cm，距井口 2m 左右，坚固平整。

（3）用标准的油管内径规通油管。

（4）将油管排列整齐，每 10 根一组。

（5）用钢卷尺丈量油管，并记录。

（6）计算油管累计长度。

3. 技术要求

油管累计长度误差在 2%。

十五、起下油管操作

1. 起下油管应使用的工具

液压油管钳 1 台、井口防喷器 1 台、吊卡 2 副、拉力计 1 个等。

2. 起下油管资料准备

（1）施工井地质方案和工程设计必须资料齐全、数据准确。

（2）必须掌握下井工具的名称、规格、下井深度，并画出下井管柱结构示意图。

（3）该井修前历次井下事故发生的时间、事故类型、实物图片及铅印图。

3. 下油管施工设备准备

（1）修井机或通井机必须满足施工提升载荷的技术要求，运转正常、刹车系

统灵活可靠。

（2）井架、天车、游动滑车、绷绳、绳卡、死绳头和地锚等，均符合技术要求。

（3）校正井架。

（4）检查液压油管钳和吊卡，应满足下油管规范要求。

（5）作业中必须安装合格的指重表或拉力计。

（6）大绳必须用 $\phi 22 \sim \phi 25$mm 的钢丝绳，穿好游动滑车后整齐地缠绕排列在滚筒上。

（7）搭好井口操作台（钻台）、拉油管装置及滑道。井口操作台上除必需的工具、用具外，不准堆放其他杂物。

4. 下井油管准备

（1）油管的规格、数量和钢级应满足工程设计要求，不同钢级和壁厚的油管不能混杂堆放。

（2）油管桥架应不少于 3 个支点，离地面高度不少于 300mm。油管每 10 根一出头，排列整齐。油管上严禁堆放重物，严禁人员在油管上面行走。

（3）下井油管必须清洗干净，并在油管末端戴上护丝。

（4）检查油管有无损坏。不合格油管标上明显记号单独摆放，不准下入井内。暂时不下井的油管也应分开摆放。

（5）下井油管必须用油管规通过。

5. 操作步骤

（1）井口安装合格的封井器。

（2）拉送油管人员将油管接箍端放在油管枕上。

（3）将吊卡扣在油管上，锁好后吊卡开口朝上。

（4）挂好吊环，插上销子，指挥操作手操作通井机将油管提起。

（5）油管对正后，用液压油管钳或者管钳上紧油管螺纹。

（6）操作通井机将油管提起，摘去吊卡，将油管下入井内。

（7）油管下到最后几根时，下放速度不得超过 5m/min，防止顿弯油管。

（8）油管下完后接上清洗干净的油管悬挂器（装有密封圈），对好井口下入并坐稳，再顶上顶丝。

6. 起下油管的技术质量要求

（1）下井油管螺纹必须清洁，连接前要涂匀密封脂。

（2）拉送油管人员必须站在油管侧面。

（3）下井油管螺纹不准上偏，必须上满、旋紧，其扭矩符合规定。

（4）下大直径工具在通过射孔井段时，下放速度不得超过 5m/min。

（5）油管未下到预定位置遇阻或上提受卡时，应查明原因及时解决。

（6）井口要有防掉、防喷装置。

（7）随时观察修井机、井架、绷绳和游动系统，发现问题立即停车处理，待正常后才能继续施工。

7. 起下油管的安全环保要求

（1）施工中，严格按照环境保护作业指导书执行。

（2）在施工中要注意保护植被，不超范围占地。

（3）杜绝跑、冒、滴、漏现象。

（4）在敏感作业地区施工，要采取有效措施减少污染物落地。

（5）施工完成后，在规定时间内将井场恢复原貌。

十六、拨游梁式抽油机驴头

1. 使用工具

900mm 管钳 1 把，375mm、450mm 活动扳手，撬杠，安全带 1 副，方卡子 3 只，白棕绳 20m，大锤 1 把。

2. 操作步骤

（1）将抽油机停在接近下死点 0.3～0.5m，刹紧抽油机刹车。

（2）把方卡子卡在采油树防喷盒以上 0.1～0.2m 处光杆上。

（3）卸掉抽油机负荷，刹住抽油机刹车。

（4）卸掉悬绳器。

（5）使抽油机游梁处于水平状态，刹死刹车。

（6）在驴头上拴引绳，操作人员站在支架梯子上砸掉驴头一侧销子。

（7）待操作人员下到地面后，拉动驴头。

（8）驴头到位后，把驴头挂牢在抽油机的游梁上。

3. 拨游梁式抽油机驴头的技术安全要求

（1）抽油机旋转范围内不许站人。

（2）抽油机刹车一定要刹死。

（3）操作人员上抽油机必须系好安全带。

十七、用通井机调防冲距

1. 通井机调防冲距的使用工具

通井机 1 台、游动系统 1 套、方卡子 2 只、1m 钢板尺 1 个、活动扳手 1 把。

2. 操作步骤

（1）防冲距高度的确定：现场施工经验泵挂深度在 800～1000m，防冲距约900mm。

（2）用通井机缓慢下放光杆到没负荷时在光杆上打上记号。

（3）将光杆缓慢上提到确定的防冲距高度，在光杆上卡好方卡子。

（4）取下悬绳器。

（5）拨正驴头，启动抽油机使驴头处于下死点挂悬绳器，卡好方卡子。

（6）启动抽油机，不刮不碰为合格。

3. 通井机调防冲距的安全技术要求

（1）卡方卡子时，方卡子牙一定要朝上，卡反了会造成砸泵事故。

（2）方卡子以下的光杆与毛辫子之间的部位不许用手抓，严防卡、碰手指。

（3）用提升设备下放活塞碰泵底时，速度要缓慢，严禁猛放。

十八、测压井液相对密度

1. 测压井朝笔胡对密度的使用工具

密度计 1 套、量杯 1 个、铅粒少许、螺丝刀 1 把。

2. 操作步骤

（1）检查密度计表面。

（2）用清水校正密度计。

（3）将待检验的压井液充分搅拌后注满清洁、干燥的量杯。

（4）盖上盖，慢慢拧紧杯盖，使多余的液体从盖上小孔处冒出来。

（5）用手指压住盖上小孔，清洗或擦干量杯外及臂梁上的液体。

（6）把刀口放在支点上，移动并调整游码。当水平气泡在中间时，读出内侧所示刻度数值即为压井液的相对密度。

（7）测完后，将密度计洗净。

3. 测压井液相对密度的技术要求

（1）密度计使用前必须检查，校验合格后方可使用。

（2）所测量数据要真实准确，取小数点后两位测压井液黏度的使用工具。

十九、测压井液黏度

1. 使用工具

漏斗黏度计 1 套、棉纱少许、秒表 1 只。

2. 操作步骤

（1）校验黏度计：将黏度计漏斗垂直拿到手中，食指堵住漏斗出口，将 500mL 量杯中的清水倒入漏斗中，再把 200mL 量杯清水倒入漏斗中，这样漏斗总共有 700mL 清水。把 500mL 量杯口朝上，看好时间，松开手指，流满 500mL 所用时间为 15.0±0.2s 为合格。

（2）测量压井液或其他液体黏度时，将漏斗垂直拿在手中或垂直固定在支架上，用手指堵住漏斗出口，量好 700mL 后，移动手指，同时启动秒表。读出压井液流满 500mL 所需要的时间即为所测液体的黏度。

（3）测试完毕后，将各部件清洗干净放好。

3. 测压井液黏度的技术要求

（1）测量黏度前必须用清水校验黏度计，合格后方可使用。

（2）被测液体有杂草、泥砂块等杂物时，应加滤网过滤。但过滤完后应去掉滤网，否则测得的黏度不真实。

（3）黏度计用后必须清洗干净，放好。

二十、通井施工

1. 使用工具

起重设备1套、液压油管钳1套、自封封井器1个、通井规（小于套管内径6~8mm）1个。

2. 操作步骤

（1）将通井规测量好尺寸后，接在下井第一根油管底部。

（2）将通井规下入井内，下油管5根后，装自封封井器。下管速度控制为10~20m/min，在人工井底以上100m左右时，减慢速度，同时观察拉力计。

（3）通井遇阻，计算深度上报有关部门。如探到人工井底则连探三次，计算出人工井底深度。

（4）起出通井规，检查有无变形，采取相应处理措施。

3. 通井施工的质量技术要求

（1）通井时，要随时检查井架、绷绳、地锚等。

（2）下通井管柱时，管柱按标准扭矩上紧、上平。

（3）下入井内管柱应清洗干净，螺纹涂密封脂。

（4）管柱丈量、计算准确。

（5）遇阻探人工井底，加压不得超过30kN。

（6）通井遇阻时，不得猛顿，起出通井规再检查，找出原因，待采取措施后，再进行通井。

4. 通井施工的安全环保要求

（1）施工中，严格按照作业队环境保护作业指导书执行。

（2）要注意保护植被，不超范围占地。

（3）在敏感作业地区施工，要采取有效措施减少污染物落地。

（4）具有使用条件的现场，必须使用污油污水回收装置，并做好使用记录。

（5）施工完成后，在规定时间内将井场恢复原貌。

（6）施工现场必须配备各种安全警示牌、警示旗等标志。

二十一、反循环压井

1. 工具用具准备

400型水泥车1台，防污染车1台，针型阀1个，单流阀1个，压井液密度计、黏度计、失水仪各1套。

2. 操作步骤

（1）对称顶紧大四通顶丝。

（2）接好进、出口管线，进口装单流阀。

（3）将水泥车与进口管线连接，倒好采油树闸门，对进口管线用清水试压。

（4）清水用量为井筒容积的 1.5~2.0 倍。

（5）反替清水密度、水性，要在进出口水性一致，密度差小于 2%，且无杂物时停泵。

（6）在替清水过程中，要认真观察进出口有无异常、漏失，如有异常要上报。

3. 反循环压井的技术质量要求

压井施工前，必须检查压井液性能，不符合设计要求的压井液不能使用。压井施工时，要连续施工，中途不得停泵。

4. 反循环压井的安全要求

（1）开工前填好开工许可证，各岗要对 HSE 检查表上的每一项认真检查，合格后签字。班组安全检查员负责班组安全。

（2）冬季施工要防止冻管线。

（3）施工用管线试压压力为工作压力的 1.5 倍，施工人员不能靠近作业区，严禁跨越。

（4）施工现场必须配备各种安全警示牌、警示旗等标志。

5. 反循环压井的环保要求

（1）施工中，严格按照作业队环境保护作业指导书执行。

（2）在施工中要注意保护植被，不超范围占地。

（3）施工过程中要保证各种管线接口密封，阀门灵活好用，杜绝跑、冒、滴、漏现象。

（4）在敏感作业地区施工，要采取有效措施减少污染物落地。

（5）具有使用条件的现场，必须使用污油污水回收装置，并做好使用记录。

二十二、正循环压井

1. 工具用具准备

400 型水泥车 1 台，防污染车 1 台，针型阀 1 个，单流阀 1 个，压井液密度计、黏度计、失水仪各 1 套。

2. 操作步骤

（1）对称顶紧大四通顶丝，接好管线，油、套管放气。

（2）从油管一翼接好进口管线。

（3）从套管一翼接好出口管线。

（4）将水泥车与进口管线连接。

（5）倒好正洗井流程，用清水正循环洗井脱气。洗井过程中用针型阀控制进出口排量平衡，清水用量为井筒容积的 1.5~2.0 倍。

（6）用压井液进行正循环压井。若遇高压油气井，在压井过程中，用针型阀控制进出口排量，当进出口压井液密度差小于 2% 时可停泵。

（7）观察 30min，进、出口无溢流，压力平衡后，完成正循环压井操作。

3. 正循环压井的安全要求

（1）开工前填好开工许可证，各岗要对 HSE 检查表上的每一项认真检查，合格后签字。班组兼职安全检查员负责班组安全检查工作，不符合安全规定不能开工。

（2）冬季施工要防止冻管线。

（3）施工用高压管线试压压力为工作压力的 1.5 倍，高压作业时，施工人员不能靠近作业区，严禁跨越。

（4）施工现场必须配备各种安全警示牌、警示旗等标志。

4. 正循环压井的环保要求

（1）施工中，严格按照作业队环境保护作业指导书执行。

（2）在施工中要注意保护植被，不超范围占地。

（3）施工过程中要保证各种管线接口密封，阀门灵活好用，杜绝跑、冒、滴、漏现象。

（4）在敏感作业地区施工，要采取有效措施减少污染物落地。

5. 正循环压井的技术质量要求

（1）出口连接硬管线不能有小于 90° 的急弯。

（2）施工进口对进口管线试压。试压压力为设计工作压力的 1.5 倍，5min 不刺不漏为合格。

（3）必须检查压井液性能，不符合设计要求不能使用。

（4）压井前，要先用 2.0 倍井筒容积的清水进行脱气。

（5）压井施工时，要连续施工，中途不得停泵，以防止压井液被气侵。

二十三、替喷

1. 工用具准备

一条龙水泥车、防污染罐车 1 个、单流阀 1 个。

2. 操作步骤

（1）按施工设计要求，准备足够的清水。

（2）下入替喷管柱。替喷管柱深度要下至人工井底以上 1~2m，下至距人工井底 100m 时，开始控制管柱的下放速度。

（3）连接泵车管线，从油管正打入清水，启动压力不得超过油层吸水压力，排量不低于 $0.5m^3/min$，大排量将设计规定的清水全部替入井筒，替喷过程要连续不停泵。

（4）替喷后，进出口替喷工作液密度差应小于 $0.02kg/cm^3$。

（5）上提管柱至设计完井深度。

3. 替喷的技术要求

（1）必须连接硬管线，固定牢靠。

（2）进口管线要安装单流阀，并试压合格。

（3）替喷作业前要先放压，并采用正替喷方式。

（4）替喷过程中做好防喷工作。

（5）要准确计量进出口液量。

（6）替喷所用清水不少于井筒容积的 1.5 倍。

（7）施工要连续进行，中途不得停泵。

（8）防止将压井液挤入地层，污染地层。

（9）制定好防井喷、防火灾、防中毒的措施。

（10）替喷用液必须清洁，计量池、罐干净，无泥沙等脏物。

4. 替喷的安全环保要求

（1）施工中，严格按照作业队环境保护作业指导书执行。

（2）在施工中要注意保护植被，不超范围占地。

（3）施工过程中要保证各种管线接口密封，阀门灵活好用，杜绝跑、冒、滴、漏现象。

（4）在敏感作业地区施工，要采取有效措施减少污染物落地。

（5）具有使用条件的现场，必须使用污油污水回收装置，并做好使用记录。

（6）各岗要对 HSE 检查表上的每一项认真检查。施工现场必须配备各种安全警示牌、警示旗等标志。

二十四、气举施工

1. 气举施工工用具准备

答：压风机 2 台（工作压力 25MPa）、25MPa 压力表 1 块、单流阀 1 个、油嘴 1 个。

2. 操作步骤

（1）接气举进出口管线，套管进，油管出。

（2）套管另一侧闸门装好适当量程的压力表。

（3）开采油树油管生产闸门及总闸门，关其他所有闸门。

（4）进行气举管线试压。

（5）开采油树套管闸门反气举。

（6）关套管闸门和油管生产闸门接好放气管线。

（7）用油嘴控制放气直至套压降至零。关好油套管闸门。

（8）放完气后，用钢板尺测量罐内被排出的液量。

3. 气举施工技术质量要求

（1）设备要停在井口上风处，距井口 20m。

（2）进出口管线必须使用硬管线，不允许接90°死弯头。

（3）气举施工前放掉井筒内气体，使用氮气为介质。

（4）采油树及管线必须保持严密不漏。

（5）气举施工中若出现管线刺漏现象，待压力放净后再处理。

（6）气举时人要离开高压管线20m以外。

（7）要注意观察出口返液情况，并做好防喷工作。

（8）放尽环形空间的气体，才能关井或开井求产。

（9）套管放压时，控制速度，防止激活地层，造成出砂。

4. 气举施工安全环保要求

（1）施工中，严格按照作业队环境保护作业指导书执行。

（2）在施工中要注意保护植被，不超范围占地。

（3）施工过程中要保证各种管线接口密封，阀门灵活好用，杜绝跑、冒、滴、漏现象。

（4）在敏感作业地区施工，要采取有效措施减少污染物落地。

（5）具有使用条件的现场，必须使用污油污水回收装置，并做好使用记录。

（6）各岗要对 HSE 检查表上的每一项认真检查，施工现场必须配备各种安全警示牌、警示旗等标志。

二十五、插接抽汲钢丝绳

1. 插接抽汲钢丝绳使用的工用具

手钳2把、螺丝刀4只、割绳器1只、钢丝绳50m。

2. 操作步骤

（1）先将一根长50m的批6mm钢丝绳拉直，再分别从两端各丈量出12m，并在12m处各用细铁丝捆上，用手钳拧紧。

（2）将钢丝绳两端各股钢丝绳散开到捆铁丝处，并去掉各自的绳芯。然后分别剪去1、3、5，留下2、4、6。

（3）把两根钢丝绳各头留下的三股拿到一起对插好，各股钢丝绳同时拉紧，绳芯应对齐对平，然后松掉捆在钢丝绳上的细铁丝。

（4）将对接中的两股沿着向后退的一股让出的槽子嵌进去，补充让出来的位置，前进与后退的绳股应相互靠紧，互相别着，直到前进的一股剩下0.5m时停止。把后退的一股也留下0.5m，余下的剪掉不要。绳头用细棕绳丝缠紧。

（5）把对接中的两股按着上一次的方法，将前进的一股沿着让出的槽子嵌进去，补充让出的位置，距退至第一个交叉点量出1.5m时停止。把前进和后退的两股各留下0.5m，其余剪掉，绳头用细棕绳丝缠紧。

（6）将对接中的另外两股用同样的方法从对接口向前沿着后退的一股让出的槽子嵌进去，补充让出来的位置，距退至第二个交叉点量出1.5m。把前进和后退的两股各留下 0.5m，其余剪掉，并用细丝绳缠紧。另一端六股接法相同。

（7）将对接插好的单股绳头，用两把接绳器或大螺丝刀将绳头逐个别进钢丝绳内。压头时，绳芯应慢慢拉，而单股绳头应很快随着退出的绳芯补充进去。

（8）插接后的钢丝绳直径和一般钢丝绳相同，强度应相当于原钢丝绳的 80%。

二十六、套管刮削工艺

1. 施工用具和洗井液的准备

400 型水泥车 1 台、套管刮管器 1 个、自封封井器 1 个。按井筒容积的 1.5~2.0 倍，准备好刮削洗井用的修井液。

2. 操作步骤

（1）按套管内径选择合适的套管刮削器。

（2）将套管刮削器连接在管柱底部。

（3）下油管 5 根后井口装好自封封井器。

（4）下管柱时要平稳操作，接近刮削井段开泵循环正常后，边缓慢顺螺纹紧扣方向旋转管柱边缓慢下放，上提管柱反复刮削，悬重正常为止。

（5）若中途遇阻，当悬重下降 20~30kN 时，应停止下管柱。边洗井边旋转管柱反复刮削至悬重正常，再继续下管柱，一般刮管至射孔井段以下 10m。

（6）刮削完毕要大排量反循环，将刮削下来的脏物洗出地面。

（7）洗井结束后，起出井内刮削管柱，结束刮削操作。

3. 套管刮削工艺的技术质量要求

（1）选择适合的套管刮削器。

（2）套管刮削器下井前应认真检查。

（3）刮削管柱下放要平稳。

（4）刮削射孔井段时要有专人指挥。

（5）当刮削管柱遇阻时，应逐渐加压，开始加 10~20kN，最大加压不得超过 30kN，并缓慢上下活动管柱，不得猛提猛放，也不得超负荷上提。

4. 套管刮削工艺安全环保要求

（1）施工中，严格按照环境保护作业指导书执行。

（2）在施工中要注意保护植被，不超范围占地。

（3）施工过程中要保证各种管线接口密封，阀门灵活好用，杜绝跑、冒、滴、漏现象。

（4）在敏感作业地区施工，要采取有效措施减少污染物落地。

（5）具有使用条件的现场，必须使用污油污水回收装置，并做好使用记录。

（6）施工完成后，在规定时间内将井场恢复原貌。

二十七、常规冲砂

1. 冲砂的工用具准备

（1）编写施工设计，技术交底。

（2）选好冲砂操作所需要的工具、用具和设备，并检查所用工具、用具和设备的技术性能。

（3）测量冲砂工具，并绘制草图。

（4）按照施工设计要求备足冲砂所用的冲砂液。

（5）准备好进、出液罐及沉砂池。

（6）连接好地面管线，并固定牢固。

（7）检查好提升系统，保证冲砂过程中提升系统能正常工作。

2. 操作步骤

（1）冲砂笔尖接在下井第一根油管底部。下油管 5 根后，装自封封井器。

（2）下油管探砂面，核实深度。

（3）将单流阀连接在井口油管上。

（4）将冲砂弯头及水龙带连接在下井油管第一根与井内油管连接好。

（5）接好管线循环洗井，返出正常缓慢下油管，同时用水泥车向井内泵入清水。如有进尺则以 0.5m/min 的速度缓慢均匀加深管柱。

（6）当一根油管冲完后，为了防止在接单根时砂子下沉造成卡管柱，要循环洗井 15min 以上，同时把活接头用管钳上在欲下井的油管单根上。水泥车停泵后，接好单根，开泵继续循环加深冲砂。

（7）按上述要求重复接单根冲砂，连续加深 5 根油管后，必须循环洗井 1 周以上再继续冲砂设计冲砂深度。

（8）冲砂设计要求深度后，要充分循环洗井，当出口含砂量小于 0.2% 时，起冲砂管柱，结束冲砂作业。

3. 技术质量要求

（1）严禁使用普通弯头替代冲砂弯头。

（2）冲砂弯头及水龙带用安全绳系在大钩上。

（3）气化水冲砂排量为 500L/min 左右，压风机排量为 8m³/min 左右，冲至砂面时加压不大于 10kN。

（4）禁止使用大直径的管柱冲砂。

（5）冲砂施工必须在压住井的情况下进行。

（6）冲砂过程中要缓慢均匀地下放管柱，以免造成砂堵或憋泵。

（7）冲砂施工需有沉砂池，进、出口罐分开，防止将冲出的砂又循环带入井内。

（8）要有专人观察冲砂出口返液情况。

（9）在进行混气水或泡沫冲砂施工时，井口应装高压封井器，出口必须接硬管线并用地锚固定牢。

（10）冲砂施工中途若作业机出故障，彻底循环洗井。若水泥车或压风机出现故障，应迅速上提管柱至原砂面以上30m，并活动管柱。

（11）因管柱下放快造成憋泵，应立即上提管柱，待泵压和出口排量正常以后，方可继续加深管柱冲砂。

（12）对冲砂地面罐和管线的要求同压井作业，尤其是气井特别是要注意防火、防爆、防中毒，避免事故发生。

4. 冲砂的安全要求

（1）开工前填好开工许可证。

（2）冬季施工要防止冻管线。

（3）施工用高压管线试压压力为工作压力的1.5倍。

（4）施工现场必须配备各种安全警示牌、警示旗等标志。

5. 冲砂的环保要求

（1）施工中，严格按照作业队环境保护作业指导书执行。

（2）在施工中要注意保护植被，不超范围占地。

（3）施工过程中要保证各种管线接口密封，阀门灵活好用，杜绝跑、冒、滴、漏现象。

（4）在敏感作业地区施工，要采取有效措施减少污染物落地。

（5）具有使用条件的现场，必须使用污油污水回收装置，并做好使用记录。

（6）施工完成后，在规定时间内将井场恢复原貌。

二十八、气化液（泡沫）冲砂

1. 冲砂的工用具准备

（1）编写施工设计，技术交底。

（2）选好冲砂操作所需要的工具、用具和设备，并检查所用工具、用具和设备的技术性能。

（3）测量冲砂工具，并绘制草图。

（4）按照施工设计要求备足冲砂所用的冲砂液、压风机、储气罐。

（5）准备好进、出液罐及沉砂池。

（6）连接好地面管线，并固定牢固。

（7）检查好提升系统，保证冲砂过程中提升系统能正常工作。

2. 操作步骤

（1）将单流阀连接在井口油管上。

（2）接好正冲砂管线，同时启动水泥车与压风机，待出口返液后，缓慢加深管柱。

（3）单根冲完后，压风机停机，用水泥车继续泵入一倍油管容积的液体，同时把冲砂弯头上在欲下井的油管单根上。

（4）水泥车停泵，接单根后，按以上顺序启动水泥车和压风机，继续冲砂，直到冲至设计深度。出口液含砂量小于 0.2% 时，结束冲砂施工。

3. 冲砂的技术安全要求

（1）施工中，严格按照作业队环境保护作业指导书执行。

（2）在施工中要注意保护植被，不超范围占地。

（3）施工过程中要保证各种管线接口密封，阀门灵活好用，杜绝跑、冒、滴、漏现象。

（4）在敏感作业地区施工，要采取有效措施减少污染物落地。

（5）具有使用条件的现场，必须使用污油污水回收装置，并做好使用记录。

（6）施工完成后，在规定时间内将井场恢复原貌。

二十九、下电潜泵

1. 准备工作

通井机 1 台、游动系统 1 套、电潜泵 1 套（含附件）、拉紧钳、锁紧钳、48in 备钳、万用表钢卷尺、电缆导向轮、电缆卡子、15in 活动扳手、吊卡、缺口法兰 1 个。

2. 操作步骤

（1）做好下电潜泵前的准备工作。

（2）将电缆滚筒摆到通井机旁边，距井口 25m 以外，滚筒与井口和通井机的夹角为 30°~40°，电缆轴向中心线与电缆导轮、井口在同一平面上。

（3）用万用表测量电缆绝缘电阻。

（4）将小扁电缆通过导轮，拉向井口，吊在井架腰部卡好。

（5）通井机手配合电泵专业人员将电泵级组下入井内。

（6）吊起油管与井内接箍对扣，打上背钳，上紧油管螺纹。

（7）由 1 人扶住大扁电缆，在每一根油管接箍上下各打一个电缆卡子铠皮稍有变形即可，切不可伤害铠皮。

（8）通井机下放油管速度与滚动速度同步。

（9）将单流阀、泄油器分别接在第二根和第三根油管尾部。

（10）每下 10 根油管要用万用表检查一次电缆绝缘。

（11）油管下到最后 1 根时，将油管头及短节接在井内最后 1 根油管上，用管钳上紧。

（12）把大扁电缆在油管头开门部分上、下各 30~40cm 处的铠皮剥开，露出电缆涤芯。

（13）卸开油管头上一条螺丝撬开活门，将电缆涤芯卧进油管头槽内，合上活门，带上螺丝将油管头坐进套管四通内。

（14）将开口法兰盖在油管头上，开口朝向电缆那一边。装电泵井口。

（15）用万用表测量电缆电阻，大于 $500M\Omega$ 为合格。

3. 下电泵的技术要求

（1）下油管时，电缆要有一定的拉力，不出现突起，但拉力不能太大，以免扯坏电缆。

（2）卡子松紧度以勒紧电缆、铠皮略有变形为宜。

（3）要打好背钳，严禁下井的油管转动。

（4）电缆从滚筒上倒下来时不能拖地，以免将泥土和茅草等杂物带入井内。

4. 下电泵的安全环保要求

（1）施工中，严格按照作业队环境保护作业指导书执行。

（2）在施工中要注意保护植被，不超范围占地。

（3）施工过程中要保证各种管线接口密封，阀门灵活好用，杜绝跑、冒、滴、漏现象。

（4）在敏感作业地区施工，要采取有效措施减少污染物落地。

（5）具有使用条件的现场，必须使用污油污水回收装置，并做好使用记录。

（6）施工完成后，在规定时间内将井场恢复原貌。

三十、封隔器找水

1. 封隔器找水的工用具准备

Y211 封隔器 1 个、Y111 封隔器 1 个、活动配产器 2 个。

2. 操作步骤

（1）接反循环管线，用清水洗压井，起出井内全部管柱。

（2）下套管刮削器，刮削、洗井。

（3）按组配好下井找水管柱。

（4）将找水管柱下至预定深度，坐好封隔器，对第一层求产测试。

（5）捞出配产器内的堵塞器，洗压井，投入配产器及堵塞器，对第二层求产测试。对两层资料进行对比，找出出水层。

3. 封隔器找水的技术要求

（1）下井的油管、工具要丈量准确，做好详细记录。

（2）封隔器坐封位置要避开套管接箍 1m 以上。

（3）下管柱速度小于 0.5m/s，避免封隔器中途坐封。

（4）油层测试资料必须齐全准确。

4. 封隔器找水的环保要求

施工过程中首先要保证压井试压管线试压合格，密封可靠；在井口装好控制器，防止井内流体外溢；压井洗井反出液要进干线或者使用地面设备（如罐车）

接，不准外排；压井液应做好试验，减少油层污染。

三十一、注水泥塞施工

1. 工具、用具和设备准备

400 型水泥车 2 台，$8m^3$ 计量罐 2 个，$1m^3$ 计量罐 1 个，1m 钢板尺 1 个，计算器 1 个，密度计 1 个，氯离子化验设备 1 套。

2. 注水泥塞施工施工用液准备

根据施工设计要求备足符合要求的修井液和清水。

（1）在 $8m^3$ 储液罐内备足顶替用的修井液。

（2）在 $1m^3$ 罐中装入配灰浆用的清水。

3. 注水泥塞施工油井水泥准备

（1）施工前要在实验室，对油井水泥及添加剂的性能进行化验。

（2）现场检查水泥质量。

（3）将水泥摆放在配水泥浆的操作台上。

4. 注水泥塞施工井筒及管柱准备

（1）通井、刮削彻底清除井壁上污物。

（2）若在自喷井注水泥塞施工，施工前必须压井。

（3）若井漏失严重，必须封堵漏失层段。

（4）准确计算、丈量、配好注水泥塞管柱，并做好记录。

5. 操作步骤

（1）压井起出井内管柱。

（2）下管柱预处理。

① 漏失严重的地层应先堵漏或填砂。

② 洗井降温或脱气。

③ 磁性定位校深。

（3）注水泥塞施工。

① 按设计要求将管柱完成在注灰深度，坐好井口。

② 连接施工管线，试压合格。

③ 按要求的调配水泥浆。

④ 注入前隔离液，再替水泥浆，然后替入后隔离液，接着泵入顶替液。

⑤ 上提管柱，坐好井口，反洗。

⑥ 装好采油树，向井筒内灌满同性能的压井液。

⑦ 关井 24~48h。

⑧ 探灰面，确定灰面后，装好井口，压力表。

⑨ 用水泥车反洗井后试压。

6. 注水泥塞施工质量技术要求

（1）顶替水泥浆之前，要保证油套管液面在井口。

（2）注入和试验用水一致。

（3）顶替液量必须计量准确。

（4）候凝时油套管液面必须在井口。

（5）高压不稳定井或层间干扰大的井应采取加压候凝。

（6）候凝时间按要求进行，保证水泥塞凝固质量。

7. 注水泥塞施工安全环保要求

修井液对油层无污染。井口反出液要进干线或者使用设备接，防止污染地面，起下操作时，在井口装好控制器，控制井内流体，施工的设备、工用具应在地面铺设防渗布，防止设备工用具润滑油污染地面。

三十二、封隔器找窜

1. 封隔器找窜工艺的准备工作

（1）找窜层间夹层厚度符合要求。

（2）井内无落物，套管完好。

（3）找窜井基础资料数据齐全。

（4）找窜井段不具备进出孔时，在夹层部位补射观察孔。

（5）按照管柱连接顺序配管柱。单封隔器：自下而上为球座、节流器、封隔器、上部油管。

双封隔器：自下而上为底部球座、封隔器、下部油管、节流器、封隔器、上部油管。

（6）配备水泥车和符合施工要求的修井液。

（7）编写施工设计。

2. 操作步骤

（1）按设计要求选择合适密度的压井液压井。

（2）起管柱。

（3）探砂面、冲砂。

（4）通井。

（5）套管刮削。

（6）找窜。

① 下封隔器找窜管柱至设计要求的验封位置，装井口。

② 接水泥车进出口管线，地面试压。

③ 循环洗井，投球。

④ 封隔器验封合格。

⑤ 调整管柱至找窜位置。分别在三个压力点各正注 $10\sim30$min，观察记录套管压力或溢流量变化。

⑥ 卸压，将封隔器上提验封。

⑦清水反洗井，起出找窜管柱。

3. 封隔器找窜工艺的质量技术要求

（1）新井找窜时应先进行套管刮削。

（2）修井液无杂质，管线、计量池清洁。

（3）地层出砂严重，测完一个点上提封隔器时，应缓慢上提，防止地层出砂卡钻。

（4）管柱丈量准确，封隔器坐在需测井段夹层部位并避开套管接箍。

4. 封隔器找窜工艺的安全环保要求

找窜时在油层部位采用活性水或原油，防止污染油层。不得将修井液或污物注入地层、窜槽部位。井口反出液要进干线或者使用设备接，防止污染地面，起下操作时，在井口装好控制器，控制井内流体，施工的设备、工用具应在地面铺设防渗布，防止设备工用具润滑油污染地面。

三十三、循环法封窜

1. 准备工作

（1）找窜层间夹层厚度符合要求。

（2）井内无落物，套管完好。

（3）找窜井基础资料数据齐全。

（4）找窜井段不具备进出孔时，在夹层部位补射观察孔。

（5）按照管柱连接顺序配管柱。单封隔器：自下而上为球座、节流器、封隔器、上部油管。双封隔器：自下而上为底部球座、封隔器、下部油管、节流器、封隔器、上部油管。

（6）配备水泥车和符合施工要求的修井液。

（7）编写施工设计。

2. 操作步骤

（1）按施工设计要求下入封堵窜槽管柱，使封隔器坐封。

（2）投球、冲洗窜槽部位。

（3）泵入水泥浆。

（4）顶替至节流器以上 10~20m 处，上提封窜管柱，使封隔器位于射孔井段以上。

（5）反洗井。

（6）上提油管，关井候凝。

（7）试压、检验封堵情况。

3. 封隔器找窜工艺的质量技术要求

（1）新井找窜时应先进行套管刮削。

（2）修井液无杂质，管线、计量池清洁。

（3）地层出砂严重，测完一个点上提封隔器时，应缓慢上提，防止地层出砂卡钻。

（4）管柱丈量准确，封隔器坐在需测井段夹层部位并避开套管接箍。

4. 封隔器找窜工艺的安全环保要求

找窜时在油层部位采用活性水或原油，防止污染油层。不得将修井液或污物注入地层、窜槽部位。井口反出液要进干线或者使用设备接，防止污染地面，起下操作时，在井口装好控制器，控制井内流体，施工的设备、工用具应在地面铺设防渗布，防止设备工用具润滑油污染地面。

三十四、封隔器堵水

1. 准备工作

（1）井况调查。

（2）编写施工设计书。

（3）现场调查。

（4）工具准备。井下工具主要包括：封隔器和井下配套工具。

（5）设备准备。主要设备：水泥车、水罐车等。

2. 操作步骤

（1）压井。

（2）起管。装好适当压力等级的井口防喷器。

（3）通井、刮削。

（4）下堵水管柱，坐封封隔器。

（5）投产：分别对上、下层投产。

3. 封隔器堵水工艺的技术质量要求

（1）作业前应测静压和流压。

（2）装好指重表或拉力计。

（3）下井管柱、工具必须清洁干净，丈量准确。

（4）下井油管，下井前必须用通径规通过。

（5）管柱下井前必须先通井至人工井底或设计深度 50m 以下。

（6）管柱下井过程中，要求操作平稳，严防顿钻。

（7）取全取准各项数据、资料。

4. 封隔器堵水工艺的安全环保要求

必须装好适当压力等级的井口防喷器，压井时须注意保护油层，循环压井时要控制回压。井口反出液要进干线或者使用设备接，防止污染地面，起下操作时，在井口装好控制器，控制井内流体，施工的设备、工用具应在地面铺设防渗布，防止设备工用具润滑油污染地面。

三十五、配管柱，画管柱结构示意图

1. 准备工作

（1）了解施工设计内容。

（2）丈量油管。

（3）调配管柱。

（4）画井身结构示意图。

2. 操作步骤

（1）熟悉设计，掌握油水井各种数据。

（2）丈量实物长度，包括油管悬挂器、下井工具。

（3）计算所需油管长度，丈量、选择油管，连接下井工具。

（4）按照下井顺序将下井管柱摆放好，复核、计算出实配深度，填入油管记录。

3. 配管柱，画管柱结构示意图技术要求

（1）油管桥上排放的油管顺序，必须与油管记录上的记录顺序一致。

（2）管柱计算必须准确。

（3）现场配管柱时，工具与工具之间的油管根数及与工具连接的油管要有明显标记。

（4）剩余的油管要与下井油管分开。

（5）画下井管柱结构示意图要图纸清洁，各部分比例适当。

（6）图纸中下井工具的特征符号要正确。

（7）图纸中各下井工具次序、位置准确。

三十六、下井管柱的组配方法（以分层配注、分层配产管柱为例）

1. 组配步骤

（1）分层配产管柱结构和分层配注管柱结构设计清楚。

（2）计算所需油管长度。

（3）计算实配深度。

① 第一级封隔器实配深度=油补距+油管挂长度+选用油管长度+第一级封隔器上部长度。

② 第二级封隔器实配长度=第一级封隔器实配深度+第一级封隔器下部长度+选用油管长度+配产（水）器长度+第二级封隔器上部长度。

③ 第三级封隔器实配长度=第二级封隔器实配深度+第二级封隔器下部长度+选用油管长度+配产（水）器长度+第三级封隔器上部长度。

④ 底部球座实配长度=第三级封隔器实配长度+第三级封隔器下部长度+选用油管长度+配产（水）器长度+底部球座长度。

2. 配管柱操作要求

（1）配管柱前要认真阅读施工设计书。

① 掌握下井管柱结构，下井工具名称、规范、用途、先后顺序和间隔标准。

② 掌握有几个卡点、卡点深度、卡距、夹层厚度。

③ 掌握套管接箍位置、射孔井段、人工井底和油补距。

④ 计算好下井工具之间所需油管长度。

⑤ 编出配管柱记录顺序号，准备好短节。

（2）量油管。

① 认真检查要丈量的油管，包括螺纹、管体腐蚀情况、无弯曲和裂痕、孔洞等。

② 用内径规通油管。

三十七、测卡点

1. 工用具准备

修井机（自带拉力表）1台，控制器1套，钢卷尺1个。

2. 操作步骤

（1）检查井架、绷绳、地锚、游动系统、提升系统等部位是否完好，指重表是否灵活好用。

（2）上提管柱，当上提负荷比井内管柱悬重稍大时停止上提，记录第一次上提拉力，记为 P_1。

（3）在与防喷器法兰上平面平齐位置的油管上做第一个标记，作为 A 点。

（4）继续上提管柱，记录 P_2。

（5）标记 B 点。

（6）测量 λ_1。

（7）记录 P_3。

（8）标记 C 点。

（9）测量 λ_2。

（10）记录 P_4。

（11）标记 D 点。

（12）测量 λ_3。

（13）卸掉提升系统负荷。

（14）计算三次上提拉伸拉力及三次平均拉伸拉力，单位符号为 kN，$P_a = P_2 - P_1$；$P_b = P_3 - P_1$；$P_c = P_4 - P_1$；平均拉伸拉力 $P = (P_a + P_b + P_c)/3$。

（15）计算平均油管伸长量，单位符号为 cm：$\lambda = (\lambda_1 + \lambda_2 + \lambda_3)/3$。

（16）根据公式计算卡点位置：$L = K \cdot \lambda / P$。

3. 施工技术要求

每次提升负荷不得超过油管许用负荷，在提升过程中要注意观察指重表变化，严禁猛提猛放，在井口安装好控制器，预防井喷。

三十八、套、磨铣落鱼

1. 工用具准备

套铣筒、磨鞋、封井器、修井转盘 1 套、随钻打捞杯。

2. 操作步骤

（1）下套铣筒或磨鞋，卸井口装置。将套铣筒或磨鞋连接在下井第一根钻杆的底部，下井。套铣筒或磨鞋下至鱼顶以上 5m 处，停止下放钻具。

（2）套铣或磨铣：接正洗井管线，开泵循环，缓慢下放旋转钻具。套铣或磨铣时所加钻压不得超过 40kN，排量大于 500L/min，转速 40~60r/min。套铣或磨铣至设计深度后，要大排量循环洗井。

（3）起出井内管柱，检查磨铣工具，分析磨铣效果，确定下步方案。

3. 套、磨铣落鱼的技术要求

（1）套铣或磨铣时加压不得超过 40kN，指重表要灵活好用。

（2）在套铣或磨铣深度以上若有严重出砂层位，必须处理后再套铣或磨铣。

（3）在套铣或磨铣施工过程中，每套铣或磨铣完 1 根钻杆要充分洗井。

4. 套、磨铣落鱼的安全环保要求

在套铣或磨铣施工过程中，若出现无进尺或蹩钻等现象，不得盲目增加钻压，待确定原因后再采取措施，防止出现重大事故。必须装好适当压力等级的井口防喷器，压井时须注意保护油层，循环压井时要控制回压。井口反出液要进干线或者使用设备接，防止污染地面，起下操作时，在井口装好控制器，控制井内流体，施工的设备、工用具应在地面铺设防渗布，防止设备工用具润滑油污染地面。

三十九、使用滑块捞矛打捞

1. 工用具准备

滑块捞矛 1 个，自封封井器 1 个，游标卡尺 1 个，2000mm 钢卷尺 1 把，内、外卡钳各 1 把。

2. 操作步骤

（1）检查滑块捞矛的矛杆与接箍连接螺纹，水眼，滑块挡键是否合格。

（2）将滑块滑至斜键 1/3 处，测量滑块在斜键 1/3 处的直径。

（3）绘制下井滑块捞矛的草图。

（4）将滑块捞矛下井，装封井器，下至距鱼顶 10m 时停止下放。

（5）循环冲洗鱼顶（带水眼的滑块捞矛）。同时缓慢下放钻具，注意观察指重表指重变化。

（6）当悬重下降有遇阻显示时，加压 10~20kN 停止下放。

（7）试提判断是否已捞上落鱼。

（8）若已捞上落鱼，则上提管柱并停泵。

① 若井内落物质量很轻（1~2根油管），且不卡，试提时，落鱼是否捞上，指重显示不明显。这时，应在旋转管柱同时，反复上提下放管柱2~3次后再上提管柱。

② 若井内落物质量较大，且不卡，试提时，指重明显上升，可确定落鱼已捞上。

③ 若井内有砂，则先试提，再下放，观察管柱下放位置，如果高于原打捞位置，可确定落鱼已捞上。

④ 若井内落物被卡，试提时，指重明显上升，活动解卡后指重明显下降，这时落鱼已被捞上。

（9）落鱼捞上后，上提5~7m时刹车，再下放管柱至原打捞位置，检查落鱼是否捞得牢靠，防止所起管柱中途落鱼再次落井。

（10）起出井内管柱及落鱼。

3. 使用滑块捞矛打捞的技术质量要求

（1）施工前要仔细检查井架、绷绳、地锚、大绳、死绳头等部位。

（2）指重表要灵活好用。

（3）打捞管柱必须上紧，防止脱扣。

（4）打捞过程中，要有专人指挥，慢提慢放并注意观察指重表的指重变化。

4. 使用滑块捞矛打捞的安全环保要求

（1）打捞管柱及打捞过程中，要装好自封封井器，防止小件工具落井。

（2）起钻过程中，操作要平稳，防止顿井口。

（3）井口反出液要进干线或者使用设备接，防止污染地面。

（4）起下操作时，在井口装好控制器，控制井内流体。

（5）施工的设备、工用具应在地面铺设防渗布，防止设备工用具润滑油污染地面。

四十、使用可退式捞矛打捞

1. 工用具准备

可退式捞矛1个，自封封井器1个，游标卡尺1个，2000mm钢卷尺1把，内、外卡钳各1把。

2. 施工步骤

（1）检查可退式捞矛尺寸，卡瓦。

（2）将可退式捞矛下井，下5根钻具后装上自封封井器，距井内鱼顶2m时停止下放。

（3）开泵冲洗鱼顶，下探鱼顶。

（4）当钻具指重下降时，停止下放并记录悬重。

（5）下放管柱时，反转钻具2~3圈抓落鱼，当指重下降5kN停止下放，并停泵。

（6）上提管柱，判断落鱼是否捞上，若捞上则上提管柱，否则重捞。

（7）若需退出捞矛时，则钻具下击加压，上提管柱至原悬重，正转管柱2~3圈。

（8）上提打捞管柱，待捞矛退出鱼腔后，起出全部钻具。

3. 使用可退式捞矛打捞的技术质量要求

（1）施工前要仔细检查井架、绷绳、死绳头等部位。

（2）指重表灵活好用。

（3）打捞管柱必须上紧。

（4）打捞过程中，慢提慢放并注意观察指重表变化。

（5）下管柱及打捞过程中，装好自封封井器。

（6）起钻过程中，操作要平稳，防止顿井口。

4. 使用可退式捞矛打捞的安全环保要求

（1）打捞管柱及打捞过程中，要装好自封封井器，防止小件工具落井。

（2）起钻过程中，操作要平稳，防止顿井口。

（3）井口反出液要进干线或者使用设备接，防止污染地面。

（4）起下操作时，在井口装好控制器，控制井内流体。

（5）施工的设备、工用具应在地面铺设防渗布，防止设备工用具润滑油污染地面。

四十一、使用开窗捞筒打捞

1. 工用具准备

开窗捞筒1个，自封封井器1个，游标卡尺1个、2000mm钢卷尺1把，内、外卡钳各1把。

2. 施工步骤

（1）检查开窗捞筒各部位（接头、簧片、筒体）是否完好牢固。

（2）测开窗捞筒的内径、外径及长度。

（3）将开窗捞筒下井，当下5根钻具后装上自封，至距井内鱼顶2~3m时停止下放。

（4）循环冲洗鱼顶，同时缓慢旋转下放钻具，观察指重表的指重变化。

（5）当指重表有遇阻显示时，加压5~10kN，缓慢上提管柱，判断落鱼是否被捞上。

（6）落鱼捞上后，上提5~7m时刹车，再下放管柱至原打捞位置，检查落鱼是否捞得牢靠，防止所起管柱中途落鱼再次落井。

3. 技术质量要求

（1）施工前要仔细检查井架、绷绳、死绳头等部位。

（2）指重表灵活好用。

（3）打捞管柱必须上紧。

（4）打捞过程中，慢提慢放并注意观察指重表变化。

（5）下管柱及打捞过程中，装好自封封井器。

（6）起钻过程中，操作要平稳，防止顿井口。

4. 安全环保要求

（1）打捞管柱及打捞过程中，要装好自封封井器，防止小件工具落井。

（2）起钻过程中，操作要平稳，防止顿井口。

（3）井口反出液要进干线或者使用设备接，防止污染地面。

（4）起下操作时，在井口装好控制器，控制井内流体。

（5）施工的设备、工用具应在地面铺设防渗布，防止设备工用具润滑油污染地面。

四十二、使用卡瓦捞筒打捞

1. 工用具准备

卡瓦捞筒 1 个，自封封井器 1 个，游标卡尺 1 个、2000mm 钢卷尺 1 把，内、外卡钳各 1 把。

2. 操作步骤

（1）地面检查卡瓦尺寸，用卡尺测量卡瓦结合后的椭圆长短轴尺寸，并压缩卡瓦，观察是否具有弹簧压缩力。

（2）下钻至鱼顶以上 1~2m 处循环洗井。

（3）下放钻具。若指重表指针有轻微跳动后逐渐下降，泵压有变化时，说明已引入落鱼，可以试提钻具。当悬重明显增加，证明已经捞获，即可起提钻。

（4）若落鱼质量较轻，指重表反映不明显，可转动钻具 90°，重复打捞数次，再提钻。

（5）需要倒扣时，将钻具提至倒扣负荷进行倒扣作业。注意卡瓦捞筒不能承受大的扭矩。

3. 使用卡瓦捞筒打捞的技术质量要求

（1）施工前要仔细检查井架、绷绳、地锚、大绳、死绳头等部位。

（2）指重表灵活好用。

（3）打捞管柱必须上紧，防止脱扣。

（4）要有专人指挥，慢提慢放并注意观察指重表的指重变化。

4. 使用卡瓦捞筒打捞的安全环保要求

（1）下打捞管柱及打捞过程中，要装好自封封井器，防止小件工具落井。

（2）起钻过程中，操作要平稳，防止顿井口。

（3）井口反出液要进干线或者使用设备接，防止污染地面。

（4）起下操作时，在井口装好控制器，控制井内流体。

（5）施工的设备、工用具应在地面铺设防渗布，防止设备工用具润滑油污染地面。

四十三、抽油杆捞筒的使用

1. 使用抽油杆捞筒打捞的工用具准备

抽油杆捞筒 1 套，自封封井器 1 个，游标卡尺 1 个、2000mm 钢卷尺 1 把，内、外卡钳各 1 把。

2. 操作步骤

按井内抽油杆尺寸选择工具。拧紧各部分螺纹，将工具下入井内。当工具接近鱼顶时，缓慢下放，悬重下降不超过 10kN。捞获后起出井内管柱。

3. 使用抽油杆捞筒打捞的技术质量要求

（1）施工前要仔细检查井架、绷绳、地锚、大绳、死绳头等部位。

（2）指重表灵活好用。

（3）打捞管柱必须上紧，防止脱扣。

（4）要有专人指挥，慢提慢放并注意观察指重表的指重变化。

4. 使用抽油杆捞筒打捞的安全环保要求

（1）下打捞管柱及打捞过程中，要装好自封封井器，防止小件工具落井。

（2）起钻过程中，操作要平稳，防止顿井口。

（3）井口反出液要进干线或者使用设备接，防止污染地面。

（4）起下操作时，在井口装好控制器，控制井内流体。

（5）施工的设备、工用具应在地面铺设防渗布，防止设备工用具润滑油污染地面。

四十四、一把抓打捞筒的使用

1. 使用抽油杆捞筒打捞的工用具准备

一把抓捞筒 1 个，自封封井器 1 个，游标卡尺 1 个、2000mm 钢卷尺 1 把，内、外卡钳各 1 把。

2. 操作步骤

（1）一把抓齿形应根据落物种类选择或设计，材料应选低碳钢。

（2）工具下至井底以上 1~2m，开泵洗井。

（3）下放钻具，当指重表略有显示时，核对方入，上提钻具并旋转一个角度后再下放，量出最大方入。

（4）在此处下放钻具，加钻压 20~30kN，转动钻具 3~4 圈，待指重表悬重恢复后，再加压 10kN 左右，转动钻具 5~7 圈。

（5）将钻具提离井底，转动钻具使其离开旋转后的位置，再下放加压 20~30kN，将变形抓齿顿死，即可提钻。

（6）提钻应轻提轻放，不允许敲打钻具，以免造成卡取不牢，落鱼重新落入井内。

3. 使用一把抓捞筒打捞的技术质量要求

（1）施工前要仔细检查井架、绷绳、地锚、大绳、死绳头等部位。

（2）指重表灵活好用。

（3）打捞管柱必须上紧，防止脱扣。

（4）要有专人指挥，慢提慢放并注意观察指重表的指重变化。

4. 使用一把抓捞筒打捞的安全环保要求

（1）下打捞管柱及打捞过程中，要装好自封封井器，防止小件工具落井。

（2）起钻过程中，操作要平稳，防止顿井口。

（3）井口反出液要进干线或者使用设备接，防止污染地面。

（4）起下操作时，在井口装好控制器，控制井内流体。

（5）施工的设备、工用具应在地面铺设防渗布，防止设备工用具润滑油污染地面。

四十五、螺旋式外钩打捞工具的使用

1. 使用螺旋式外钩打捞的工具准备

螺旋式外钩 1 个，自封封井器 1 个，游标卡尺 1 个。

2. 操作步骤

（1）选择合适的螺旋式外钩，防卡圆盘的外径与套管内径之间的间隙要小于被打捞绳类落物的直径。

（2）将工具下入井内，至落鱼以上 1~2m 时，记录钻具悬重。

（3）下放钻具，使钩体插入落鱼内同时旋转钻具，悬重下降不超过 20kN。

（4）如果对鱼顶深度不清，不能一下子插入落物太深，避免将落物压成团。

（5）上提钻具，若悬重上升，说明已钩捞住落鱼，否则旋转一下管柱重复下放打捞，直至捞获。

（6）如确定已经捞上，可以边上提边旋转 3~5 圈，让落物牢牢地缠绕在螺旋式外钩上。

（7）上提时，速度不得过快、过猛。

（8）捞钩以上必须加装安全接头。

3. 使用螺旋式外钩打捞的技术质量要求

（1）施工前要仔细检查井架、绷绳、地锚、大绳、死绳头等部位。

（2）指重表灵活好用。

（3）打捞管柱必须上紧，防止脱扣。

（4）要有专人指挥，慢提慢放并注意观察指重表的指重变化。

4. 使用螺旋式外钩打捞的安全环保要求

（1）下打捞管柱及打捞过程中，要装好自封封井器，防止小件工具落井。

（2）起钻过程中，操作要平稳，防止顿井口。

（3）井口反出液要进干线或者使用设备接，防止污染地面。

（4）起下操作时，在井口装好控制器，控制井内流体。

（5）施工的设备、工用具应在地面铺设防渗布，防止设备工用具润滑油污染地面。

四十六、膨胀管水力机械式套管补贴器工具的使用

1. 工用具准备

膨胀管水力机械式套管补贴器 1 套，水泥车 1 台，罐车 1 组，475-8 封隔器（475-10 封隔器）验封封隔器 1 组，喷砂器 1 个，专用捞矛 1 个，封井器 1 套，游标卡尺 1 把。

2. 操作步骤

（1）找出套管破损部位的井深及上、下界面。

（2）通井刮削。

（3）组装连接补贴管柱，工具顺序为（自下而上）：打捞头+弹性胀头+刚性胀头+膨胀管（内部穿有安全接头、加长杆、活塞拉杆）+动力液缸+水力锚+滑阀+提升短节+油管（或钻杆）。

（4）将配好的管串下井。

（5）核对深度，上提管柱 1.5m，关闭滑阀，记录悬重。

（6）憋压补贴，升压程序为先升压 4～6MPa 使水力锚工作，然后升压15MPa-20MPa-25MPa-30MPa，最高不得超过 32MPa，每个压力点稳压 5min。

（7）放掉管柱内压力，上提管柱。

（8）完成全部补贴。

（9）下试压管柱试压检验。

（10）工程测井，核对膨胀管的准确深度。

3. 技术质量要求

（1）施工前要仔细检查井架、绷绳、地锚、大绳、死绳头等部位。

（2）指重表灵活好用。

（3）打捞管柱必须上紧，防止脱扣。

（4）要有专人指挥，观察封隔器释放效果。试压管线不准使用低压管线，不准有锐角弯头。

（5）套管在补贴前必须处理干净，达到 122mm 以上。

4. 安全环保要求

（1）下验封管柱及打捞过程中，要装好自封封井器，防止小件工具落井。

（2）起钻过程中，操作要平稳，防止顿井口。

（3）井口反出液要进干线或者使用设备接，防止污染地面。

（4）起下操作时，在井口装好控制器，控制井内流体。

（5）施工的设备、工用具应在地面铺设防渗布，防止设备工用具润滑油污染地面。

四十七、梨形胀管器的使用

1. 工用具准备

梨形胀管器1个，钻铤1~3个，扶正器1个，水泥车或者钻井泵1组，游标卡尺1把，安全接头1个。

2. 操作步骤

（1）落实套管变形的尺寸、深度及方位等数据。

（2）选用比最大通径大2mm的胀管器下井。

（3）开泵洗井，下探遇阻深度。

（4）上提钻具2~3m，快速下放。当记号离转盘面0.3~0.4m时，突然刹车，使工具冲胀变形套管。

（5）不能通过时，起钻更换较小一级的胀管器。

（6）通过后，胀管器逐级按1.5~2mm增量进行挤胀。

（7）胀管器外径尺寸超过套管变形部位内通径2mm以上时，切忌高速下放冲胀，防止将胀管器卡死。

3. 使用梨形胀管器的技术质量要求

（1）施工前要仔细检查井架、绷绳、地锚、大绳、死绳头等部位。

（2）指重表灵活好用。

（3）冲胀管柱必须上紧，防止脱扣。冲胀30次以后，应对管柱进行上扣，防止管柱脱扣。

（4）严禁越级使用胀管器，防止将冲胀管柱卡死。

4. 使用膨胀管水力机械式套管补贴器的安全环保要求

（1）冲胀过程中，要装好自封封井器，防止小件工具落井。

（2）起钻过程中，操作要平稳，防止顿井口。

（3）井口反出液要进干线或者使用设备接，防止污染地面。

（4）起下操作时，在井口装好控制器，控制井内流体。

（5）施工的设备、工用具应在地面铺设防渗布，防止设备工用具润滑油污染地面。

四十八、编制封隔器找水施工方案

1. 封隔器找水施工方案工具准备

根据井况和层数，选用机械式或液压式封隔器、工作筒等工具，进行单级或多级组合所用工具，通井规、刮削器，对于自喷井，应备分离器及地面放喷流程。

封隔器找水施工方案压井、洗井液准备：选用和配制压井液、洗井液，如钻井液、氯化钙、活性水等，根据地层压力系数确定压井液的密度，以压而不喷，能安全施工，不污染油层为原则。用量一般为井筒容的 1.5~2 倍。

2. 封隔器找水施工方案井筒准备

根据套管规格选用通井规和刮削器规格，通井至井底或规定的深度，清除套管内壁污物并检查套管质量，满足下封隔器的要求，如不能满足下封隔器的要求则制定其他措施。

3. 操作步骤

（1）按施工方案要求，进行压井、通井、刮削施工。

（2）单级 Y211（或 Y441，Y42）封隔器+工作筒。管串结构：自下而上，丝堵+油管+常开滑套+Y211（或 Y441、Y421）封隔器+常关滑套+油管+油管挂。施工方法：将封隔器下到卡封位置，封隔器坐封，确定产水层位。上提解封起出找水管柱。

（3）多级封隔器用 Y211，Y421，Y341 或 Y441+工作筒组合。

（4）对于大斜度的井应采用液压坐封方式的封隔器。

4. 封隔器找水施工方案资料录取

抽汲或放喷求产，在一个稳定的工作制度下求取产液量。取全液样，做油水分析化验。其他资料录取按照国家石油行业标准及企业标准执行。

四十九、设计简单打捞工具的步骤和方法

1. 现场情况调研

（1）该井的井况，包括井身结构和套管内径等资料。

（2）调查形成落物原因和有无早期落物，分析落物井下状态。

（3）落物原因、遇卡原因、落物在井内状况。

2. 打捞方式的确定

根据打捞处理方案或处理意见确定打捞方式，即采用软捞还是硬捞。根据打捞方式确定打捞工具的连接形式和工具的操作方式，确定打捞工具的连接扣型或其他连接形式。

3. 设计可行性分析

针对形成的打捞工具的工作原理和操作方法进行可行性分析、校正。根据具

体实际井况分析，确定打捞工具和打捞处理意见与打捞工具的要求之间的差别和改进措施。

4. 确定工具的装配总图（工具原理图）

在设计总装配图时，应使工具实现的功能尽量满足打捞处理意见的要求。打捞工具的工作原理图（或总装配图），确定打捞工具的外形尺寸（包括最大外径、最小内径、连接扣型等）。

第二节　油水井打捞施工案例

本节介绍了 9 口井打捞油管、小件落物、抽油杆的施工实例，希望读者通过这几口井的施工实例，能够对井下落物打捞有一个感性认识。

一、钻塞牙轮钻头牙轮掉井的处理——以杏 8-1-57 井为例

1. 案由

该井于 1999 年 1 月 8 日进行挤水泥封窜作业，水泥凝固 24t 后用 ϕ118mm 三牙轮钻头钻水泥塞，钻至 875.10m 时蹩跳钻严重，起出管柱发现三牙轮钻头的一个牙轮掉井。

2. 原因分析

下井的是只旧钻头，当班司钻不了解情况，在钻塞时钻压没有控制好，导致牙轮掉井。

3. 处理方法

用卡尺测量三牙轮钻头上剩下的两个牙轮外径为 55mm，1 月 10 日上午下 ϕ118mm 铅模打印，证实落井牙轮实际深度为 875.50m，牙轮锥尖向上，居中。下午下可套铣的外径为 ϕ118mm 的局部反循环打捞篮至 875m，开泵循环 10min，然后缓慢下放至 875.50m，加压 10kN，缓慢启动转盘，转速 20r/min，循环 20min，泵压突然上升，判断牙轮已进入打捞篮内，起钻，将牙轮从井内捞出。

4. 处理经验

在用反循环打捞篮打捞小件落物时，钻压不应过大，下放速度一定要平稳、缓慢。否则因压力过大，下放速度过快，可使打捞抓折断，不但捞不住落物还会造成打捞抓掉井使事故复杂化。当打捞篮捞住落物后，一般地面泵压有变化，据此可判断落物是否进入打捞篮。

二、测井电缆掉井的处理——以北 3-1-225 井为例

1. 案由

该井于 2000 年 3 月进行大修，起出原井管柱后，测 16 臂井径，工具下至 855.36m 遇阻，反复上提下放，通过。上提收工具时遇卡，大力上提测井电缆被

提断。

2. 原因分析

由于套变点活动性错断，在反复上提下放时，工具冲过变点，随后活动错断口恢复原状。上提工具时仪器卡在套变点处，造成卡测井工具事故。一般测井电缆额定提拉负荷为1t，当拉力过大时，电缆就会在应力薄弱处断裂。

3. 处理方法

首先打印，落实落鱼深度及状况。打印之前对下井管柱和铅模进行测量，以便准确地判断鱼顶位置。3月2日，下 ϕ118mm 铅模至830m遇阻，加压1t，打印。起出为测井电缆堆积印痕。根据印痕确定下活齿外钩，经测量活齿外钩有效长度为700mm，接箍长度为250mm，打捞直径为118mm，钩齿收到本体里，测量本体直径为70mm。3月3日下活齿外钩至829m，然后缓慢下放钻具直至830m。下压1t，启动转盘边转边下放，转3圈，下放50cm，转盘有别劲。停转盘，上提管柱，悬重增加5t，据此判断，已捞住电缆。起打捞管柱捞出电缆200m和16臂井径仪电缆接头一个。

4. 处理经验

使用活齿外钩打捞落井电缆之前，一定要准确地掌握鱼顶深度，以免钩子插入电缆过深，甚至接箍都进入到落鱼里，造成卡打捞管柱事故。钩子进入落鱼后，可以缓慢启动转盘，转2~3圈，使电缆缠绕在钩子本体上，增加钩齿的打捞负荷。但不要转的圈数太多，以免将钩齿拧断，捞不住落物。一般在地面上可根据转盘负荷和悬重的变化来判断是否捞住落物。

三、测井仪器掉井的处理——以东14井为例

1. 案由

东14井是一口侧斜井（裸眼侧钻井），2001年4月5日完钻后电测，测三侧向时测井仪器在1012m处遇卡，上提50kN测井电缆与仪器连接处断开，三侧向仪器留在井底。

2. 原因分析

该井按要求需要测5道曲线，前面4道曲线测得非常顺利，三侧向是最后一道，在上提测井时发生卡阻。原因可能是在1012m处井眼缩径或坍塌所致，由于测井电缆的提拉负荷有限，当超过负荷时就会在最薄弱的位置断开。所幸的是该井电缆自与仪器连接处断开，不用打捞电缆。

3. 处理方法

4月5日晚8点下直径200mm的铅模打印，遇阻深度为1010m，印痕为三侧向仪器鱼头印，落鱼偏向一边井壁。下外径200mm三球打捞器，在打捞器底部连接一引鞋。下钻到1009m开泵循环10min，清洗鱼顶。启动转盘，一边缓慢旋转，一边下放，直至1010.50m，钻压上升10kN，说明三球打捞器的钢球已进入

仪器鱼头的细脖子处。停转盘、停泵，上提管柱，指重表显示悬重增加80kN，随后降为原悬重，据此判断已捞获落物。起出管柱，发现三侧向张开的测量腿上粘满了泥岩。证明在1012m处泥岩遇水膨胀，导致缩径并伴有地层坍塌。

4. 处理经验

该井所使用的三球打捞器是打捞测井仪器的专用工具，下井前下部一般要安装引鞋，以便落鱼能够顺利地进入工具腔内。该井卡阻力较大，钻压和悬重变化较明显，能够准确判断出落物是否被捞获。若卡阻力小，悬重增加不明显，需要操作人员仔细观察，不放过任何一个细节。

四、大段抽油杆裸露在套管里的处理——以西4-11井为例

1. 案由

该井于2002年6月进行检泵作业。起抽时发现抽油杆在260m处断脱，于是改起油管。起油管时发现，油管有卡阻现象，反复活动解卡。起出270m油管后，却没有发现抽油杆。将油管全部起出，发现油管在880m处脱扣，造成610m抽油杆裸露在5½in套管内。该井人工井底1100m，油管下深900m，井内还有抽油杆、20in油管、杆式泵和丝堵等。

2. 原因分析

长时间偏磨往往是造成抽油杆断脱的主要原因，避免这种情况的最好方法就是按规定时间检泵，不要拖的时间太长。油管在830m脱扣是由于管柱卡阻造成的，经反复活动解卡是表面现象，其实是油管在薄弱点断脱。

3. 处理方法

6月11日上午下ϕ114mm铅模打印，在280m处遇阻，印痕为磨坏的抽油杆接箍印，且鱼头紧贴在套管壁上。下午下ϕ118mm抽油杆捞筒打捞，捞筒下部接一引鞋。下至鱼顶以上1m处，启动转盘，边转边缓慢下放，直至过鱼顶50cm，钻压升到10kN，上提1m，悬重无变化。反复数十次，都没能捞住。分析认为由于抽油杆过长，刚性太小，而套管内径又太大，鱼头不容易引入打捞筒。于是改下外钩打捞，在外钩下井前，在其接箍下面焊一直径为120mm的圆形挡板。下至鱼顶后大力下压旋转，以期将抽油杆压弯，并将其缠绕在钩子上。然后上提，悬重有所增加。起管柱，捞出抽油杆10根。用带挡板外钩打捞10次，捞出所有抽油杆和泵抽子。然后用捞矛捞出20m油管、杆式泵一个、丝堵一个。

4. 处理经验

当散落在套管内的抽油杆过长时，用抽油杆捞筒很难打捞，因为在引落鱼进入捞筒腔体时的操作要求非常精准。所加钻压既不能多又不能少，多了抽油杆被压弯，进不了捞筒；少了起不到引鱼作用，也进不了捞筒。这时候可考虑用带挡板的外钩打捞，但用外钩打捞有一个缺点，就是打捞时要将抽油杆折断，分次打捞，较费时，而且非常复杂。而捞筒能将抽油杆一次捞出。

五、打捞抽油杆——以杏8-丁2-123井为例

1. 案由

该井于 2003 年 11 月施工，数据显示整套抽油杆及钻杆掉井，光杆超出油管 4m，光杆长 6m。11 月 18 日打印，鱼顶深度 27m，为抽油杆光杆模印。

2. 原因分析

该井是在将光杆固定在驴头卡子上时不慎掉入井内。

3. 处理方法

光杆露在油管外 4m，且光杆接箍没有露出油管，最简单的方法是过鱼顶打捞油管，将抽油杆一起带出，光杆上端没有接箍而且刚性比抽油杆大，容易操作。于是 11 月 18 日上午下油管打捞筒至 31m 处，捞住油管，起出发现只捞出 2.5m 长的一段油管。上端为油管母接箍，下端为撕裂的断口。分析认为在油管落井的一瞬间，油管 2.5m 处打在井口上，被打折。再下捞筒过鱼顶打捞油管，油管在 33.5m 处，工具下到 33m 处遇阻，反复多次都不能超过 33m，油管不能进入捞筒有效打捞部位，打捞失败。光杆长 6m，而目前鱼顶距油管已有 6.5m，光杆及其接箍已从油管内全部露出来，可下活页捞筒打捞光杆和抽油杆。下井前测量活页捞筒，其有效打捞长度为 120mm。下到 27m 时，有遇阻显示。轻轻旋转打捞管柱，遇阻显示消失，活页捞筒顺利通过光杆顶部。将捞筒下放到有效打捞深度上提，悬重无变化，抽油杆接箍没有通过活页捞筒的活页，反复几次都是如此。查找打捞失败的原因，发现该井光杆直径是 $\phi25mm$，其接箍最大外径为 51mm，长 81mm，与光杆连接的抽油杆接箍最大外径和长度与光杆接箍一样。打捞用的 2⅞in 内径恰恰是 51m，因此光杆接箍是进不到钻杆里去的。光杆和抽油杆接箍连起来后的长度是 162mm，所使用的活页捞筒有效打捞长度只有 120mm，虽然其打捞直径为 62mm，其长度却不能容纳两个接箍。活页捞筒工作原理是接箍经过活页，活页才能卡住落物，否则是打捞不了落物的。现在是活页捞筒既不能容纳两个接箍的长度，接箍又不能进入钻杆里，致使接箍不能经过活页，活页自然也就发挥不了作用。找到了原因，换一个有效长度为 200mm 的活页捞筒，很轻松地将抽油杆捞住。

4. 处理经验

对打捞作业而言，前期准备工作是非常重要的。这口井就是因为基础工作做得不扎实，才导致多次打捞失败，浪费了宝贵的时间。所以不要瞧不起基础工作，不但每口井都要认真丈量钻具，测量下井工具的有效打捞尺寸，还要尽量详细地了解井下落物的几何形状和结构尺寸。只有做好基础工作，并能结合井下实际状况选用工具，才能达到事半功倍的效果。

六、滑块捞矛打捞油管——以西 11-丁 4 井为例

1. 案由

西 11-丁 4 井，完钻井深 1250m，人工井底 1238m。1998 年，4 月投产施工时，80 根 ϕ62mm 油管不慎落井。

2. 原因分析

这种情况下，油管掉井可能是因为操作工人误操作，油管吊卡活门没有关好。

3. 处理方法

4 月 5 日下铅模打印落实鱼顶深度和鱼顶技术状况，在 578m 遇阻，印痕为完好的油管接箍印。4 月 6 日下 ϕ58mm 的三滑块捞矛打捞，管柱下至 575m 后开始减速缓慢下放，待打捞工具接触到落鱼后，加压 10kN，上提悬重增加 5.3t，说明已经捞获落物。起钻捞出 ϕ62mm 油管 80 根。

4. 处理经验

捞矛是用来打捞管类落物的最常用的工具之一，有滑块捞矛和卡瓦捞矛之分。使用捞矛时一定要保证落物鱼头有足够的强度，以防打捞时将管类落物胀裂，打捞失败。

七、卡瓦捞矛打捞套管——以南 3-1-52 井为例

1. 案由

该井 1993 年 3 月 6 日完钻，9 月投产，人工井底 1230m，日产油 5t。1999 年发现 860m 处套管错断，处理后对原井实施报废，2000 年 3 月采油厂为了充分利用原井场，要求侧斜井修井。

2. 原因分析

该井 860m 处为泥岩层，易吸水膨胀，挤毁套管。

3. 处理方法

该井于 2000 年 11 月 2 日侧斜施工，11 月 4 日套铣 300m 后，下机械式内割刀在 295m 出将 ϕ139.7mm 套管割断，当天下午下 ϕ140mm 可退式卡瓦捞矛打捞套管，当卡瓦捞矛接触到套管鱼顶后，轻轻正转着下放，指重表显示钻压 10h 停止下放和旋转，上提打捞管柱悬重增加 5.7t，说明卡瓦捞矛成功将套管捞住。

4. 处理经验

可退式卡瓦捞矛使用时一定要轻轻地边旋转边下放，使卡瓦上升到打捞位置，才能够打捞。捞住后，若落物被卡，提不上来，还可将捞矛退出。退时反向旋转，轻轻上提即可退出。

八、公锥打捞油管——以杏9-3-312井为例

1. 案由

该井2003年检泵施工时油管断脱，起出φ62mm油管50根，第50根外螺纹有5扣被磨平。井内还有油管45根和φ44mm整筒泵1个，筛管2根，丝堵1个。

2. 原因分析

第50根外螺纹有5扣被磨平是油管断脱的主要原因，预防这类事故要求在下油管时一定要认真检查油管螺纹，保证无损坏。在下的过程中不要扁扣，将油管扣按要求带满。

3. 处理方法

2003年3月5日下φ114mm铅模打印，在495m遇阻，印痕为完好的油管接箍引，下午下公锥造扣打捞，当管柱下到490m时减速缓慢下放。公锥进入鱼腔后，加压10kN造扣4圈，钻压上升10kN，刹住转盘3min，松开后，转盘返回1圈，等于造上3扣。同样的方法，造满8扣，上提悬重增加至300kN，又突然减少260kN，说明已将井内油管全部捞获。起钻起出油管45根和φ44mm整筒泵1个，筛管2根，丝堵1个。

4. 处理经验

公锥和捞矛都是最常用的打捞工具，公锥需要造扣，比捞矛复杂一些。在用公锥造扣的时候，要平稳造扣，注意观察指重表的变化。一般造5~8扣就可以，不要造得太多，将鱼头胀裂，使打捞复杂化。

九、母锥打捞油管——以北3-3-56井为例

1. 案由

该井2001年检泵施工，起原井管柱时遇阻，上提250kN拔脱，起出油管55根，第55根带出下部落鱼的接箍，观察接箍有腐蚀现象。井内有φ62mm油管50根，φ44mm整筒泵1个，筛管2根和丝堵1个。

2. 原因分析

该井原油中有少量的二氧化碳气体，是造成油管腐蚀的原因。该井死油死蜡也较多，起原井管柱时遇阻最有可能是蜡卡造成的。

3. 处理方法

2001年6月6日下φ114mm铅模打印，在496.15m遇阻，印痕为腐蚀的油管外螺纹印。从腐蚀程度观察，其强度还可以通过母锥打捞。7日下φ95mm母锥，下到490m时减速缓慢下放。缓慢旋转使落鱼进入母锥，加压10kN造扣4圈，钻压上升10kN，刹住转盘3min，松开后，转盘返回1圈，等于造上3扣。同样的方法，造满8扣，上提悬重增加至300kN，又突然减少260kN，说明已将井内油管全部捞获。起钻起出油管50根和φ44mm整筒泵1个，筛管2根，丝堵1个。

4. 处理经验

母锥是外捞的打捞工具，当井内落鱼鱼顶为本体时可选用母锥造扣打捞，造扣的时候，要平稳造扣，注意观察指重表的变化。

第三节 打捞作业实例分析

一、钻具断落事故

1. 长庆油田 SH-108 井

1）基础资料

（1）表层套管：ϕ273mm，下深 450.76m。

（2）裸眼：钻头直径 ϕ241.3mm，钻深 2226.34m。

（3）钻具结构：ϕ241.3mm 钻头+ϕ219mm 随钻打捞杯+ϕ177.8mm 钻铤 187.50m+ϕ127mm 钻杆。

（4）钻井液性能：密度 1.05g/cm³，黏度 24s，滤失量 14mL，pH 值为 12。

（5）钻进参数：钻压 220kN，转速 66r/min，排量 31L/s，泵压 19.5MPa。

2）事故发生经过

钻至井深 2226.34m，悬重 780kN，泵压由 19.5MPa 降为 18.5MPa，怀疑钻具有问题，随后起钻检查。起至井深 450m 时，突然遇阻，钻具被拉断，吊卡弹开，两截钻具都顿入井内，落鱼总长为 466.73m，计算鱼顶深度应为 1759.61m。

3）事故处理过程

（1）下钻头探鱼顶，实探鱼顶为 1763.42m，比计算鱼顶深 3.81m。

（2）下安全接头、震击器、加速器对扣，在 1763.42m 对扣成功。但开泵憋到 19MPa 不通，在震击力 500~700kN 的范围内震击 25 次无效。以后在悬重 400~1400kN 的范围内活动钻具，结果钻具拉断，悬重由 450kN 上升至 520kN，起出落鱼 269.20m，发现钻杆在内接头以下 0.5m 处刺坏，刺缝周长 90mm。鱼顶应为 2032.62m。

（3）下钻头通井，在井深 2032.56m 碰到鱼顶。

（4）下 ϕ219mm 套铣筒，套铣至 2037.26m，突然无进尺，钻井液槽中发现有铁屑，起钻后，铣鞋铣齿全部磨光。

（5）下 ϕ219mm 卡瓦打捞筒打捞，提至 1500~1600kN，无效，退出打捞筒。

（6）再用 ϕ219mm 套铣筒套铣，连续用了 4 只铣鞋，总计进尺只有 1.53m。

（7）下反螺纹母锥倒扣，滑脱。

（8）下 ϕ219mm 卡瓦打捞筒带震击器打捞，震击力 300~500kN，震击 25 次，无效。

（9）再下 ϕ219mm 套铣筒套铣，连续用了 3 只铣鞋，累计进尺只有 4.99m。

（10）下 ϕ219mm 卡瓦打捞筒带震击器打捞，提至悬重 1100kN，捞出 8.7m 长的一截钻杆，钻杆下部被铣鞋铣成椭圆形。鱼顶为 2037.51m。

（11）下 ϕ219mm 套铣筒 9.98m，由 2037.51m 套铣至 2047.40，进尺 9.89m，起钻后，发现铣筒大小头内带出半边钻杆外接头，长 0.43m。

（12）又下套铣筒 122.80m，由 2047.40m 铣至 2158.82m，进尺 111.42m。

（13）下反扣钻杆与卡瓦打捞筒倒扣，倒出钻铤 116.69m，发现最上一根钻铤从中间铣开 7.6m 长的一道口子。此时落鱼尚有 71.71m，鱼顶为 2154.763m。

（14）下套铣筒 86.07m，从 2154.63m 铣至 2226m，进尺 71.37m。

（15）下安全接头带震击器、加速器对扣，对扣后，用 400~600kN 的震击力震击，无效。以后在悬重 1300~1500kN 之间活动钻具，活动 7 次后解卡，起钻后，发现 3 只牙轮落井。

（16）用 3 只 ϕ220mm 磨鞋磨牙轮，下两次打捞器打捞，最后用反循环打捞篮捞完井下全部落物。

4）分析意见

（1）钻柱上带有随钻打捞杯，起至套管鞋处，打捞杯的上台肩挂住套管鞋，造成了这次事故。以后，要求下井的任何工具，都不许带有平台肩，即使钻头起至套管鞋时也应慢起，只要措施得当，也不会造成事故。

（2）本井是两条落鱼，看来正好从钻铤顶部断开，一条落鱼是钻头加钻铤，长 188.40m，鱼底为 2226.34m，鱼顶为 2037.94m；另一条落鱼是钻杆，长 278.33m，鱼底应为 2041.75m，鱼顶应为 1763.42m；两鱼重合 3.81m。套铣时，八只铣鞋都在铣钻铤，当套铣至 2037.26m 时，突然毫无进尺，就说明已经铣到了钻铤，此时就应停止套铣。盲目套铣的结果是把钻铤铣了一道长 7.6m 的破口，若再铣下去，把整个钻铤铣成两半，本井的事故就无法处理了。

（3）对扣后，憋泵 19MPa 不通，就放弃憋泵，是不应该的，起码要憋到 35MPa，如果憋泵能憋通的话，这次事故处理起来可能简单得多了。

2. 大港油田 GSH-23-1 井

1）基础资料

（1）表层套管：ϕ339.7mm，下深 209.26m。

（2）裸眼：钻头直径 ϕ311.1mm，钻深 2328.40m。

（3）钻具结构：ϕ311.1mm 钻头＋ϕ310mm 扶正器 1.87m＋ϕ203mm 钻铤 25.94m＋ϕ177.8mm 钻铤 105.77m＋ϕ127mm 钻杆。

（4）钻井液性能：密度 1.28g/cm³，黏度 43s，滤失量 6mL，黏滤饼 0.5mm，剪切力 10/20mg/cm²，含砂量 0.5%，pH 值为 8.5。

2）事故发生经过

下钻至最后一单根，开泵循环，划眼下放，距井底 1.5m 处，突然转盘负荷加重，只听咔嚓一声，钻具悬重由 740kN 降至 200kN，判断是钻具折断，立即起钻，起出钻杆 40 根，落鱼长 1924.58m，计算鱼顶应为 388.72m。

3）事故处理过程

（1）下 φ127mm 公锥探鱼，一直下至 404.91m，未碰见鱼顶。

（2）下 φ244.5mm 大小头探鱼，一直下至 452.57m，未碰见鱼顶。

（3）电测，证明鱼顶在井深 591.77m，显然井内是两条鱼，互相重合在一起。

（4）下 φ127mm 钻杆对扣，在 591.79m 处对扣成功，用小排量开泵，泵压 5MPa，证明捞获的是带钻头的那条鱼，上下活动范围 10m 左右，也能转动，最多提到 1600kN，既提不出来也卡不死，计算卡点位置在 1972m。

（5）在钻挺与钻杆连接处爆松倒扣成功，起钻时每过一个钻杆接头，遇阻 80~90kN，起出 16 柱后，情况转入正常，共起出钻杆 2126.60m。新鱼顶为 2135.49m，鱼长 135.51m。

（6）电测另一条鱼的鱼头，井深 1931.50m。

（7）下 φ127mm 钻杆对扣，悬重增加 45kN，小鱼全部捞获。

（8）下 φ311.1mm 钻头通井，循环钻井液。

（9）下 φ219mm 卡瓦打捞筒，内装中 174mm 卡瓦，打捞成功，起出全部落鱼。

4）分析意见

（1）本井两次打捞，都是用 φ127mm 钻杆直接对扣，证明钻具不是折断，而是扭劲太大，把内接头胀大，造成滑扣。

（2）发生事故后，在起钻前就应该用原钻具探鱼顶，本井肯定是探不到的，但得到了这个信息，起钻后就应该下 φ311.1mm 钻头探鱼顶，一直往下追，总是可以探到的。一边往下探，一边间断地转动钻具，防止钻头超过鱼顶，因为如果钻头超过鱼顶，转动时肯定是会有显示的。同时，也可以循环好钻井液，把上部井筒搞畅通，这样就可以省去前三步的做法。

（3）这次事故比较复杂，但判断准确，措施得当，加之钻井液性能好，没有发生粘吸及坍塌等现象，所以能很快解除，特别是第五步中的爆松倒扣，实为妙招。

二、钻井过程中井下落物事故

1. 青海油田 Y-16-5 井

1）基础资料

（1）表层套管：φ339.7mm，下深 98.02m。

（2）裸眼：φ311.1mm 钻头，钻深 2007.54m。

（3）钻井液性能：密度 1.17g/cm³，黏度 45s，滤失量 10mL，滤饼 1mm，含砂量 0.4%。

（4）钻具结构：$\phi311.1mm$ 钻头 $+\phi203mm$ 钻铤 52.88m $+\phi177.8mm$ 钻铤 79.97m $+\phi127mm$ 钻杆。

2）事故发生经过

钻达井深 2007.54m，中途电测，准备下技术套管，电测仪器遇阻，井队决定用起下钻铤用的提升短节（外径中 127mm，长 1832mm）作加重，在井深 100m 左右活动电缆时掉入井内。

3）事故处理过程

（1）在落鱼井段即井深 120m 以上打水泥塞，目的是把落鱼固定。

（2）用平底磨鞋磨铣，水泥塞磨完也未碰到提升短节。

（3）下钻探鱼至 1349m，仍未碰到落鱼，起钻至 731.54m 突然遇阻，由原悬重 350kN 提至 800kN、1100kN，下放到零，钻具卡死。

（4）爆松倒扣：靠近钻头的第一根钻铤处爆松倒扣未成。

（5）用原钻具直接倒扣成功，落鱼为 $\phi311.1mm$ 钻头 $+\phi203mm$ 钻铤 36.22m。

（6）下 $\phi244.5mn$、套铣筒，套不进鱼顶。改变引鞋形状再套，仍套不进鱼顶。

（7）下 631×520 接头 $+\phi177.8mm$ 钻铤 $+\phi158.75mm$ 安全接头对扣引入成功。

（8）下 $\phi244.5mm$ 套铣筒五根，套至钻头时，落鱼掉入井底。

（9）下钻对扣，打捞成功。

4）认识与建议

（1）用提升短节做加重，由于提升短节上下均有齐台肩，没有导引装置，遇阻时必然会被挂落。本井的提升短节是被表层套管鞋挂落的。

（2）在落鱼井段打水泥塞的目的是固定落鱼，但提升短节落在何处，不得而知，因为拔掉提升短节的地方并不一定是提升短节可以待住的地方，在这个井段打水泥塞毫无意义。可用电测仪找一找落鱼的准确位置。

（3）探鱼就不应该下钻铤，只要不下钻铤，万一卡住，也好脱手。最好是钻头也不下，而下一个扩孔器，起钻遇卡时，可以倒划眼，不至于把钻具卡在井中。

（4）若知井内有提升短节，起钻时应慢速上起，如有遇阻，绝不能多提，应下放转动，把提升短节送到井径大的地方，就可把钻具起出。

（5）裁引子是个好办法，不过不应用钻铤去裁，用钻杆就可以了，而且钻杆弹性大，更容易引入套铣筒。

（6）提升短节既未找到又未捞出，可能隐藏在大井径井段，危险依然存在。不过，本井可以用技术套管封隔，确保安全无忧。

2. 胜利油田 GD7-25 井

1）基础资料

本井设计井深 1395m，一开始用 $\phi444.5mm$ 钻头钻到井深 169m，起钻完，准备下表层套管。

2）事故发生经过

当第一根 ϕ339.7mm 套管与套管引鞋紧扣时，吊卡耳柄转到转盘方口的对角线方向，掉入井中。吊卡尺寸为：长 870mm，宽 490mm，高 250mm。

3）事故处理过程

（1）用自制捞矛打捞，在井深 19.50m 处碰到吊卡，反复打捞无效，由于打捞矛的拨动，吊卡下行，下钻到底，没有碰到吊卡。

（2）下弯钻杆带 ϕ220mm 刮刀钻头探测，下到井底，没有碰到吊卡。

（3）下 ϕ444.5mm 钻头探测，在井深 110m 处探到吊卡，经拨动，吊卡下行至 150m 处。

（4）下弯钻杆接 ϕ220mm 刮刀钻头，在 150m 处开始循环钻井液，拨动吊卡，将吊卡挤入井壁。

（5）下 ϕ400mm 刮刀钻头，从 150m 开始划眼、拨动，直到井底，未遇到吊卡。钻至井深 200m 起钻。

（6）顺利下入 ϕ339.7mm 表层套管 198.21m，固井。

4）认识与建议

（1）这么大的吊卡掉入井内，确属少见。凡吊卡落井，能够打捞出来的几乎没有先例，因为它的形状特殊而又和井壁靠得很死，用特制捞矛打捞纯属无用之举。

（2）最好的办法是把它挤入井壁，本井的这种处理办法是合适的。如果挤不进去，那也只好把它磨碎，然后再挤入井壁。渤海湾地区上部地层松软，可以把落鱼挤入，本井就是很好的例证。

三、油气水井井下落物、卡阻事故

1. 河南油田 2125 井

1）基本数据

基本数据见表 6-1。

表 6-1　基本数据

井别		油井	完钻井深（m）	1043
人工井底（m）		1020.86	油层套管规范（mm×mm）	177.8×9.19
水泥返高（m）		地面	套管深度（m）	1025.63
套补距（m）		5.79	油补距（m）	5.47
油层数据	层位	序号	射孔井段（m）	射厚（m）	5.4
	H2I3$^{5-6.6}$	1	972.6~978.0	有效厚度（m）	3.4

2）施工前井况简介

该井在转注汽作业过程中，探鱼顶位置为998.08m，原井鱼顶为966.73m，防砂管柱整体下落31.35m，已下滑至人工井底。打捞出井下工具，并重新进行挂滤防砂。在施工过程中，作业队进行挂滤防砂打丢手作业时，丢手不成功，管柱遇卡。

3）事故处理过程

（1）下提升短节+变扣+反扣钻杆1根，对扣后，卸油管挂0.23m，深度5.70m，上提管柱，遇卡，上提负荷600kN，反复上提下放，活动解卡，时间3h，最大负荷700kN，脱开。起出打捞管柱，捞3in油管99根和一根3in油管短节+变扣+22%in油管短节，952.15m。

（2）下ϕ53mm×ϕ84mm×0.70m公锥+安全接头+钻杆98根+方钻杆，管柱悬重180kN，加压20kN，造扣打捞，深度957.85m；上提负荷至200kN，倒扣20圈，脱开，起出打捞钻具，捞出热采空心桥塞投送器+桥塞上半部，0.79m。

（3）下ϕ53mm×ϕ84mm×0.70m公锥，加压20kN，反复造扣打捞，均无显示，深度为966.37m（封隔器失效后管柱下滑至砂面）；捞空。

（4）下3in双滑块捞矛（LM-S89），深度966.37m；加压20kN打捞，上提负荷无增长，反复打捞均失败，起出打捞钻具，查捞矛引鞋有刮痕、变形，未捞获落物。分析认为捞矛未进入落物内腔。

（5）下ϕ150mm×0.46m铅印，开泵冲洗鱼头后，加压80kN打印，深度966.37m；起出铅模，查其底面有两道凹槽，其中一道呈倾斜状，长110mm，宽30mm，深25mm，另一道长25mm，宽9mm，深25mm，且靠向一侧，不居中，铅印侧面无印痕，初步分析为卡瓦牙块落于鱼头之上（图6-1）。

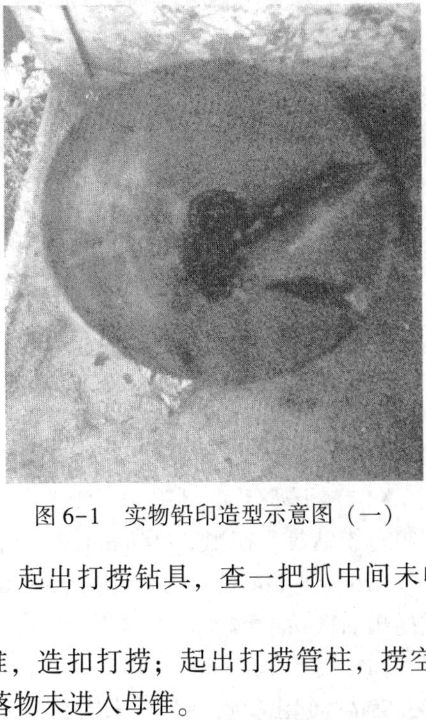

（6）下ϕ116mm强磁打捞器+变径接头+沉淀杯+中150mm扶正器+反扣钻杆99根+方钻杆，开泵冲洗鱼头后，反复加压10kN打捞，深度966.37m，起出打捞管柱，查强磁打捞器底部未吸附有铁块。

图6-1　实物铅印造型示意图（一）

（7）下一把抓（ϕ150mm×110mm×0.85m），加压80kN打捞，深度966.37m；起出打捞钻具，查一把抓中间未收拢，未捞获落物。

（8）下ϕ65mm×ϕ100mm×0.51m母锥，造扣打捞；起出打捞管柱，捞空，母锥引鞋向内侧弯曲，分析落物直径大，落物未进入母锥。

（9）下ϕ150mm×0.3m磨鞋+随钻打捞杯+扶正器+2⅞in钻杆99根+方钻杆，

磨铣深度 966.37~966.53m，进尺 0.16m；泵压 5MPa，排量 40m³/h，时间累计6h。返出物为井内黑色沉积污垢及大量稠油，起出磨铣钻具，查沉淀杯内未带出桥塞卡瓦牙块，磨鞋钨钢块基本完好。

（10）下 ϕ150mm×0.46m 铅印，开泵冲洗鱼头后，加压 80kN 打印，深度966.53m；起出铅模，查其底面有一 ϕ76mm×126mm 圆形印痕，铅印侧面无印痕，分析该印痕为磨铣后的鱼头印痕（图 6-2）。

（11）下 ϕ65mm×ϕ95mm×1.0m 公锥，开泵冲洗鱼头后，加压 20kN，造扣打捞，深度 966.53m；捞出 Y445-150R 热采空心桥塞下接头+ϕ89mm 油管×1 根+防砂补偿器+ϕ89mm 油管短节（带油管扶正器）+ϕ114mm 滤砂管内管，13.59m（滤砂管外管未捞出，1.81m）。

（12）下 3in 双滑块捞矛（LM-S89），鱼顶深度：978.31m，打捞深度：980.12m；反复加压 20kN 打捞，上提负荷无增长，反复打捞均失败，起出打捞钻具，查捞矛卡瓦牙被稠油粘住，不能自由滑动，捞空。

（13）下 ϕ150mm×0.46m 铅印，开泵冲洗鱼头后，加压 80kN 打印，深度978.3lm；起出铅模，查其底面有一 ϕ106mm×114mm 不完整圆形印痕（呈"C"字形），铅印侧面无印痕，分析该印痕为滤砂外管印痕（图 6-3）。

图 6-2 实物铅印造型示意图（二）

图 6-3 实物铅印造型示意图（三）

（14）下 ϕ85mm×ϕ105mm×1.10m 公锥，加压 20kN，造扣打捞，深度 978.31m；起出打捞钻具。捞出 ϕ114mm 滤砂外管×1.81m+滤砂管×1.92m，共 3.73m。

（15）下 3in 双滑块捞矛（LM-S89），深度：982.04m；加压 20kN 打捞，起钻捞出 ϕ114mm 滤砂管×2 根+滤砂内管，5.76m（滤砂外管未捞出，1.81m）。

（16）下 ϕ85mm×ϕ105mm×1.10m 公锥，加压 20kN，造扣打捞，深度985.99m；起出打捞钻具，未捞获。

（17）下 3in 双滑块捞矛（LMS89），深度：987.80m；加压 20kN 打捞，起钻

捞出（φ114mm滤砂外管+φ89mm平式油管1根+丝堵，11.46m。井内落物全部捞完。

4）结论与评价

（1）该井桥塞卡瓦牙不释封是遇卡主要原因。先活动解卡，最大负荷700kN，管柱脱开，下公锥打捞出热采空心桥塞投送器和桥塞上半部，再次下公锥是合理的，但捞空后就应当考虑到鱼顶是否有问题，在不清楚的情况下再次用捞矛是浪费时间。

（2）第一次打完铅印后用强磁打捞器捞空，就应当考虑到是否改用磨鞋磨铣的问题，而恰恰又下一把抓做了无用功。甚至在第一次下公锥捞空时就应想到是否进行磨铣作业。

（3）本次事故处理，如果考虑得当的话，会省去很多不必要的工序，节省时间和资金。

2. 河南油田 S3-15 井

1）基本数据

基本数据见表6-2。

表6-2　基本数据

井别	油井	完钻日期	1980.6.29
油层套管	139.7mm×7.72mm×190.69m	联入	3.32mm
目前井底	1803.01（m）	套补距	3.12m
最大井斜	深度1275m，斜度1°35′，方位180°	油补距	2.80m

2）施工前井况简介

该井在检电泵时，下电泵管125根，在1207.18m轻微遇阻，上提时发现电缆下滑，起电泵管44根，负荷增大到15t后仍继续上升，无法解卡。目前井下81根油管，电泵机组1套，单流阀、泄流阀各1个，以及电缆。要求打捞出井下被卡所有管柱及电泵机组，查明被卡原因，因此于2006年1月开始实施大修解卡打捞。

3）事故处理过程

（1）活动解卡，38t增到41t，没有解卡，倒扣。起出油管38根，捞出电缆180m。

（2）下外钩1.36，深度222.76m，打捞，捞出电缆80m。再次下外钩，捞电缆190m。

（3）下滑块捞矛×1.24m，深度320.12m，打捞，捞空。

（4）下外钩×1.36m，深度317.08m，打捞，捞出电缆23m左右及电缆卡子11个。

（5）下滑块捞矛×1.24m，深度375.6m，打捞，捞出油管4根。又下滑块捞矛×1.56m，深度417.66m，打捞，捞出油管3根。再次下滑块捞矛×0.85m，打捞，捞空。

（6）下外钩×1.36m，深度448.41m，打捞，起钻杆48根+外钩，捞出电缆3.5m。再次下外钩×1.36m，深度449.73m，打捞，捞出电缆2.4m。

（7）下内钩×1.36m，深度450.45m，打捞，捞出电缆1.7m。

（8）下外钩×1.36m，深度452.15m，打捞，捞出电缆2m。又下外钩×1.36m，深度453.12m，打捞，捞出电缆1.2m。再次下外钩×1.36m，深度453.37m，打捞，捞出电缆2.1m。

（9）下内钩×1.24m，深度454.62m，打捞，捞出电缆2.7m左右，电缆卡子22个。

（10）下外钩×1.36m，深度455.81m，打捞，起钻杆48根+外钩，捞出电缆0.8m。又下内钩×1.36m打捞，捞电缆卡子14个。再次下外钩×1.36m+钻杆48根，方入8.36m，深度456.35m，打捞，捞出电缆230m左右。

（11）下滑块捞矛×0.85m+钻杆52根，方入3.43m，深度488.87m，打捞，捞出油管6根。下滑块捞矛×1.47m，深度546.68m，打捞，捞出油管2根。再次下滑块捞矛×1.67m，深度566.22m，打捞，捞出油管22根。再下捞矛×1.46m，深度699.48m，遇阻，打捞，起钻杆74根+捞矛，空钻。

（12）下外钩×1.36m+钻杆74根，方入4.72m，深度699.43m，打捞，捞出电缆5.1m，电缆卡子11个。

（13）下内钩×1.24m，深度702.31m，打捞，捞出电缆2.2m，电缆卡子15个。下内钩1.24m，深度704.22m，打捞，捞电缆卡子24个。再下内钩1.24m，深度704.77m，打捞，捞出电缆1m。

（14）下外钩×1.36m+钻杆75根，方入0.92m，深度705.02m，打捞，起钻杆75根+外钩，捞出电缆0.5m。

（15）下内钩×1.24m+钻杆78根，鱼顶往下走，方入546m，深度738.03m，打捞，捞出电缆5m，电缆卡子17个。

（16）下外钩×1.36m+钻杆80根，鱼顶往下走，方入1.92m，深度753.59m，打捞，捞出电缆1.3m，电缆卡子12个。

（17）下内钩×1.24m，深度755.76m，打捞，捞出电缆2.3m，电缆卡子5个。

（18）下外钩×1.36m，深度756.31m，打捞，捞出电缆4.4m，电缆卡子11个。再下外钩×1.36m，深度757.83m，打捞，捞出电缆1.7m。

（19）下开窗捞筒×1.52m，深度758.65m，打捞，捞出电缆2.4m，电缆卡子8个。

（20）下内钩×1.24m，深度759.77m，打捞，捞出电缆1.1m，电缆卡子3个。又下内钩×1.24m，深度760.16m，打捞，捞出电缆1.8m，电缆卡子11个。再次下内钩×1.24m，深度762.2m，打捞，捞出电缆0.7m。

（21）下滑块捞矛×0.85m，深度762.31m，打捞，捞空。

（22）下内钩×1.24m，深度762.25m，打捞，捞出电缆4.3m，电缆卡子5个。

（23）下外钩×1.36m，深度775.52m，打捞，捞出电缆1.6m。又下外钩×1.36m，鱼顶往下走，方入4.23m，深度1666.94m，打捞，捞出电缆0.8 m，电缆卡子11个。再次下外钩×1.36m，捞出电缆0.3m，电缆卡子6个。

（24）下内钩×1.24m，深度1667.44m，捞出电缆0.5m，电缆卡子3个。又下内钩捞出电缆0.8m。

（25）下外钩×1.36m，深度1668.2m，打捞，捞出电缆1.5m。

（26）下滑块捞矛×1.67m，深度1668.64m，打捞，活动解卡，负荷上升到41t，反复活动，限速起钻，捞出油管7根+泄流阀+单流阀+电泵机组。

（27）下一把抓×3.56m，深度1750.5m，打捞，捞出电缆铁皮，电缆卡子19个。

（28）下φ118磨鞋×0.22m+沉淀杯×1.5m+钻杆184根+方钻杆，方入2.18m至1750.66m，磨铣，从井口返出铁屑和碎铁皮，判断电缆卡子和电缆铁皮，进尺1.55m，突然放空，判断桥塞落下去，继续磨铣到方入7.1m至1803.03m，从井口返出铁屑和砂子，循环1.5h，起钻。通井。至此，井下落物全部捞空。

4）结论与评价

（1）该井打捞出井下全部被卡管柱及电泵机组，桥塞被磨掉；经过通井、刮削到人工井底无遇阻；管柱被卡原因是电缆卡子脱落，电缆堆积而造成管柱被卡。从整个施工过程来看，反复地使用内钩、外钩，未免工序很繁琐，如果考虑到使用内外组合钩、活齿钩可能效果会好得多，省去很多不必要的步骤。

（2）施工过程中，数据记录不准确，对下一步打捞工艺的实施造成了一定的影响。

（3）从本井施工也可以看出，油田修井设备的齐全与先进是制约着维修效率的重要因素。

3. S1-1-38井打捞电泵

1）基本数据

基本数据见表6-3。

表6-3　基本数据

井别	油井	完钻井深	2163m	人工井底	2137.0m
油补距	4.18m	水泥返高	3.39m	联顶节方入	4.7m
油套深度	2148.99m	套管最小内径	φ124.2mm	油套规范	φ139.7mm
射开井段	1951.3~1999.2m	油层厚度	18.1m	射开层位	$S_2 1^{1-25}$

2）施工前井况简介

该井作业施工时，下公锥捞防顶卡瓦，捞获后遇卡，最大负荷370kN，拔断两次；下防顶卡瓦对扣捞矛捞获遇卡，最大负荷 420kN 拔断；下入 $\phi62mm$ 引鞋滑块捞矛捞获遇卡，最大负荷 460kN 油管拔断，证实落鱼为 $\phi62mm$ 油管本体，深度为 612.62m；井内原鱼顶至电泵壳以下深度为 2043.37m。要求打捞出防顶卡瓦、电动机及全部落物。井下管柱结构示意图（如图 6-4 和图 6-5）所示。

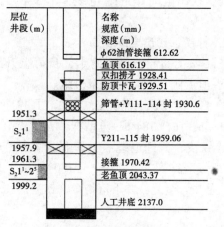

<table>
<tr><td>层位
井段(m)</td><td>名称
规范(mm)
深度(m)</td></tr>
</table>

	φ62油管接箍 612.62
	鱼顶 616.19
	双扣捞矛 1928.41
	防顶卡瓦 1929.51
1951.3	筛管+Y111-114 封 1930.6
$S_2 1^1$	Y211-115 封 1959.06
1957.9	
1961.3	接箍 1970.42
$S_2 1^1 \sim 2^5$	老鱼顶 2043.37
1999.2	
	人工井底 2137.0

图 6-4　完井管柱结构示意图

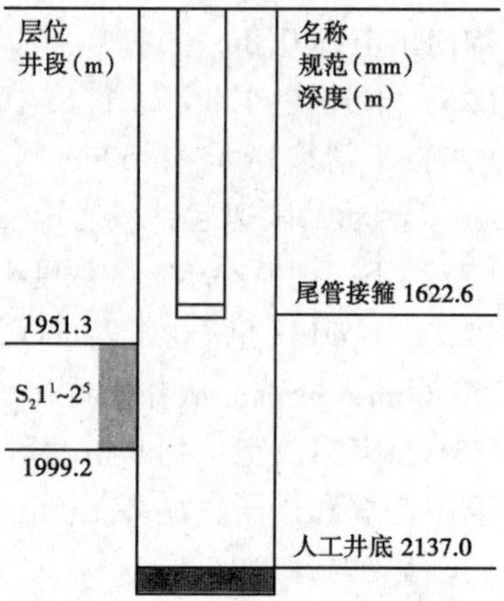

层位 井段(m)	名称 规范(mm) 深度(m)
	尾管接箍 1622.6
1951.3	
$S_2 1^1 \sim 2^5$	
1999.2	
	人工井底 2137.0

图 6-5　原井管柱结构示意图

3）事故处理过程

（1）起原井管柱，起平式油管 64 根，带出电泵悬挂器及接箍 1 个。

（2）下 $\phi62mm$ 引鞋滑块捞矛打捞，深度 616.19m，倒扣捞出油管 140 根、对扣捞矛上部 0.2m。

（3）下 $\phi117mm$ 平底磨鞋，鱼顶深度 1929.5lm，用相对密度为 1.2 的钻井液 $40m^3$ 正循环磨铣，泵压 1MPa，转速 60r/min，钻压 5~10kN，磨铣 12h 无进尺；起钻，查磨鞋完好无损。

（4）下 $\phi120mm$ 套铣筒，连探两次鱼顶深度 1929.51m，用相对密度为 1.2 的钻井液 $40m^3$ 正循环套铣，泵压 1MPa，排量 $0.5m^3/min$，正转套铣，转速 60r/min，钻压 5~10kN，套铣 6h，铣至 1929.6m；起钻，查套铣筒底部严重磨损。

（5）下 $\phi95mm \times \phi62mm \times 0.6m$ 母锥，鱼顶深度 1929.5m，正转打捞，上提遇卡，悬重由 400kN 降至 280.4kN 拔断，起钻，捞出防顶卡瓦下接头一个、筛管、YⅢ-114 封隔器 1 级、油管 3 根，末根本体断入井内 1.52m，鱼顶深度 1958.57m。

（6）下 $\phi30mm \times \phi67mm \times 1.0m$ 公锥，用相对密度为 1.2 的钻井液 $40m^3$ 正循环打捞，泵压 1MPa，排量 $0.5m^3/min$。正转打捞，转速 20r/min，钻压 10~15kN，正转约 200 圈，上提 2.0m，悬重由 270kN 升至 400kN，捞获，活动解卡，拔脱，起钻，捞出 Y211-115 封隔器 1 级、油管 1 根，带出接箍 1 个。

（7）下 $\phi73mm\times1.5m$ 笔尖探冲砂，连探两次，砂面深度为 1963.77m，砂柱高 173.23m，用相对密度为 1.0 的地层水 $40m^3$ 正循环冲砂，泵压 1MPa，排量 $0.5m^3/min$，由 1963.77m 冲砂至 1984.0m 遇阻。出 1:1 返出液携带出灰色细砂约 $0.24m^3$，起冲砂管柱。

（8）下 $\phi7mm\times0.5m$ 铅模，用相对密度为 1.0 的地层水正循环打印，泵压 3MPa，排量 $0.5m^3/min$，鱼顶深度 1989.0m。起打印管柱。经仔细分析铅模，认为落鱼顶是上电泵壳。

（9）下 $\phi50mm\times4.10m$ 冲砂管，深度 1984.0m，用相对密度为 1.0 的地层水 $40m^3$ 正循环冲砂，泵压 3MPa，排量 $0.5m^3/min$，由 1984.5m 冲砂至 1988.0m，起出冲砂管柱。

（10）下 $\phi30mm\times\phi67mm\times1.0m$ 公锥，用相对密度为 1.0 的地层水 $40m^3$ 正循环打捞，泵压 3MPa，排量 $0.5m^3/min$。正转打捞，正转约 200 圈，上提 2.0m，悬重由 275kN 升至 400kN，捞获，活动解卡，拔脱，起钻，捞出电动机定子约 0.2m。

（11）下 $\phi62mm\times1.2m$ 滑块捞矛，鱼顶深度 1984.2m，捞获，卡钻，活动解卡，拔脱，起钻，捞出电动机定子 0.40m。

（12）下 $\phi50mm\times4.10m$ 冲砂管，鱼顶深度 1984.50m，用相对密度为 1.0 的地层水 $40m^3$ 正循环冲砂，泵压 3MPa，排量 $0.5m^3/min$，由 1984.50m 冲砂至 1988.0m，起冲砂管柱。

（13）下 $\phi62mm\times1.2m$ 滑块捞矛，鱼顶深度 1984.6m，捞获，卡钻，活动解卡，上提 400kN 拔脱，起钻，捞出电动机定子 0.80m。

（14）下 $\phi30mm\times\phi80mm$ 公锥，用相对密度为 1.0 的地层水 $30m^3$ 正循环打捞，泵压 3MPa，排量 $0.5m^3/min$。正转打捞，钻压由 10kN 上升至 15kN，正转约 200 圈，上提 2.0m，悬重由 270kN 升至 400kN，捞获，活动解卡，拔脱，起钻，捞出电动机 2 节（11.89m）、扶正器一个、油管 2 根、$\phi62mm\times1.3m$ 底接箍 1 个。

（15）冲砂，洗井，通井，完井。

4）施工效果及评价

该井经打捞、磨铣、解卡、探冲砂、通井、下生产管柱，取全取准了各项资料，资料全准率 100%，26 道施工工序合格率 100%，安全生产，文明施工，大修作业施工成功，效果良好，使该井恢复了正常生产。该井修井难度较大，由于采用了必要的技术手段、工具以及施工参数正确、方法得当，才攻克了一个又一个的难关，完成了大修作业任务，并取得了显著的经济效益。

4. XB 深 1 井打捞电缆及测位仪

1）基本数据

基本数据见表 6-4。

表 6-4 基本数据

完钻日期	2000.7.23	油套联入	4.26m	套管壁厚	10.54mm，9.17mm，7.72mm
完钻井深	5233m	人工井底	5211.0m	油补距	3.16m
油套深度	5213.37m	油套规范	φ139.7mm	射开层位	S_3^{1-5}，$S_3^{底}$
射开井段		2673.0~2701.3m，3572.1~3577.23m			

2）施工前井况简介

该井为油田超深探井，电测电缆校深井施工中不慎将电缆、灯笼体磁定位、SS75 声速仪、GJ85 声幅仪、φ73mm 油管加重杆 4 根、φ70mm 铜磁定位落入井内，落鱼深度不详。要求打捞落井的电缆及测位仪。井下管柱结构示意图如图 6-6 和图 6-7 所示。

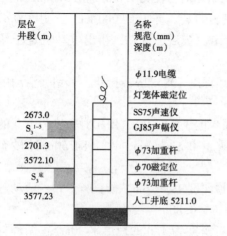

图 6-6 原井管柱结构示意图

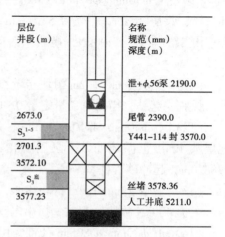

图 6-7 完井管柱结构示意图

3）事故处理过程

（1）下入外钩捞矛，接下入 φ62mm 平式油管，观察拉力表负荷变化情况，当外钩接触落鱼电缆时，加压 10~15kN，用 600 型液压钳正转管 6~8 圈，然后上提管柱，捞出 φ11.9mm 长度 1760m 电缆，带出灯笼体磁定位、SS75 声速仪。

（2）下入 φ118mm×0.25m 铅模，当铅模接触落鱼顶时，缓慢下放管柱，然后起出管柱。带出 φ65mm 磁定位。

（3）下卡瓦捞筒，捞出 GJ85 声幅仪，然后又多次打捞 φ73mm 加重杆均无效；经研究决定改进打捞筒，下入弹簧片捞筒，捞出直径 73mm 加重杆 4 根、φ70mm 磁定位；在处理施工设计深度时，又捞出以前掉入井内的铜磁定位、磁定位、φ73mm 加重杆等工具。

（4）下笔尖，探冲砂至 4520.0m，冲砂液用相对密度为 1.0 的油田地层水加 DGV-1 固砂剂。

（5）下带 φ116mm 通径规，下油管硬通至设计处理深度 4520.0m，中途无遇

292

阻，后起出通井管柱，带出 ϕ116mm 通径规。

（6）下封、完井、试压、试抽、交井。

4）结论与评价

（1）该井为一口超深探井，本次施工作业成功地打捞了落井的电缆、磁定位、声速仪、ϕ73mm 加重杆等落物，并且在处理设计深度等过程中，又将以前落井的一套电测仪打捞上来，整个施工作业比较顺利。

（2）本次事故是由施工过程中的失误造成的，如果操作者按规章做事，管理严格，这次事故是完全可以避免的。

（3）本次施工研制的弹簧片捞筒在打捞过程中效果很好，为该井投产争得了主动。施工作业就是要有不断创新的精神，科学求实的态度，不断改进施工工艺措施，就能够取得预期的效果。

5. Ch11-11 井打捞电泵

1）基本数据

基本数据见表 6-5。

表 6-5　基本数据

井别	油井	完钻日期		水泥返高	406.30m
完钻井深	1369.8m	人工井底	1352.72m	套管壁厚	9.19mm
油套深度	1362.27m	油套规范	ϕ177.8mm	油补距	4.41m
射开井段		1297.0~1318.7m		射开层位	Ng_2^{2-3}，3^1

2）施工前井况简介

该井小修队在起电泵解卡过程中，电泵大电缆拔断落入井内，要求施工打捞井内管柱：ϕ62mm 平式油管 78 根+泄油器+单流阀+电泵+分离器+保护器+电机+短节+ϕ62mm 平式油管 2 根+ϕ89mm 喇叭口。本次修井作业要求解卡打捞、通井、冲砂。井下管柱示意图如图 6-8 和图 6-9 所示。

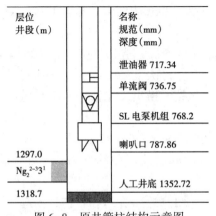

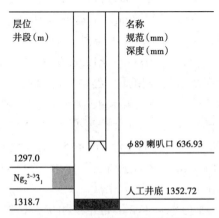

图 6-8　原井管柱结构示意图　　　　图 6-9　完井管柱结构示意图

3）事故处理过程

（1）活动解卡，活动 60 次，450kN 未解卡。

（2）起油管。上提悬重至 120kN，反转 20 圈，倒开扣，起出串 62mm 平式油管 40 根 378.78m，带出电泵大扁电缆 320m。

（3）下 ϕ62mm×1.2m 双滑块捞矛，活动解卡 40 次，450kN 未解卡。倒扣起钻，捞平式油管 8 根。

（4）下外钩 1.5m，探鱼顶 440.57m，反转 10 圈，上提反转 5 圈，起钻，捞出电泵大扁电缆约 11m。

（5）下 ϕ116mm×0.8m 母锥，探鱼顶 717.34m，反转 10 圈捞起，活动解卡 40 次，最高上提 500kN 未解卡，起钻，捞平式油管 19.25m，带泄油阀 0.16m。

（6）下外钩 1.5m，探遇阻 726.76m，反转 15 圈，上提反转 5 圈，起钻，捞出电泵大扁电缆约 12m。

（7）下 ϕ38mm×3.5m 加长公锥冲捞，用地层水 30m。正循环冲洗，泵压 5MPa，进出口排一致，为 30m³/h。探鱼顶 736.75m，反转 10 圈造扣打捞，活动解卡 40 次未解卡，上提至 145kN 反转 20 圈倒开扣。起钻，捞单流阀 0.16m、平式油管 1 根（8.14m），油管外部磨亮见砂。

（8）下加长外钩 4.5m，探鱼顶 741.15m，反转 20 圈，上提反转 5 圈，起钻，捞出电泵大扁电缆约 37m。再次下加长外钩 4.5m，起钻，捞出电泵大扁电缆约 22m。

（9）下 ϕ116mm×0.8m 电泵捞筒，悬重下降 20kN，探鱼顶 745.05m，捞起。活动解卡 40 次，最高上提 650kN 解卡。起钻，捞出电泵机组一套 23.35m，带 ϕ62mm 平式油管短节 1.0m，ϕ62mm 平式油管 2 根，底带 ϕ89mm 喇叭口。捞出落鱼外部均被磨亮。

（10）探砂面。下 ϕ140mm×2.0m 空心磨鞋，探砂面 1106.52m，用地层水正循环磨铣，至 1297.80m，出口返出地层砂约 1.2m³，其间放空约 130m，上提遇卡，高度 1297.80m，活动解卡 50 次，最高上提 600kN 未解卡。提至 180kN 倒扣开，起出反扣钻杆 124 根，井下落有 12 根。

（11）下 ϕ38mm×1.2m 尖公锥，探鱼顶 1183.56m，造扣打捞，活动解卡 40 次未解卡。倒扣开，起钻，捞出反扣钻杆 4 根。再次下 ϕ38mm×1.2m 尖公锥，造扣打捞，活动解卡 40 次未解卡。倒扣开，起钻，捞出反扣钻杆 4 根，捞出的钻杆底部约 1.5m 处磨亮见砂。

（12）探砂面。下 ϕ153mm 套铣筒、ϕ140mm×2.0m 空心磨鞋，探砂面 1257.44m，然后进行套铣，至 1295.80m，出口返出地层砂约 0.2m³，无喷漏。起出套铣筒，无异常。

（13）解卡。下带正反扣接头 0.2m，探鱼顶 1255.3m，对扣打捞，捞起，活动解卡 10 次，最高上提负荷 600kN 解卡。捞出正扣钻杆 4 根，带出空心磨鞋。

（14）冲砂。下带 ϕ116mm×0.3m 单刮刀钻头正循环冲砂，洗至人工井底，无喷漏，顺利起钻。

（15）通井、下完井管柱、交井。

4）施工效果

该井经解卡、起管、打捞、冲砂、通井、下完井管柱，应取资料 49 项，实取 49 项，全准率 100%。电泵大扁电缆全部打捞上来。冲砂，顺利通井至人工井底 1352.72m。

5）结论与评价

（1）该井在打捞作业中，工具、工艺都很合理，打捞就很顺利，水到渠成，尤其使用自制加长公锥、加长外钩等，使得整个打捞效果都很好。

（2）在用电泵捞筒捞出全部落鱼之后，下入空心磨鞋探砂面，是本次施工的很大的失误之处，导致冲砂遇卡，又进一步增加了工作量。如果合理设计施工，采用其他下井工具冲砂，可能就会避免钻杆打捞、解卡的不必要麻烦，修井周期也会大大缩短，降低大量经济损失。

（3）由此看出，从新型、自制工具的选择、研制，到打捞工艺的实施，人的判断准确与否是打捞成功的关键因素之一。因此，在打捞作业中，应该做出科学合理的判断，充分发挥人的能动作用。

第七章 井下作业新技术

第一节 井下工具系列

一、旋转式泄油器

旋转式泄油器是连接在油井管柱以下的机械装置，用以将油管内的液体泄出，保证油井的正常作业生产，如图7-1所示。

图7-1 旋转式泄油器结构示意图

1. 结构组成

结构由上接头、中心管、壳体、下接头组成。

2. 工作原理

该工具与管柱固定类装置配合使用，在管柱被固定的支撑下正转油管，剪断销钉，形成泄油通道。

3. 使用方法

下井：按设计要求将旋转式泄油器连接在管柱上。下井过程中，应平稳起、下钻，避免猛提猛放。

4. 主要技术参数

主要技术参数见表7-1。

表7-1 旋转式泄油器主要技术参数表

型号	钢体外径 （mm）	最小通径 （mm）	长度 （mm）	上连接螺纹	下连接螺纹	泄油扭距 （kg/m）
ZX	ϕ112	ϕ70	645	$3\frac{1}{2}$TBG	$2\frac{7}{8}$TBG	80

5. 技术特点

操作简单，转动油管即可打开泄油通道。

二、锚定器

1. 基本功能

（1）将轴向锚定与转动锚定融于一体，既承受轴向载荷，又防止管柱转动，防脱扣效果好，使用寿命长，如图7-2所示。

（2）上提下放实现坐卡与解卡，现场操作方便。

（3）结构简单紧凑，优化管柱配套，降低生产成本。

图7-2　锚定器结构示意图

2. 结构原理

管柱固定装置主要由锥体接头、中心管、卡瓦托、卡瓦牙、卡瓦牙自锁机构、摩擦块总成、轨道销钉、下接头组成。当固定装置下到设计位置时，上提管柱然后下放管柱，轨道销钉从短轨道进入长轨道，迫使卡瓦牙自锁机构解锁，摩擦块总成推动卡瓦牙外胀坐卡，解卡时上提管柱解除锚定。

3. 适用范围

适用于内径 $\phi124mm$、$\phi159mm$ 套管。

4. 操作要点

（1）下管柱过程中，上提管柱的高度不能超过0.5m，否则中途坐卡。如中途坐卡时，上提管柱解卡后，缓慢下放。

（2）修井作业时，上提管柱解除锚定。

5. 主要技术参数

锚定器主要技术参数见表7-2。

表7-2　锚定器主要技术参

序号	项目	管柱固定装置 $\phi114$	管柱固定装置 $\phi115$
1	工具长度（mm）	1300	1300
2	锚定载荷（kN）	40~60	40~60
3	适用套管内径（mm）	$\phi121~128$	$\phi1571~163$
4	最小通径（mm）	$\phi46~48$	$\phi46~48$
5	钢体最大外径（mm）	$\phi114$	$\phi150$
6	连接螺纹	$2\frac{7}{8}TBG$	$2\frac{7}{8}TBG$

6. 注意事项

（1）下井前，用手检验轨道销钉换向、座卡解锁是否灵活，卡瓦胀缩应到位无卡阻。

（2）严禁摔碰，防止变形，影响使用。

（3）储存于防腐蚀、防锈蚀处。

三、打压油管锚

1. 结构原理

打压油管锚主要由液压锚定装置、防溢流装置、防喷密封装置三大部分组成。打压油管锚装置总装配图如图 7-3 所示，打压油管锚装置实物图如图 7-4 所示。

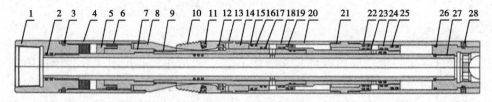

图 7-3 油管锚总装配图

1—上接头；2—"O"形胶圈；3—座封剪钉；4—牙筒体；5—备帽；6—牙环；7—连接套；8—锥体；
9—上连接管；10—卡瓦；11—弹簧Ⅰ；12—弹簧Ⅱ；13—护套；14—锁帽；15—密封活塞；
16—"O"形胶圈；17—"O"形胶圈；18—压缩活塞；19—"O"形胶圈；20—上外筒；
21—连接活塞；22—"O"形胶圈；23—下连接管；24—活塞备帽；25—"O"形胶圈；
26—"O"形胶圈；27—中心管；28—解封剪钉

图 7-4 打压油管锚实物图

2. 组成特点

1）液压锚定装置

液压锚定装置特点：采用双腔液压坐封原理，液体流动起压部分采用双液压腔坐封，起到锚定更可靠，增大锚定力，比以往单腔锚定力增加一倍，向中心管加压至 8MPa，剪断坐封剪钉，液体推动 18 号压缩活塞和 24 号活塞备帽，带动 23 号下连接管、9 号上连接管、8 号锥体、4 号牙筒体下行，使锥体把 10 号卡瓦胀开，6 号牙环和 4 号牙筒体锁住，液体加压到 15MPa，实现锚定过程。改变了以往的锁紧机构，使锚定后的锁紧机构更牢靠，如图 7-5 所示。

图 7-5　液压锚定装置结构示意图

2）一次防喷装置

主要由 29~33 号部件组成，如图 7-6 所示。

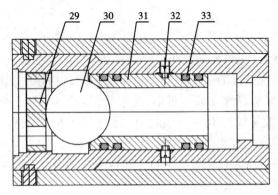

图 7-6　一次防喷装置结构示意图

29—密封备帽；30—球体；31—滑套活塞；32—释放剪钉；33—"O"形胶圈

一次防喷定装置特点：下井过程中球体与滑套活塞处于密封状态，过流通道关闭，球体直径 50.8mm，挡板 5 个 15mm 的出液孔，液流通道 40mm。

油管锚下入过程中防喷装置关闭，实施打压 5MPa 后，滑套活塞打掉，滑套活塞下行到底面，球体与滑套活塞分开，过流通道打开，达到单流目的。

3）二次防喷装置

主要由 34~45 号部件组成，如图 7-7 所示。

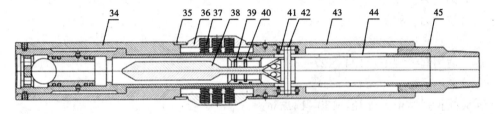

图 7-7　二次防喷密封装置结构示意图

34—扶正外套；35—压套；36—扶正块；37—扶正弹簧；38—密封桶杆；39—"O"形胶圈；
40—防喷密封活塞；41—转动轴承；42—连接销钉；43—防砂套；44—防喷中心管；45—下接头

二次防喷装置特点：随着解封销钉剪断，推动 13 号护套、14 号锁帽、15 号密封活塞、20 号上外筒、21 号连接活塞、34 号扶正外套、35 号压套、36 号扶正块、37 号扶正弹簧、41 号转动轴承、42 号连接销钉、43 号防砂套下行，带动 38 号密封桶杆进入 40 号防喷密封活塞内，44 号防喷中心管上有"U"形滑道，长短槽转换（长槽：过流通道在开的状态，短槽：过流通道在关闭的状态）。液流通道大于 40mm。

3. 工艺原理

1）连接方式

油管锚上端采用 3½TBG 扣型，直接连接在螺杆泵下方。油管锚下端采用 2⅞TBG 扣型与筛管连接。

2）坐封实施过程

油管锚下入到方案设计深度后，连接泵车向油管注压，液体进入中心管，首先中心管打压 5MPa，在压力的作用下，液体推动 31 号滑套活塞，剪断 32 号释放销钉，单流通道打开，继续向中心管加压至 8MPa，剪断坐封剪钉，液体推动 18 号压缩活塞和 24 号活塞备帽，带动 23 号下连接管、9 号上连接管、8 号锥体、4 号牙筒体下行，使锥体把 10 号卡瓦胀开，6 号牙环和 4 号牙筒体锁住，液体加压到 15MPa，实现锚定过程。

通过对油管锚打压实现油管锚坐封，实现油管锚锚定，同时实现对油管的打压检测，坐封力可达到 24t。

3）解封实施过程

当作业过程中需解封油管锚时，上提管柱，10 号卡瓦在与套管的摩擦力作用下，剪断 28 号解封销钉（解封力上提 8t），推动 13 号护套、14 号锁帽、15 号密封活塞、20 号上外筒、21 号连接活塞、34 号扶正外套、35 号压套、36 号扶正块、37 号扶正弹簧、41 号转动轴承、42 号连接销钉、43 号防砂套下行，带动 38 号密封桶杆进入 40 号防喷密封活塞内，关闭通道，从而实现油管不出液，起到井内油管液体防喷的目的。

4）主要技术参数

锚定力：25t；

解封力：8t；

工具长度：2040mm；

适用套管规范：124~127mm；

最小通径：40mm；

扶正弹簧最大外径：130~132mm；

牙体最大外径：132mm；

牙体最小外径：112mm；

端部螺纹尺寸：2⅞TBG。

第二节　新工艺新技术

一、抽油杆类

1. 抽油杆接箍打捞筒

1）基本功能

抽油杆接箍由于倾斜磨损，造成接箍应力强度发生物理变化，局部裂痕断脱；抽油杆接箍偏磨断打捞筒解决了目前因没有打捞工具造成检泵作业，如图7-8所示。

2）结构原理

在打捞筒内安装一个开口环，偏磨抽油杆接箍通过时依靠重力将开口环撑开后通过，偏磨抽油杆接箍通过后开口环恢复原状，上提时开口环将偏磨抽油杆接箍卡在打捞筒内完成打捞。

3）适用范围

适用于抽油杆接箍偏磨断的井。

4）应用效果

该工具累计实施现场打捞17口井，一次下井打捞成功率为100%。

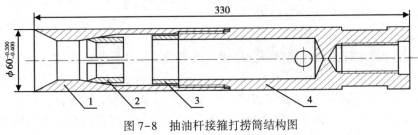

图7-8　抽油杆接箍打捞筒结构图

1—捞主体；2—卡环；3—支撑环；4—接头

2. 长距偏磨断抽油杆打捞筒

1）基本功能

由于井筒倾斜或抽油杆杆体弯曲变形，造成抽油杆杆体偏磨，局部裂痕断脱造成检泵，长距偏磨断抽油杆打捞筒解决了由于目前没有打捞工具而造成检泵作业，如图7-9及图7-10所示。

2）结构原理

研究设计长距偏磨断抽油杆打捞筒，让偏磨段抽油杆能够通过其偏磨不规则部分，抽油杆卡牙能够抓住抽油杆杆体未偏磨部分，弹簧压缩力向下推动卡牙，保证卡牙下行，卡牙抓住抽油杆后，在杆柱重力作用下，将偏磨抽油杆未偏磨杆体部分卡住，完成抽油杆打捞过程。

3）适用范围

适用于抽油杆杆体偏磨断井，鱼顶抽油杆偏磨段长度在 0~4m 之间。

4）应用效果

该工具现场应用打捞 50 口井，一次下井打捞成功率达到 100%。

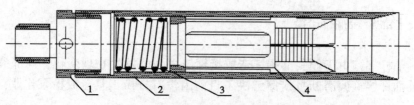

图 7-9　长距偏磨断抽油杆打捞筒示意图

1—打捞接头；2—打捞筒主体；3—弹簧；4—卡牙

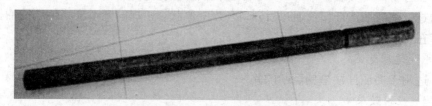

图 7-10　长距偏磨断抽油杆打捞筒实物图

3. 抽油杆坐钳的研制及应用

1）基本功能

在拆卸抽油杆时使用抽油杆液压钳，由于起下抽油杆速度比较快，在上卸抽油杆时需用一把 24in 的管钳作背钳，每起下一根抽油杆都要卡在下一根杆的方体接箍上，液压抽油杆钳启动扭力较大，岗位操作人员稍有疏忽就会脱手，造成整个杆柱和背钳一起旋转，安全隐患很大，基于上述原因我们开展了一体式抽油杆坐、背钳的研制，如图 7-11 所示。

图 7-11　抽油杆坐钳实物图

2）结构原理

该装置由卡箍头、坐钳平面、卡口、操作手柄和辅助手柄组成。设计充分考虑了卡口（ϕ22mm、ϕ19mm 及 ϕ16mm）适合抽油杆的范围、工作承受的压力和稳定性。在起下抽油杆前，将该装置用卡箍牢固地卡在井口小四通上，调整适合的坐钳卡口。

3）适用范围

适用于 $\phi22mm$、$\phi19mm$、$\phi16mm$ 的抽油杆。

4）应用效果

应用此坐钳后，起下抽油杆的速度明显增加，给安全生产也提供了有力的保障。

4. 抽油杆悬挂封控器的制作

1）基本功能

油田井下作业施工过程中，在有杆泵井进行起下抽油杆操作时易出现溢流、井涌现象时，由于目前缺少快速可控封堵的工具，导致井喷事故的发生，造成环境污染，并影响施工进度；同时，采取压井作业施工的井，因缺少抽油杆悬挂工具，无法进行加深泵挂替喷，致使沉淀钻井液堵塞、污染地层，影响油井产量。针对这些问题，制作了抽油杆悬挂封控器，如图 7-12 所示。

图 7-12　抽油杆悬挂封控器实物示意图

2）结构原理

在进行加深泵挂替喷作业时，将该工具的抽油杆短节与井内抽油杆连接，悬挂体坐到油管接箍内，起到悬挂井内抽油杆的作用，接下加深油管至设计深度实现加深替喷。在起下抽油杆操作过程中，出现溢流、井涌现象时，将该工具的抽油杆短节与井内抽油杆连接，悬挂体坐到油管接箍内，装上旋塞便可起到防喷作用，通过工具的 4 个通道实现洗、压井作业。本工具通过更换抽油杆变径接头可实现不同泵径有杆泵井的上述作用。

3）应用效果及效益情况

抽油杆悬挂封控器在作业大队试验了 46 口井，效果很好。

5. 抽油杆通用倒扣器

1）基本功能

对有杆泵井卡死无法正常起出的抽油杆实行机械倒扣，起到节约增效、保证安全的目的，如图 7-13 及图 7-14 所示。

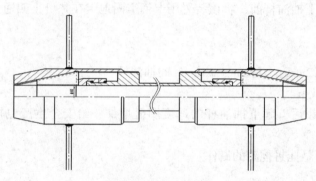

图 7-13　抽油杆通用倒扣器原理示意图

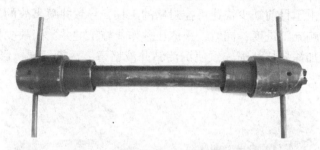

图 7-14　抽油杆通用倒扣器实物图

2）结构原理

该工具由上、下锥面卡瓦轨，卡瓦牙本体，卡瓦牙向心推进轨，退牙体，单向推力轴承旋转本体及手柄等组成。利用液压钳动力带动旋转本体旋转，推动上、下锥面卡瓦牙轨沿轴向上、下行，卡瓦牙本体在锥面向心力作用下沿卡瓦牙向心推进轨径向运动，卡瓦牙咬合住抽油杆本体，在液压钳旋转动力作用下旋转，使抽油杆卸扣。

3）适用范围

适用于油田各类有杆泵井作业施工。

4）应用效果

该工具共使用 3 井次，均取得成功，具有结构简单，操作方便，成本低廉，倒扣力大，不容易滑牙，不损伤抽油杆等特点。

6. 抽油杆提篮的改进

1）基本功能

在检泵施工中，抽油杆的起吊工具就是提篮，使用时把钢丝绳挂到游动滑车的大钩上。但是在拉、送抽油杆时，因为防脱套和抽油杆接箍都处于水平状杆接箍下部的四方放到提篮的底部，让接箍或上接头放到提篮篮内，套上防脱套，即可完成起态，容易使防脱套上移，造成抽油杆脱落、下坠，很容易伤人，如图 7-15 所示。

改进后的抽油杆提篮就能很好地解决这个问题，它在提篮的侧面开了一个滑道，底部制作一个限位凹槽，在防脱套上安装一个弹力限位销钉，在抽油杆放到提篮内时，下放防脱套，限位销钉将防脱套锁紧，防止防脱套上移，解决抽油杆在拉、送过程中脱落伤人的现象发生。

 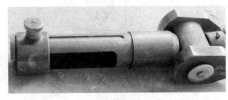

(a) 革新前   (b) 革新后

图 7-15 抽油杆提篮的结构改进示意图

2）结构原理

由上提环、提篮本体、滑道、防脱套、限位销钉组成。

3）技术关键

防脱套在滑道内滑动灵活，限位销钉灵活、限位牢固。

指标：达到设计要求。

4）应用效果

应用效果：该装置已在100多口井上使用，使用后可以使人身安全事故发生概率降低，而且结构简单、操作简便、安全可靠、实用性强，成本低，达到了设计标准。

7. 油管抽油杆同步起卸的革新

1）基本功能

作业现场经常遇到：

（1）油井油管浅部断脱，油管和抽油杆无法同步起出，直接起杆会将抽油杆扶正器刮落在井内增加油管打捞的次数。

（2）抽油杆卡死在油管内或抽油泵筒内无法倒扣，现场一般采用起一根油管锯断一根抽油杆，如图 7-16。

这两种施工存在的弊端：

① 容易伤人。

② 容易砸坏地面设备和用具。

③ 使起出的抽油杆报废。

④ 增加了员工的劳动强度。

⑤ 增加施工成本使施工周期延长。

2）结构原理

油管抽油杆同步起工具由同步起主体和两个防脱固定销两部分组成。

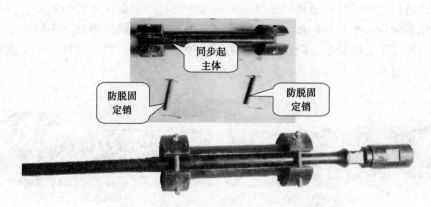

图 7-16　油管抽油杆同步起卸结构示意图

油管抽油杆同步起工具与相应长度的抽油杆短接配合使用 ［（抽油杆短接长度+抽油杆长度）>油管长度］，完成油管和抽油杆同步起出。

3）技术要求

（1）工具的提拉载荷 20~25t。

（2）最大直径 ϕ114mm。

（3）高度 380mm。

（4）抽油杆短接长度加上一根抽油杆长度之和大于油管长度。

4）应用效果

该工具经过现场试用达到如下的效果：

（1）安全完好起出井内的油管和抽油杆，不损坏地面设备和用具。

（2）减轻员工的劳动强度，保证操作人员安全。

（3）降低施工成本。

（4）缩短施工周期。

8. 抽油杆接箍扶正器打捞工具

1）基本功能

用于打捞井下抽油杆接箍扶正器，如图 7-17 及图 7-18 所示。

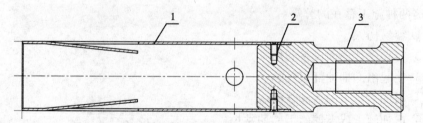

图 7-17　抽油杆接箍扶正器打捞工具结构示意图
1—打捞主体；2—沉头螺钉；3—连接头

图 7-18 抽油杆接箍扶正器打捞工具实物示意图

2）结构原理

主要由打捞主体、沉头螺钉、连接头等组成。在下井之前，连接头与抽油杆连接，根据扶正环磨损情况，调整打捞筒主体弹簧片向内收缩量；打捞时，扶正环被装入打捞筒主体内部，弹簧片将扶正环卡住，完成打捞作业。扶正环主体上有出油孔，以保证其腔内液体和蜡质排出。

3）适用范围

可适用于各种型号抽油杆接箍扶正器的打捞。

4）应用效果

2004 年应用以来，截至目前已成功打捞 1050 口井，打捞成功率 95%。

二、小件落物打捞工具

1. φ3.2mm 钢管电缆剪断器

1）基本功能

实现在井内仪器遇卡处将电缆剪断，避免电缆损失，同时便于仪器打捞，避免不必要的动管柱作业施工，如图 7-19 及图 7-20 所示。

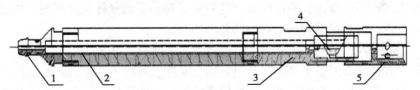

图 7-19 φ3.2mm 钢管电缆剪断器结构原理图
1—打捞头；2—加重杆体；3—卡牙套；4—卡牙；5—钝筒

图 7-20 φ3.2mm 钢管电缆剪断器实物图

2）结构原理

φ3.2mm 钢管电缆剪断器由打捞头、加重杆体、卡牙套、卡牙及钝筒五部分组成。

剪断器外径 φ44mm，内径 φ3.5mm，打捞头、加重杆体、卡牙套、卡牙等部分侧部均有开槽，槽宽 3.5mm，位于不同轴线，卡牙尖角为 25°，卡牙在受力的情况下在接触面上发生相对位移，产生剪切力将电缆剪断。

3）适用范围

在测试过程中仪器遇卡时使用。

4）应用效果

累计应用了 3 井次，成功率为 100%。该仪器可实现重复使用，为测调联动技术的大规模推广应用奠定了基础。

2. 索式抽油杆提篮、抽油杆插板

1）基本功能

针对抽油杆吊卡存在重量大，开关动作慢，冬季施工时易发生油、蜡卡阻机构，导致抽油杆掉井，以及抽油杆吊卡提环距离短，作业机手操作难度大，抽油杆吊卡易与抽油杆吊钩发生撞击，造成伤人等不安全因素，如图 7-21 所示。

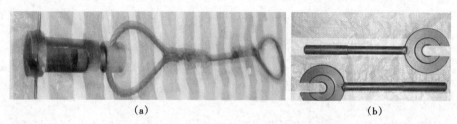

图 7-21 索式抽油杆提篮、抽油杆插板实物图

绳索式抽油杆提篮、抽油杆插板这一新型起、下抽油杆工具轻便、快捷、安全，较好地解决了抽油杆吊卡存在的各种问题。

2）结构原理

绳索式抽油杆提篮主要结构有钢丝绳、主体、转动轴、索套。抽油杆插板为整体结构，抽油杆插板的一侧有与杆体直径相配合的开口，上平面有与抽油杆加厚抬肩部位相配合的凹槽。施工时抽油杆加厚抬肩部位坐于抽油杆插板的凹槽内被固定。将绳索式抽油杆提篮的一端挂于游动滑车的钩头上，向上推动抽油杆提篮主体部分的滑套，抽油杆提篮露出开口，很容易套住抽油杆接箍实现起下操作。

3）技术要求

（1）绳索式抽油杆提篮长度：150cm。

（2）抽油杆插板重量 1.5kg。

（3）抽油杆吊卡提环的长度：40cm。

（4）重量 15kg。

4）应用情况

重量为 1.5kg 的抽油杆插板，与重量为 15kg 的老式抽油杆吊卡相比，使用起来更加轻便、快捷。大大减轻了一线操作人员的劳动强度。抽油杆提篮绳索长度为 150cm，大大超过抽油杆吊卡提环的距离，使用该工具进行起、下抽油杆施工后，有效避免了大钩与吊卡发生撞击伤人的不安全因素。

3. 绳类打捞器的革新

1）基本功能

使用内钩或外钩打捞钢丝或钢丝绳，容易使钢丝或钢丝绳压堆，造成打捞困难。设计了能够旋转到落物内部打捞的组合式绳类打捞器，如图 7-22 所示。

图 7-22　绳类打捞器实物图

2）结构原理

首先将外筒装在丝锥体上部，将打捞器下到落物深度后，通过加压、旋转，使钢丝或钢丝绳挤在外筒的套筒内，上提管柱，观察拉力表，当悬重增加时，说明已捞获。否则，重复以上操作，直至捞获为止。为防止落物脱落筒内装有内钩。

3）技术要求

公锥 0.8m×0.12m×0.3m；刮蜡器 ϕ0.12m；内钩 0.30m。

4）适用范围

内钩或外钩无法捞获时，造成落物压堆现象时采用。

5）应用效果

2008 年以来，推广应用 5 口绳类落物打捞井，缩短了施工时间，成功率为 95%。

4. 卡簧式小件落物打捞筒的制作

1）基本功能

在油田井下作业施工中，特别是斜井作业过程中遇到油管断脱情况而未及时发现，就容易产生起抽油杆时将抽油杆扶正器刮落掉入井内的情况。以往采用的"开窗打捞筒"、"一把抓"等工具进行打捞，并不能起到良好的打捞效果，拖延了施工时间。只能上大修，针对此点，特加工制作了卡簧式小件落物打捞筒，使得常规作业队就可以进行打捞作业，节约了作业费用，如图 7-23 及图 7-24 所示。

2）结构原理

该工具主要由上接头、筒体、限位环、引鞋、弹簧片、定位螺钉、拨齿等组成。该卡簧式小件落物打捞筒，可以对井内掉落的扶正器之类的小件工具进行打捞。

图 7-23　卡簧式小件落物打捞筒实物图

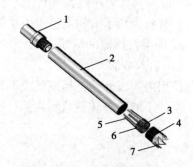

图 7-24　卡簧式小件落物打捞筒示意图
1—上接头；2—筒体；3—限位环；4—引鞋；
5—弹簧片；6—定位螺丝；7—拨齿

当打捞管柱下至预定深度后，通过旋转管柱将旋转力传递到引鞋的拨齿上，拨齿旋转可将扶正器及小件落物引入筒体内部，弹簧片可阻挡扶正器及小件落物退出。改工具特点工作筒长，筒内容纳落物空间大，使用该工具打捞成功率及次数远远少于现在常用的打捞工具，减少了作业费用，降低了作业成本。

3）工具优点

（1）工作筒长，筒内容纳落物空间大。

（2）可对各类小件落物打捞。

4）技术指标

（1）打捞负荷 0.5t。

（2）外形尺寸 ϕ114×9500mm。

5）应用效果

卡簧式小件落物打捞筒使用了 5 套，推广使用 1 年来效果很好，使用该工具后，每年可减少这类井大修作业 5 口井；该工具结构简单，操作方便，打捞成功率高，具有很好的推广前景。

三、井下工具打捞类

1. 可泄油挡球的制作

1）基本功能

油田油水井下管柱中有带挡球的井，在作业井施工过程中，油管内的油水无法排空，导致起管柱作业时油管内的油水外泄造成环境污染，针对这一问题，研制了可泄油挡球，使挡球管柱实现了泄油功能，如图 7-25 所示。

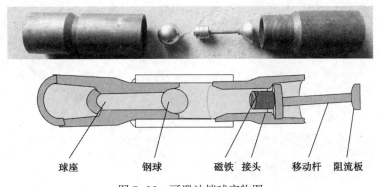

球座　　　　　钢球　　　　　磁铁　接头　　　移动杆　阻流板

图 7-25　可泄油挡球实物图

2）结构原理

该工具由球座、钢球、磁铁、移动杆、阻流板、接头等部分组成。该工具随管柱下井后，在油管内外压差的作用下，井内液体上顶钢球，钢球被磁铁吸附，液体进入到油管内，下至设计深度后，从油管内加液压，大排量液体推动阻流板及移动杆，迫使钢球与磁铁分离，钢球入座，实现了憋压功能。起管柱前，先反洗井或从油管放压，使移动杆、阻流板和钢球上行，钢球被磁铁吸附，在起管柱时，油管内液体经过球座进入到套管内，实现了起管柱作业不泄油水功能。

3）技术要求

井内最高温度小于 70℃。

4）应用效果

2015 年已在找漏、验窜施工中使用 23 井次，成功泄油水 21 井次；2 次因封隔器胶筒不收缩无法泄油。平均单井减少外排油水 3m³，该工具结构简单，操作方便，使用成功率高。

2. 螺杆泵短鱼头打捞矛的革新

1）基本功能

在螺杆泵井施工时，由于螺杆泵延长管下部与螺杆泵泵体上接头之间脱落，螺杆泵上接头内径是 ϕ102mm，外径是 ϕ114mm，外捞的可能性极小，内捞螺纹扣下方就是定子橡胶体无法打捞，而现在所有成型打捞均无适合打捞螺杆泵的工具，常规检泵的队伍无法进行打捞，只能上大修，针对此点，特加工制作了螺杆泵专用打捞矛工具，使得常规作业队就可以进行打捞作业，如图 7-26 所示。

2）结构原理

该工具主要由上接头、锥体矛杆、圆卡瓦牙、挡键、固定螺钉、冲洗水眼、推进水眼等组成。

打捞时圆卡瓦牙上移，外径变小，并进入鱼顶内腔，圆卡瓦牙的扣型与螺杆泵上接头扣型相同，洗井液通过推进水眼将圆卡瓦牙向下推进，使圆卡瓦牙的螺

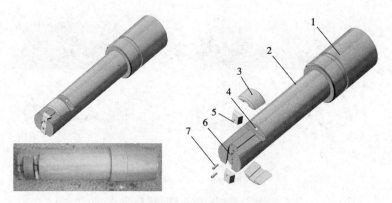

图 7-26　螺杆泵短鱼头打捞矛实物图

1—上接头；2—锥体矛杆；3—圆卡瓦牙；4—推进水眼；5—挡键；6—冲洗水眼；7—固定螺丝

纹与螺杆泵上部螺纹相吻合，上提管柱，在锥体矛杆的作用下，圆形卡瓦牙下移，外径增大，产生径向支撑将落物捞出地面。

螺杆泵专用打捞矛工具优点：

（1）可针对短落鱼打捞。

（2）可对扣打捞。

螺杆泵专用打捞矛工具缺点：

（1）打捞位置短。

（2）常规打捞工具无法打捞。

3）技术指标

（1）打捞负荷 30t。

（2）重量 4kg。

（3）外形尺寸 ϕ95×450mm。

3. 冲击旋转式刮蜡器的改进

1）基本功能

电泵井刮蜡器由加重杆与钻头组成，清蜡时遇见结蜡严重时，刮蜡器清蜡慢且易堵死井筒，冲击旋转式刮蜡器可很好解决这一问题，如图 7-27 及图 7-28 所示。

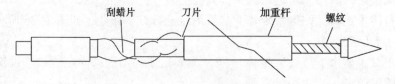

图 7-27　冲击旋转式刮蜡器示意图

图 7-28 冲击式刮蜡器改进前后对比图

2）结构原理

在原有清蜡器基础上，一是在加重杆与绳帽中间加上三道竖立的刀片，用于切割硬蜡；二是在底部改进钻头，使钻头可以上下旋转，下仪器清蜡时利用加重杆的重量使钻头旋转，提高清蜡质量。

3）适用范围

适用于油田电泵井机械清蜡。

4）应用效果

累计应用清蜡 300 井次，对结蜡严重井可以顺利通过结蜡点，减少工作时间，提高工作效率。

4. 作业修井打捞工具组合的制作

1）基本功能

在油田井下作业施工过程中，经常会遇到井下管柱或落物被砂埋的情况，这种情况处理，通常先采用冲砂或套铣的方法，去除管柱或落物周围的砂子，使井内管柱从砂卡的状态中解脱出来，再使用打捞工具将井内管柱或落物捞出。这种方法施工时，由于冲砂所用水质很难达到理想状态下的清洁，以及地层内流体不断涌出，经常会造成冲砂、套铣后，冲起的砂子会少量回落埋鱼顶，造成后续打捞失败，增加了打捞次数，延长了施工周期，如图 7-29 所示。

图 7-29 作业修井打捞工具组合
1—工作筒；2—造扣螺纹；3—套铣头

作业修井打捞工具组合主要解决一下两方面问题：

（1）冲砂与打捞间隔时间长：冲砂施工后，起出冲砂管柱至将打捞工具下至落物鱼顶，施工时间通常在 4h 以上。少量砂子回落将落物鱼顶埋住，造成打捞失败。

（2）施工工序多：打捞 1 件砂埋落物，通常需要先冲砂或套铣施工，再进行打捞施工，打捞次数多，施工周期长。

2）结构原理

作业修井打捞工具组合主要由套铣头、工作筒、造扣螺纹等部分组成。

当井内管柱遇到砂埋或小件落物卡管柱后，根据砂埋的厚度或小件落物的长度选择合适规范的工作筒、套铣头、母锥进行组装。将组合后的打捞工具下至砂面或小件落物处循环套铣施工，套铣进尺至遇卡管柱露出，继续下放工具，当循环泵车产生憋压情况且钻具钻压不再下降时，说明母锥造扣螺纹与落物鱼顶接触，旋转管柱进行造扣打捞，将落物捞出。

3）主要技术指标

（1）套铣头内径≥98mm，工作筒内径≥98mm。

（2）工具最大外径≤118mm，工具最小内径≥50mm。

（3）打捞落物范围：50mm≤造扣螺纹≥93mm。

5. 井口自封装置技术改进

1）基本功能

满足简易井口生产井的安全环保作业如图7-30所示。

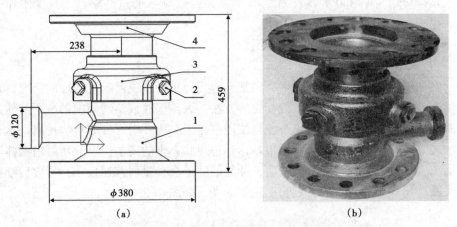

图7-30　井口自封装置结构示意图

1—底座；2—锁紧螺钉；3—连接套；4—上法兰

2）结构原理

该装置由底座、连接套、上法兰组合而成，针对不同简易井口类型可随机组装，满足简易井口安装自封的需要；其上部可与常规防喷器配套使用。对无法兰盘的简易井口，安装底法兰后再使用简易自封组合使用；对无放喷阀，只有底法兰的井口，可直接安装便携式自封装置，实现作业井放喷与井控目的。

3）适用范围

适用于安装简易井口的油水井的安全环保作业。

4）应用效果

该井口自封装置在外围采油厂简易井口作业井上共应用18井次，实现了对简易井口作业过程中的自封封井，达到安全环保作业。

6. 可退式加长打捞筒

1）基本功能

在作业施工检泵井时，常常有抽油泵泵筒与固定阀之间脱扣使得抽油泵活塞及固定阀脱入井内的现象，以往打捞时需首先将抽油泵活塞捞出，然后再下相应的可退捞筒捞出抽油泵固定阀及以下部分。此可退式加长捞筒将两次打捞变为一次打捞，提高施工速度，减轻了工人劳动强度，如图7-31及图7-32所示。

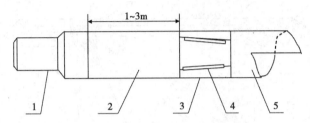

图7-31　可退式加长打捞筒结构示意图

1—上接头；2—加长筒；3—筒体总成；4—卡瓦；5—引鞋

图7-32　可退式加长打捞筒实物图

2）结构原理

抽油泵泵筒与固定阀之间脱扣后，井内落物依次为脱接器下部（或无）、活塞、固定阀、下部工具及油管。要做到一次捞出全部落物，必须越过抽油泵活塞对下部固定阀进行打捞，而固定阀以上落物长度为2m左右。因此设计了可退式加长打捞筒，即在原可退式捞筒的上接头与筒体总成之间增加一根有效长度为1~3m的加长管，打捞时将抽油泵活塞等引入加长管，加长管下部的筒体总成即可接触固定阀实现打捞，一次性捞出全部落物。

3）适用范围

在φ140mm套管内，打捞抽油泵的活塞及固定阀。

4）应用效果

2002年以来，已应用43口井成功率达100%。

7. 三卡瓦打捞筒的研制

1）基本功能

解决了作业打捞抽油杆施工过程中无φ25mm及以上抽油杆专用打捞工具的问题。

2）结构原理

由上接头、刚体、下接头及引鞋、卡瓦座、销钉、卡瓦销子、卡瓦牙体、隔环的几部分组成。当落物通过打捞筒内中心孔时，遇到三块牙体，牙体向外张开，当上提打捞管柱时，三块牙体靠弹簧的力量将落物卡住、抱死实现打捞，如图 7-33 及图 7-34 所示。

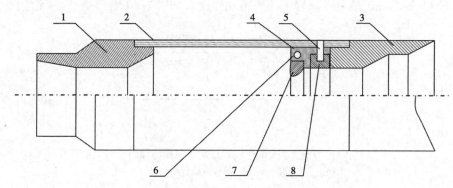

图 7-33　三卡瓦打捞筒结构图

1—上接头；2—刚体；3—下接头及引鞋；4—卡瓦座；5—销钉；6—卡瓦销子；7—卡瓦牙体；8—隔环

图 7-34　三卡瓦打捞筒实物图

3）适用范围

适用于打捞尺寸范围外径为 ϕ38—60mm 的落物。如脱卡器下接头、抽油杆接箍等。

4）应用效果

2003 年以来，共实验应用了 100 余口井，均能一次打捞成功，效果良好。

8. 三孔偏心排液器

1）基本功能

加大了排油孔道，堵塞器设计了特殊的单向流动装置，封隔器释放以后无需投捞，减少了施工工序，如图 7-35 及图 7-36 所示。

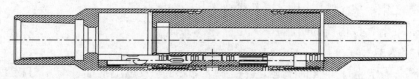

图 7-35　三孔偏心排液器结构图

图 7-36 三孔偏心排液器实物图

2）结构原理

在按施工设计要求正确连接后下入井内，进行封隔器释放、丢手等工序后，配产器内部的单向阀关闭，堵塞器在压力作用下下行卡爪固定在限位槽内，保证封隔器的释放压力。然后下入生产管柱，生产管柱的抽油泵（电泵）下端连接对应的开关器（或活门），进行桶开关（或活门），打开出液通道，此时配产器内部堵塞器单流阀由于地层压力向上移动并被打开，油流进入生产管柱。

3）适用范围

三孔偏心排液器适用于油层通道的控制，与封隔器配套使用可以实现分层堵水、细分采油等工艺。

4）应用效果

累计应用 2000 口，下井使用成功率高，一次下井成功率达到 99%；该工具操作方便，性能可靠。施工工艺简单，适用范围广，可以和目前使用的封隔器配套使用。由于采用了新型的设计结构，封隔器释放以后无需投捞，节省了工序，降低了劳动强度。

9. 直通翻板憋压活堵成果简介

1）基本功能

为解决笼统注水井封隔器释放的高成本、高风险问题，在不增加工序、设备及成本的前提下完成封隔器的释放及实现水井的笼统注入，如图 7-37 所示。

图 7-37 直通翻板憋压活堵示意图

2）结构原理

该工具由钢体、翻板活堵、两个锁定顶杆和密封圈组成。连接在完井管柱底部，完井后通过来水压力剪断销钉，打开翻板，并由锁定顶杆锁定，完成释放过程。

3）应用效果

该工具下井应用 50 套，彻底摆脱了吊球打压的释放方法，节约了水泥车、投捞车费用，减少了施工工序并缩短了施工周期。释放成本降低到原来的 1/5，减少了释放失败造成的水井返工。

10. 支撑式洗井不压产管柱的改进

1）基本功能

实现油井在热洗清蜡时洗井液不进油层，避免热洗压产，提高洗井效果，如图 7-38 所示。

图 7-38　支撑式洗井不压产管柱结构示意图

2）结构原理

支撑式洗井不压产管柱由抽油泵、上部筛管、丝堵、丢手、热洗密封器、球座、下部筛管等组成。

管柱下井位置在油层顶界以上，正常生产时油水混合液通过下部筛管、球座、密封器和上部筛管进入抽油泵，热洗时洗井水通过密封器上部的筛管返回油管中，避免进入油层。

3）适用范围

适用于热洗清蜡的抽油机井。

4）应用效果

现场应用 70 口井，通过憋压法、体积计量法、流量计量法验封方法证明该管柱封隔器和单流阀密封良好，实现热洗不压油层的目的。

11. 新型 Y441-114 封隔器打捞矛的研制

1）基本功能

针对 Y441-114 封隔器打捞解封头损坏无法打捞的问题，研制了新型 Y441-114 捞矛，能够成功打捞解封头损坏的 Y441-114 封隔器，如图 7-39 及图 7-40 所示。

2）结构原理

利用筒体内倒角在打捞管柱重力和下冲击力的作用下整形，使解封头外径恢复至满足打捞外径，打捞部分进入鱼腔，牙块在高压水流冲击下下行，直径增大由解封头内部锁紧，解封头外壁紧贴筒体内壁，依靠夹持力实现对封隔器的打捞。

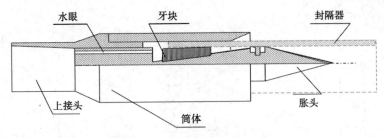

图 7-39　打捞矛结构示意图

图 7-40　新型 Y441-114 封隔器打捞矛实物图

3）适用范围

适用于 Y441-114 封隔器解封头胀裂、变形、破损等导致的打捞失败的油井施工。

4）应用效果

应用 16 口井，均一次捞获，成功率 100%，避免了因 Y441-114 封隔器解封头损坏终止施工转为事故处理或大修，使采油井尽快投入生产。

12. 套管弯曲井磨铣工具研制及工艺改进

1）基本功能

套管弯曲井在普通铣套扩径后由于加固管长度较长，外径较大，经常发生加固管下不到位就遇阻情况。基于此，研制了适用于套管弯曲井的磨铣工具，并对磨铣工艺进行了改进，如图 7-41 所示。

2）结构原理

研制的新型铣锥直径 ϕ120mm，长度 0.50m，上下均加工钻杆螺纹，可与钻铤、扶正器、梨形胀管器等组合使用，加大、加长铣柱长度，通过长度的加大将弯曲段套管扩径，使直径较大、长度较长的加固管能够顺利下入套损段并将其加固。同时，改进工艺管柱结构，将传统管柱下端的尖铣锥改为梨形胀管器，防止磨出套管外的事故。

3）适用范围

适用于所有套损井打通道扩径施工中。

4）应用效果

该工具使得加固井修复率由 2003 年（14 口修复 10 口）的 71.4% 上升至

2004 年的 88.9%。

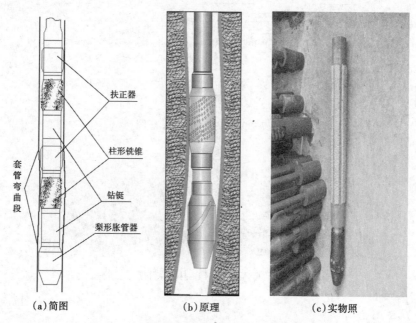

（a）简图   （b）原理   （c）实物照

图 7-41　套管弯曲井磨铣工具实物结构示意图

13. 破裂油管打捞器

1）基本功能

可实现井下作业中破裂油管打捞作业，如图 7-42 及图 7-43 所示。

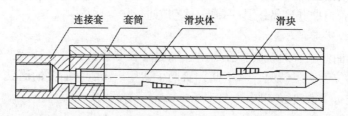

图 7-42　破裂油管打捞器结构原理示意图

图 7-43　工具实物图

320

2）结构原理

本装置是由滑块捞矛、连接套及套筒三部分组成。

将打捞器主体与打捞管柱相连接，在打捞时，当破裂油管打捞器向下移动时，"滑块体"的引锥部分首先与破裂油管接触，引导破裂油管进入打捞器内，打捞器向上移动，"滑块"同时向下滑动，抓住破裂油管，使破裂油管外壁与打捞器内壁贴紧，将破裂油管紧紧地抓住，上提管柱即可将破裂油管捞出。破裂油管捞上来后，逆时针方向旋转打捞器的"连接套"，使之与打捞器分离。用锤敲击"滑块体"，使其与破裂油管松开，完成退鱼。

3）适用范围

适用于内径在 $\phi 67mm$、外径在 $\phi 77mm$ 左右的破裂油管打捞作业。

4）应用效果

累计应用 20 口井，直接经济效益 24 万元，平均每口井缩短施工周期 1d。

14. 快速刮洗通管器的研制与应用

1）基本功能

针对油管结蜡、结垢严重，提高油管刺洗效率的问题，研制了快速刮洗通管器，如图 7-44 及图 7-45 所示。

图 7-44　快速刮洗通管器实物结构示意图

图 7-45　快速刮洗通管器现场应用示意图

2）结构原理

将清洗、除垢、刮蜡、通管结合在一起形成多功能工具，研制由螺母、大小头式螺旋轮、螺旋轮轴座、壳体、接头等组成的快速刮洗通管器，以锅炉车车载锅炉产生的高压蒸汽为介质，使具有一定压力的流体，进入缓冲腔缓冲后通过螺旋轮轴座的斜孔或直孔冲击大小头式螺旋轮旋转，同时使流体改变方向，沿切线飞出，使油管达到清洗、除垢、刮蜡、通管等效果，清洁程度达到了 100%。

3）适用范围

作业施工的油井及结蜡结垢的水井。

4）应用效果

到目前共应用360口井，每口井可缩短施工时间5h，提高施工效率，缩短了施工周期。

15. 杆断井快速憋泵器

1）基本功能

针对捞抽油杆井，起出抽油杆上部断头及上部油管后，需要试抽、憋泵。憋泵合格后，才能下完井管杆。但是憋泵还要坐萝卜头、装井口、倒光杆、装胶皮阀门才能完成憋泵工序。完成该工序大约需要2h，憋泵结束还要拆掉胶皮阀门、井口、萝卜头，才能下管柱完井。单道工序重复操作，为了解决这个难题，研制了杆断井快速憋泵器，如图7-46所示。

2）结构原理

杆断井快速憋泵器的结构，如图7-47所示，在原胶皮阀门正面开一个30mm的孔，在开孔处焊接一个四分头短节，短节连接压力表阀门、阀门上连接压力表。

图7-46 常规憋泵方法

图7-47 杆断井快速憋泵器结构原理

技术关键是：胶皮阀门的内孔需与井内抽油杆的直径相匹配，下部螺纹与井内油管匹配，如遇不匹配可用变头完成。

3）应用范围

抽油杆断脱井。

4）应用效果

2013 年采油一厂作业大队推广使用
230 井次；如图 7-48 所示，每口井节省
施工时间 2 小时。

16. 粉碎型震荡刮蜡器的研制

1）基本功能

本装置解决目前电泵井采用机械式
刮蜡片清蜡不彻底的问题，如图 7-49 及
图 7-50 所示。

2）结构原理

该装置由底矛、三角刮蜡刀、振荡
器、加重杆四部分组成。当该刮蜡器由
录井钢丝连接下入井中后，在油管结蜡
段底矛头旋转弹开进行刮蜡，三角刮蜡
刀可将底矛刮出的蜡块切割粉碎，同时

图 7-48　杆断开快速憋泵器适用范围

在旋转力的作用下，刮蜡刀可把油管内壁矛头清理不到的蜡进行清理。

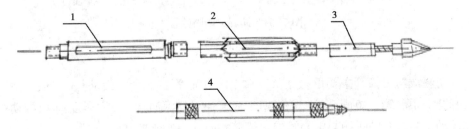

图 7-49　粉碎型震荡刮蜡器结构示意图

1—振荡器；2—三角刮刀；3—底锚；4—加重杆

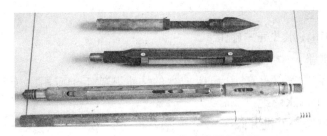

图 7-50　粉碎型震荡刮蜡器实物图

3）适用范围

适用于油田电泵井清蜡。

4）应用效果

该成果在大庆油田第三采油厂应用，清蜡 126 口电泵井，工作效率高，清蜡

效果好。

17. 防释放防喷筛管的改进

1）基本功能

解决了水井完井施工时，封隔器易发生中途释放及管柱内返出液无法控制的问题，如图7-51所示。

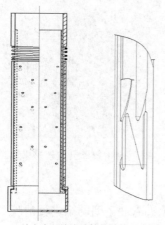

（a）防释放防喷筛管结构示意图　　　（b）防释放防喷筛管实物

图7-51　防释放防喷筛管

2）结构原理

防释放防喷筛管主要由上接头、弹簧、中心管、衬套、活动块、中心管孔、衬套孔、中心管长短槽、衬套长短槽组成。通过加深油管支井底使活动块推动衬套运动，当衬套的短槽与中心管的短槽接触时，中心管的孔与衬套的孔错开，阻止液体进入管柱内，从而达到防止封隔器中途释放及避免污油污水由油管返到地面造成环境污染的目的。

3）适用范围

适用于油田注水井完井施工。

4）应用效果

该防释放防喷筛管已在10口压力大的注水井施工中应用，避免了封隔器中途释放和施工中污水落地。

18. 电潜柱塞泵井洗井阀

1）基本功能

电潜柱塞泵无杆柱搅动，蜡、胶质逐渐附在油管内，使油流通道逐渐减小，当系统出现问题时，停井超过48h，油管内的油柱变为死油，形成蜡堵，当油管内形成死油后，热洗时，洗井压力由井底向上传导至结蜡点，作用压力和热量已有一定衰减，地面泵车压力很高但是仍不易洗通，而使洗井液大部分注入地层，造成油层污染。为此设计电潜柱塞泵井洗井阀，提高电潜柱塞泵井洗井成功率，降低洗井难度，如图7-52所示。

图7-52　电潜柱塞泵井洗井阀实物图

2）结构原理

将电潜柱塞泵洗井阀连接在举升工艺管柱上，下到合理位置（结蜡点附近），对洗井流程产生"短路"效应，使洗井液压力和热量直接作用于结蜡点以上，有助于打通死油段，洗通全井。该工具设计桥式通道和中心通道，中心通道与外界连通，正常生产时井液通过桥式通道，洗井时洗井液由油套环空进入中心通道，流入油管，中心通道装有球座，保证液体单向流动。桥式通道和中心通道最小过流面积分别为736.4mm^{2}和706.5mm^2；采用扶正体和弹簧机构对球进行强制复位，保证密封。

3）适用范围

适用于电潜柱塞泵井。

4）应用效果

电潜柱塞泵井洗井阀的设计完善了电潜柱塞泵井下工艺管柱，随着电潜柱塞泵井在外围油田的规模逐步扩大，该洗井阀具有良好的推广应用前景。

19. 大泵解卡打捞器

1）基本功能

针对带有防喷脱接器的大泵无法打捞的问题，研制了大泵解卡打捞器，如图7-53所示。

2）结构原理

本工具主要由解锁器、冲洗连管以及打捞组成，在打捞时，解锁器首先将防喷脱接器解锁并推至泵头下部，然后打捞头对泵头进行打捞。

3）适用范围

适用于带有防喷脱接器的大泵打捞。

4）应用效果

该打捞器应用后，解决了原来大泵无法打捞的难题，打捞成功率100%。

图7-53　大泵解卡打捞器实物图

20. 笔尖式铣锥的改进

1）基本功能

修井作业中经常出现被打捞的落鱼直径较大而落鱼的内腔有其他落物堵塞，这样既不能进行外捞也不能进行内捞。如进行套铣和下平底磨鞋磨铣就破坏了落鱼原有的连接结构，使落鱼松散打捞更加困难。遇到这种情况一般用笔尖式铣锥进行内磨铣。现场使用的笔尖式铣锥的液体循环通道在顶端，如图 7-54 所示，这样造成工具的顶端不能铺磨铣料，当进行内磨铣时如需要工具的顶端磨铣落物内时物就形成铁与落物的接触摩擦，使磨铣不能顺利进行，而且

图 7-54 原笔尖铣锥顶端的结构

容易憋泵，也达不到打通内捞通道的要求。这样就使打捞工作不能顺利进行，增加了修井施工周期，如图 7-55 所示。

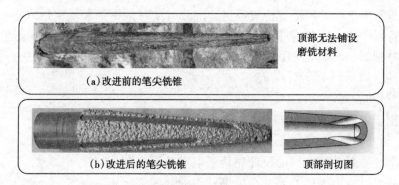

（a）改进前的笔尖铣锥

顶部无法铺设磨铣材料

（b）改进后的笔尖铣锥

顶部剖切图

图 7-55 笔尖铣锥改进前后的对比示意图

研究制作出顶端也能磨铣的笔尖式铣锥成为当前迫切需要解决的问题。

2）结构原理

改进后的笔尖式铣锥结构：整体结构为一端是 210 反扣钻杆接头，将另一顶端改为半球型实体，在整体的工具顶端加一对冲洗循环通道出口（顶端液体出口通道的中心轴线和工具的中心线夹角为 15°），在锥体及半球的表面铺上磨铣材料。这样磨铣工具的顶端和侧面都可以磨铣落物，使内捞的打捞通道顺利地打通，达到快速捞出落鱼完成修井施工。

3）技术指标

技术关键：（1）椎体顶部的半球实体和铣锥本体是整体结构。

（2）磨铣钻压≤10kN。

达到的指标：使内捞通道顺利打通，达到快速打捞出井内落鱼，完成修井施工。

4）应用效果

改进后的笔尖式铣锥在 8 口磨铣打捞的大修井上使用取得了较好的效果。

改进后笔尖式铣锥的顶端和侧面都铺有磨铣料，这样磨铣工具的顶端和侧面都可以磨铣落物，单井平均可减少修井施工时间 36h，达到了快速打通落鱼的内捞通道，快速捞出落鱼完成修井施工，提高了落鱼的打捞速度。

21. 滑块捞矛插入深度限位器

1）基本功能

现场使用滑块捞矛打捞作业施工时，有一部分落鱼的打捞要对滑块捞矛插入落鱼的深度进行限制。现场一般采用两种方法解决：一种是在捞矛杆上焊上一块铁质的挡块对捞矛杆插入深度进行限制；另一种方法是在施工现场配备同直径矛杆不同长度的滑块捞矛捞矛一套（有时也不能达到需求）。作业施工现场对需要限位打捞的滑块捞矛多数采用焊接，如图 7-56 至图 7-58 所示，由于施工现场不具有电焊条件，需要将工具运到专业场所焊接，这样影响了施工进度延长了施工周期增加了施工成本。而滑块捞矛杆经过焊接后也使滑块捞矛杆的强度有所降

图 7-56　被焊接了限位块的滑块捞矛实物图

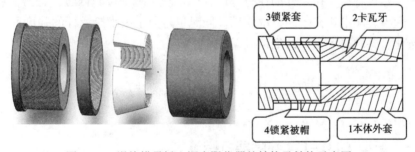

图 7-57　滑块捞矛插入深度限位器的结构及结构示意图

图 7-58　革新后安装在滑块捞矛上的滑块捞矛插入深度限位器

低，在打捞施工过程中容易造成事故复杂化。由于焊接在滑块捞矛杆的挡块是固定的，也使得滑块捞矛再次使用时，滑块捞矛插入落鱼的深度达不到打捞要求，严重时可使滑块捞矛报废。

针对以上问题制作出一个便于拆卸和固定在矛杆任意部位的限位块成为急需解决的事情。

图7-59　滑块捞矛插入深度
限位器示意图

2）结构原理

对于滑块捞矛的限位问题制作出滑块捞矛插入深度限位器。它的结构由四部分组成，如图7-57所示。

使用方法：将滑块捞矛插入深度限位器，套穿安装在滑块卡瓦捞矛需要限位的地方（捞矛杆本体的任意位置），旋紧锁紧套后再旋紧锁紧背帽，即可完成对滑块捞矛杆的插入深度限位，如图7-59所示。

3）技术指标

工具的抗压负荷 300~400kN；两卡牙的表面硬度为 50~55HRC。

注意事项：（1）限位器的卡瓦牙的内径要与滑块捞矛的矛杆外径相吻合。

（2）锁紧套和锁紧背帽必须上紧。

4）应用效果

滑块捞矛插入深度限位器在 35 口井应用，取得较好的效果。使用后可单井平均减少施工时间 4h，限位成功率 100 %，并且减少了打捞的次数。

限位器可在滑块捞矛杆的任意部位（除滑块卡瓦部位）限位，打捞完后取下限位器后不影响滑块捞矛的下次使用。同时也避免了因为捞矛杆的强度而造成事故复杂化，并取得了良好的经济效益。

第三节　其他工具新技术

一、新型 Y441-114 封隔器打捞矛

1. 基本功能

在现场施工过程中，当 Y441-114 封隔器解封头损坏时，无法进行打捞施工，严重影响了施工进度，并且提高了工时、人力、物力，既增加了生产运行成本，又不利于生产管理。针对 Y441-114 封隔器打捞矛解封头损坏无法打捞的技术问题，研制了新型 Y441-114 封隔器打捞矛；该新型 Y441-114 封隔器打捞矛能够成功打捞解封头损坏的 Y441-114 封隔器，如图7-60所示。

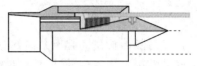

图 7-60　新型 Y441-114 封隔器打捞矛示意图

2. 结构原理

该新型 Y441-114 封隔器打捞矛是利用内倒角在打捞管柱重力和下冲击力的作用下进行整形，完善和恢复打捞部位的外形，使解封头外径满足打捞工具的规格尺寸，使打捞部分能够顺利进入鱼腔，牙块在高压水流的冲击下行，直径增大由解封头内部锁紧，解封头外壁紧贴筒体内壁，依靠夹持力实现对封隔器的打捞。

3. 适用范围

新型 Y441-114 封隔器打捞矛适用于解封头胀裂、变形、破损等导致的打捞失败的油水井施工。

二、找水管柱井底防喷专用开关

1. 基本功能

目前找水管柱自上而下为工作筒、喇叭口，没有防喷工具，下管柱时如遇井底压力大时必须采用钻井液压井，针对这一技术难题而研制了找水管柱防喷开关。

2. 结构原理

找水管柱防喷开关连接在管柱最下部，密封体防止井内液体经油管溢流到地面，从而达到防喷的目的；当管柱下到设计深度后，正打压 5MPa，将销钉剪断，密封体翻转 90°，滑套式引鞋在弹簧的作用下下行 150mm，将密封体顶到油套环形空间，打开测试通道，如图 7-61 所示。

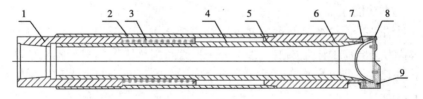

图 7-61　找水管柱井底防喷专用开关示意图

1—上接头；2—筒体；3—弹簧；4—滑套式引鞋；5—卡簧；6—卡簧槽；7—密封体；8—销钉；9—转轴

3. 适用范围

该装置适用于找水井作业施工。

三、落井胶筒打捞器

1. 基本功能

在封隔器解封，起出井筒的过程中，经常出现胶筒被井壁刮坏，掉落至人工井底的情况，严重影响人工井底的深度。针对这种情况，研制了落井胶筒打捞器，该工具具有打捞胶筒、刮蜡、冲砂一体化功能，解决了落井胶筒打捞的技术难题，如图7-62所示。

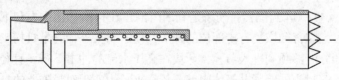

图7-62　落井胶筒打捞器示意图

2. 结构原理

落井胶筒打捞器主要由中心筛管，外套打捞筒以及提升短节组成；外套打捞筒底端制作成锯齿状，内侧焊接一圈弹性钢丝倒刺。胶筒打捞器连接在管柱最下端下入井底，利用水泥车反打压进行冲砂，同时在冲砂的过程中使用液压钳正转管柱，利用打捞器锯齿钻铣，胶筒被强大的水流冲起，随水流流入到打捞筒内，水从内管排液孔进入油管排出井筒；由于打捞筒内有倒刺，落入井中的橡胶筒被悬挂在打捞筒内，起出管柱后胶筒被打捞出井筒，拆开打捞器取出胶筒后该打捞器可多次重复使用。

3. 适用范围

该胶筒打捞器适用于封隔器胶筒破损后掉落入人工井底的施工打捞工艺技术。

四、水动力刮蜡器

1. 基本功能

针对油水井管柱结蜡严重的井，往往需要重复起下多次才能完成刮蜡工序，既耗时费力又增加了作业成本。为了进一步提高刮蜡质量效果和施工进度，减少光管下井工序，缩短修井施工时间，结合现场经验革新研制了水动力刮蜡器，如图7-63所示。

2. 结构原理

该工具由上接头、芯轴、轴承、叶轮、破蜡刀片等组成。叶轮共5组，采用开放式叶轮结构，叶轮采用六方结构，传递叶轮产生的扭矩，芯轴上下两端剪板，防止洗井液所含大颗粒杂质堵塞或卡住叶轮，芯轴下端通过销钉连接破蜡刀片。下井时，该工具连接于刮蜡管柱底部，其上0.5~1m处连接刮蜡器。当刮蜡管柱遇阻时，水泥车泵入高压水流冲击叶轮产生旋转，带动破蜡刀片破碎死蜡，循环液通过油套环形空间将碎蜡携带出井。

3. 适用范围

该工具适用于在油水井施工作业过程中刮蜡遇阻时使用，可以将底部的蜡帽及套管壁上的硬蜡破碎后，通过正循环洗井液携带出井，实现了一趟管柱彻底解决刮蜡难的问题和目的。

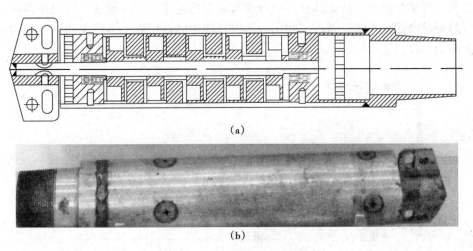

(a)

(b)

图 7-63　水动力刮蜡器示意图

五、管杆同步起出补偿器

1. 基本功能

针对抽油杆柱断脱现状，在抽油杆上加装了扶正器被油管断口刮掉，扶正器掩埋鱼顶后无法进行打捞施工。利用该工具便可实现管、杆同步起出施工，如图 7-64 所示。

2. 结构原理

利用滑车大钩承载抽油杆重量载荷，吊环承载油管重量载荷，二者相对独立。补偿器拉链长度与抽油杆长度相加长于单根油管，油管卸扣完毕后上提游动滑车，抽油杆接箍从下一根油管内提出，坐上抽油杆吊卡，卸开抽油杆螺纹，将油管与抽油杆同时拉到油管桥上，完成油管与抽油杆同步起出的工序目的。

3. 适用范围

该工具适用于抽油杆上加装扶正器的抽油机

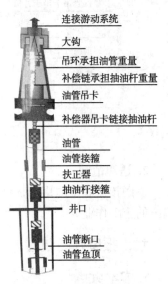

图 7-64　管杆同步起出
补偿器示意图

井油管断脱的事故处理，主要有 $\phi19mm$、$\phi22mm$. $\phi25mm$ 抽油杆。

六、抽油杆倒扣器

1. 结构原理

抽油杆自身重量和倒扣所需要的拉力作用在卡瓦牙上并锁死，卡瓦牙上纵向牙防止抽油杆转动，横向卡瓦牙防止抽油杆向下滑落，方形锥体卡瓦牙同时与卡瓦座配合防止转动。扶正体套入油管接箍起到稳定作用，内置轴承将倒扣器与油管的滑动摩擦改为滚动摩擦，利用液压钳传递逆时针扭力，可实现抽油杆倒扣功能作用，如图 7-65 所示。

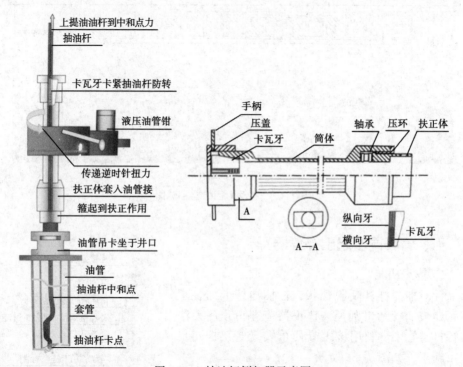

图 7-65　抽油杆倒扣器示意图

2. 适用范围

该倒扣器装置适用于抽油机井因各种原因造成的抽油杆卡死，无法进行正常起出的施工作业井。

七、报废井口装置

1. 基本功能

防止报废的油、水井井口丢失，避免因报废效果达不到标准而出现跑油、冒气事故，造成环境污染，增加生产管理难度等技术难题，为提升报废井的管理水平，实现报废井安全管理目标，如图7-66所示。

2. 结构原理

报废井口装置与套管螺纹连接，采用单流阀原理，内部加装弹簧并压紧阀球，使其处于关闭状态，φ90mm 单流阀上端加装 φ62mm 丝堵，丝堵内部加装安全阀。

开井时打开安全阀，排净阀球与丝堵之间的高压气体，用专用扳手卸掉阀球与丝堵，加装三通即可实现向井内注入高密度液体，无需大排量释放井内压力，在三通上加装顶丝即可打开井口。井口装置上平面高于 φ62mm 丝堵安全阀，起到防盗作用。

3. 适用范围

该装置适用于报废的油水井。

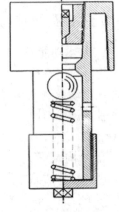

图7-66 报废井口装置示意图

八、抽油杆扶正器液压安装钳

1. 基本功能

插接式扶正器是通过两个单片扶正器在抽油杆上锁紧后与杆体过盈配合实现固定，通常安装使用大扳手、大锤等重型工具敲击来进行安装，操作时既费时、费力，且又不安全，极易损坏和变形，针对这一生产技术难题研制了抽油杆液压安装钳，如图7-67所示。

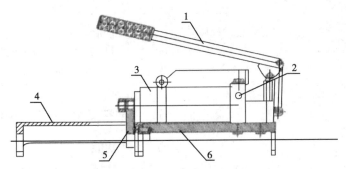

图7-67 抽油杆扶正器液压安装钳示意图

1—手柄；2—泻油阀；3—液压缸；4—固定钳；5—推力钳；6—连接底座

2. 结构原理

抽油杆扶正器液压安装钳利用往复压动手柄，使柱塞不断向液压缸内供油，推动活塞向前移动，带动推力钳给扶正器一个纵向推力，从而实现快速、省力、卡紧安装扶正器的目的。当扶正器安装到位后，开启针型泄油阀，在弹簧力的作用下，活塞恢复到原位，液压油流回油箱，钳口弹回。

3. 适用范围

该工具适用于作业施工过程中安装插接式抽油杆扶正器。

九、螺杆泵井抽油杆防脱器

1. 基本功能

螺杆泵井在作业施工及矿场应用过程中抽油杆产生反扭矩旋转，极易造成抽油杆柱松动或倒扣脱落；一是释放活堵转子提出泵筒时，二是大排量洗井时，三是各种原因停机时，四是井底压力过高时，生产参数低于自喷生产时，如图7-68所示。

2. 结构原理

螺杆泵井抽油杆防脱器安装在转子上部，当产生反扭矩时连接处脱开，使抽油杆与转子分离，转子继续反转而抽油杆不动。解决反转时抽油杆脱扣的技术问题。

3. 适用范围

适用于螺杆泵井抽油杆防脱作业施工。

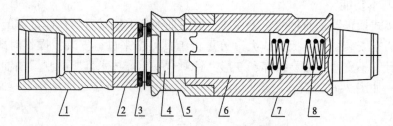

图 7-68　螺杆泵井抽油杆防脱器示意图

1—上接头接箍；2—销紧帽；3—推力轴承；4—上牙坎体；5—内花键套螺帽；
6—牙坎式花键轴；7—内花键套及下接头；8—弹簧

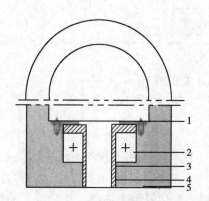

图 7-69　螺杆泵井光杆提升吊卡示意图

1—压盖；2—压力轴承；3—承压套；
4—密封圈；5—外套

十、螺杆泵井光杆提升吊卡

1. 基本功能

该工具主要用于螺杆泵井维修作业施工时卸载反转扭力，防止光杆吊卡在反转扭力作用下使整体管柱、杆柱高速旋转而导致光杆吊卡甩开伤人的不安全因素，如图7-69所示。

2. 结构原理

螺杆泵井光杆吊卡主要是安装了压力轴承，让重力直接作用在轴承上，在杆柱整体高速旋转时通过压力轴承使吊卡中只是承压套随之旋转，与井架吊钩相连接的吊卡外套不受旋转影响，从而有效破解杆柱扭转的作用力，使旋转与吊卡悬挂系统安全脱离。

3. 适用范围

该工具适用于螺杆泵井提升光杆防脱。

第八章　事故处理及作业管理系统

第一节　引　　言

　　井下打捞工艺是以丰富的现场实践经验为基础而逐渐发展形成的一门应用科学，没有固定的模式可以遵循。要从井下事故千差万别的特殊性中，结合现有工具的性能、特点，归纳出一整套具有普遍指导意义的工艺措施是一项十分艰辛的工作。因为这不但要求对钻井和修井工艺技术有深刻的了解，而且要求其熟悉各种打捞工具的设计原理和操作方法。然而随着计算机技术的发展，将井下事故处理及打捞施工作业的一般性原则和工程师现场经验相结合，并通过计算机推理来辅助进行施工工艺的设计成为了行之有效的方法。

　　在这样的背景下各种形式的"事故处理及打捞作业管理系统"应运而生。归纳其特点，它是井下事故处理和打捞作业的辅助决策软件，是为上述领域中的打捞作业人员提供打捞作业信息和作业指导的专家系统。它的应用主要为了达到下述目的：

　　（1）积累与总结案例，获取与传播专家经验。

　　（2）人员培训和决策支持。

　　（3）降低打捞作业费用。

　　（4）提供打捞工具的详细信息，模拟打捞作业。

第二节　概　　述

　　事故处理及打捞作业管理系统的设计思路，是借助计算机技术将现场专家的知识和经验系统化和数据化，辅助工程师完成井下事故处理和打捞作业。为此，把事故井的基本资料作为基础数据库，把众多现场经验总结作为专家知识库，以此为依据进行推理匹配，从而完成打捞方案设计，如图 8-1 所示。

　　专家系统的实质是利用存储在计算机内的人类专家系统知识解决实际问题，也就是说，专家系统的工作依据是数据库，因此本系统采用数据库功能强大的开发环境 Delphi，语言是 OOP PASCAI。

　　由于打捞作业的事故类型很多，处理方法纷繁复杂，事故的处理往往没有固定的模式可以遵循，必须将行业标准、现场经验和实际操作相结合，即理论联系

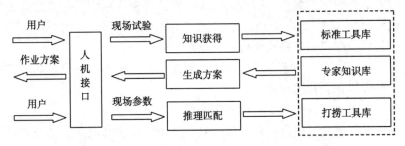

图 8-1 事故处理及打捞作业管理系统功能流程图

实际，这样才能真正有效地进行事故处理。因此，需要把专家经验作为中间推理结果，在以后的推理过程中需要反复调用，最终完成"打捞专家"指导修井作业的功能。所以在事故处理及打捞作业管理系统中，各个组成部分、各种知识、基础数据和中间推理结果都有必要合理地进行归纳分类，把相近的内容放在一起，使之条块分明，便于比较及合理使用，形成完全结构化、模块化的整体，如图8-2所示。

标准工艺库：根据标准化后的打捞工艺生成的数据库。

专家知识库：主要是用于进行知识获取与表示，并进行存储管理现场专家经验。

推理匹配：能够模拟修井专家根据事故类型及事故状态参数进行推理得出修井方案，并提供修井工具和工具使用说明。

说明书生成：根据匹配的结果及对设计说明书的要求，生成打印输出设计说明书。

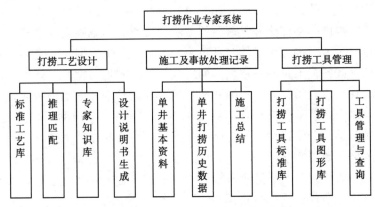

图 8-2 事故处理及打捞作业管理系统功能流程图

单井基本资料库：用于存储区块内所有油气井的基本数据。

单井打捞历史数据：历史事故井的事故特征、处理方法、施工过程的详细记录等，可供工程师作为案例进行查询，也可以通过提取将相关信息作为专家知识库的知识来源。

施工总结：按照标准格式生成施工总结报告。

打捞工具标准库：用于存储打捞工具用途、工作原理、技术规格、使用方法及配套工具等信息的基本数据库。

打捞工具图形库：打捞工具的平面图形及三维图存储。

工具管理与查询：用户可对工具库进行更新，参数修改及工具查询等操作。

第三节　功能说明

一、打捞工艺设计

打捞工艺设计的核心是建立打捞工艺数据库，该数据库将包含各项打捞施工作业的具体操作方法和行业规范，并可针对在实际使用过程中出现的新问题和新方法对工艺数据库进行修改和优化，将宝贵的现场经验进行整理和收集分类添加到工艺数据库中，以便于设计人员在今后的设计工作中使用。

设计人员在使用软件进行打捞工艺设计时，只需要在软件启动后按照石油天然气行业标准输入将要进行打捞作业的相关数据，软件就按照要求检索工艺数据库，进行推理匹配，生成施工设计报告。施工报告也将按照石油天然气行业标准进行排版，直接输出打印为一份施工设计书。其具体步骤如下：

首先根据现场提供的悬重、泵压、扭矩、进尺等参数，判断发生的事故是断钻具事故还是井下落物事故。如果判断出发生的事故是断钻具事故，系统首先根据落鱼状态，提供多种探测井下落鱼的方法；在鱼头不规则需要修复时，由落鱼形状和探鱼显示情况推荐相应的修理鱼头的工具。系统根据鱼头类型、鱼头内径外径及井径查询各种工具的参数表，列出全部可用的工具型号、规格，供用户选择。为了顺利完成打捞，需要根据井下状况及现场设备等确定是否使用辅助工具（如弯钻杆、沉砂筒等）或配合工具（如震击器等），并帮助用户确定其种类。在给出打捞钻具组合模式后，系统还能按照用户的需要显示所推荐工具的使用方法及注意事项，如图8-3所示。

如果发生的事故是井下落物事故，则系统根据落物种类、形状、尺寸、井径及地层情况等，推荐适用的打捞工具。工具确定后，系统给出工具型号、规格、钻具组合模式，并根据数据库中的施工作业标准，生成打捞准备工作、打捞步骤及注意事项等，最终完成打捞施工设计书。

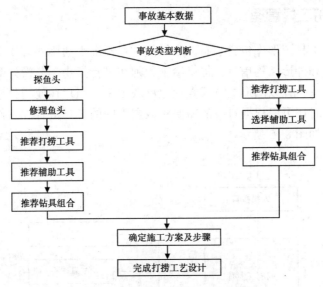

图 8-3　打捞工艺设计的功能流程图

二、施工及事故处理

施工及事故处理是事故处理及打捞作业管理系统的重要功能之一。在现场实际生产作业当中，事故发生的情况，往往会与以前的某些事故存在一定的相似之处，这样，如果有一个历史事故的数据记录，就可以借鉴以往处理的成功经验，避免原来由于方案不当带来的不必要的损失。若是新出现的情况，作业完毕后，将其作为案例存放在历史数据库中，为以后的事故处理提供借鉴。对于行之有效的、普遍适用的历史经验，可以作为专家经验通过知识获取程序添加到工艺数据库中，直接指导工艺设计。

所以，施工及事故处理主要功能是对打捞施工中产生的数据及施工方法进行分类汇总，将相关信息以数据库的形式存储，并可对历史施工数据查询和回放，以及按照石油天然气行业标准生成总结报告，如图8-4所示。

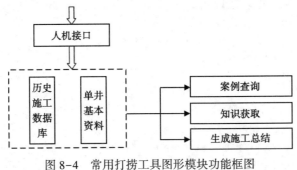

图 8-4　常用打捞工具图形模块功能框图

三、打捞工具管理

常用打捞工具图形库包含了石油天然气行业标准中通用的打捞工具的基本数据、规格尺寸和外形结构信息，提供给工程师在进行打捞工艺设计时快捷的工具选择和组合方法，并以图形的方式直观地反映出来。用户在使用打捞工具数据库进行设计的同时还可以根据自身的需要对数据库中的工具信息进行修改和添加自定义的工具，如图 8-5 所示。

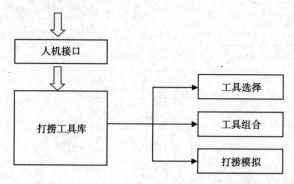

图 8-5　施工总结及事故处理模块功能框图

附录

油田修井基础知识

一、井下作业常用的主要设备

1. 井下作业的提升起重设备包括什么?

答：井下作业用的提升设备包括作业机、井架、游动系统等。

2. 通井机和修井机的区别?

答：作业机是油、气、水井作业施工中最基本、最主要的动力设备。常用的作业机按行走的驱动方式不同，分为履带式和轮胎式两种，现场上习惯把不自带井架的作业机称为通井机，把自带井架的作业机称为修井机。

3. 作业机用途都有什么?

答：作业机是油井维修的主要动力设备之一，其用途主要是：

（1）起下钻具、油管、抽油杆、井下工具或悬吊设备。

（2）吊升其他重物。

（3）传动转盘。

（4）完成抽汲排液、落物打捞、解卡等任务。

4. 作业机的基本组成包括什么?

答：都是由动力机、传动机和工作机三部分组成。

5. 井下作业的旋转设备的组成?

答：它主要由传动系统和控制系统组成。

6. 井下作业的循环冲洗设备的组成包括什么?

答：主要由行走系统、地面运转设备、提升系统和循环系统组成。

7. 履带式通井机的结构包括什么?

答：履带式通井机的基本结构有：

XT-12 型、AT-10 型通井机的基本结构由拖拉机、单滚筒绞车减速箱、大梁构架、操纵机构、气控制系统及燃油箱等部分组成。

8. 井架的种类有哪几种?

答：按井架的可移动性可分为固定式井架和可移式井架；按结构特点可分为桅杆式（即单腿式）、两腿式、三腿式和四腿式等 4 种；按井架高度划分，固定式井架又可分为 18m，24m 和 29m³ 种。目前在井下作业中常用的有固定式两腿 BJ-18 井架和 BJ-29 井架以及各类修井机自带井架。

9. 常用井架结构主要是什么?

答：BJ-18 井架的基本结构主要由井架本体、天车、支座和绷绳 4 部分组成。

各部分包括：

(1) 架本体包括井架支柱、横斜角钢拉筋、连杆板、连接螺钉、井架梯子等。

(2) 井架天车包括天车、护栏、顶架、连接螺钉等。

(3) 井架支座包括支脚座、支脚销、底盘等。

(4) 绷绳包括绷绳、绳卡、花篮螺钉等。

10. 井架基础的选择标准是什么?

答：井深超过 3500m 时应打混凝土固定基础，井深在 3500m 以内可以使用活动基础。基础必须平整坚实。水平度用 600mm 水平尺测量，误差小于 2~5mm。

11. 大腿中心至井口距离是多少?

答：18m 井架距离 1.8m 左右，支腿轴销与井口中心的距离相等；29m 井架距离 2.8m 左右，支腿轴销与井口中心的距离相等。

12. 井架地锚位置的选择标准是什么?

答：(1) 当井深在 3500m 以内时，地锚中心至井口距离和开挡如下：

① 18m 井架。前：18~22m，开挡：16~20m；后：18~20m，开挡：10~16m；后：20~22m，开挡：14~18m。

② 29m 井架。前：28~30m，开挡：30~32m；前：30~32m，开挡：32~34m；后：28~32m，开挡：14~18m；后：30~34m，开挡：16~22m。

(2) 当井深超过 3500m 时，BJ—18 型井架应在前立梁上加固两道绷绳，地锚中心至井口距离 20~24m，开挡 18m；BJ—29 井架应在后绷绳加固两道绷绳，地锚中心至井口距离 32~36m，开挡 18m。

13. 井架绷绳的选用依据是什么?

答：各道绷绳必须用直径 16mm 以上钢丝绳，钢丝绳无扭曲，若有断丝则每股不得超过 6 丝。井架绷绳必须使用与钢丝绳规范相同的绳卡，每道绷绳一端绳卡应在 3 个以上，绳卡间距 108~200mm。

14. 井架绷绳地锚的使用标准是什么?

答：使用标准是：

(1) 使用螺旋地锚时，要求锚长 2.0m 以上（不含挂环），锚片直径不小于 0.3m，钢板厚度不小于 3mm，锁销直径不小于 24mm。螺旋地锚拧入地层深度在 2m 以上，地锚杆外露不超过 0.1m。

(2) 使用混凝土地锚时，要求地锚厚 0.2m，宽 0.2m，长 1.5m，地锚坑上口长 1.4m，下口长 1.6m，宽 0.8m，深 1.8m。地锚套选用直径 22mm 以上，长为 10m 的钢丝绳。

15. 井架天车的结构由什么组成？

答：天车是安装在井架顶端的一组定滑轮。其基本结构主要由轴承支座、天车轴、滑轮、轴承润滑油道、加油嘴及天车护罩等部件组成。

16. 井架游动滑车的结构组成？

答：游动滑车主要由滑轮、滑轮轴、轴套、侧板、底环、顶销、顶环、销子、加油器和外壳组成。

17. 井架大钩的结构组成包括什么？

答：大钩由活动轴承和弹簧连接安装在游动滑车下面的钩状构件。主要由钩体、销子簧、大钩颈、保险销组成。

18. 钢丝绳种类？

答：钢丝绳按直径分，常用的有 10mm，13mm，16mm，19mm，22mm，25mm6 种；按其结构组成（股数和绳数）有 6 股×19 丝、6 股×24 丝、6 股×37 丝 3 种。

19. 钢丝绳的捻制方法由哪几种形式？

答：按其捻制方法分，有顺捻、逆捻钢丝和顺捻钢丝股逆捻三种形式。修井施工中的钢丝绳一般选用 6 股×19 丝左旋逆捻西鲁式纤维绳芯钢丝绳。

20. 钢丝绳强度和使用要求是什么？

答：钢丝绳强度一般分三级，即普通强度（P）、高强度（G）、特高强度（T）。

（1）新钢丝绳不应有生锈、压扁、断丝、松股等缺陷。

（2）钢丝绳钢丝直径大于 0.7mm 者，接头连接应用焊接法，小于 0.7mm 者，接头可用插接法。

（3）在钢丝绳 1m 长度内接头不得超过 3 个，同一截面内不得超过两个。

（4）钢丝绳应保持清洁，涂润滑油保持芯子润滑。

（5）钢丝绳与绳卡配合要合适，卡距一般为钢丝绳直径的 6~7 倍。

（6）任何用途的钢丝绳不得打结、接结，不应有夹扁等缺陷，原则上用于绷绳的钢丝绳不得插接。

（7）绷绳每捻距内断丝要少于 12 丝，提升大绳每捻距内断丝要少于 6 丝。任何用途的钢丝绳，均不得有断股现象。

（8）当游动滑车放至井口时，大绳在滚筒上的余绳，应不少于 15 圈，活绳头在滚筒上固定牢靠。

（9）大绳死绳头应该用 5 只以上配套绳卡固定牢靠，卡距 150~200mm。

（10）不得用锤子等重物敲击大绳、绷绳。

（11）长期停用的钢丝绳应该盘好、垫起，做好防腐工作。

21. 吊环的结构和使用要求是什么？

答：吊环是连接大钩与吊卡的工具，其作用是悬挂吊卡，完成起下管柱和吊升重物等工作。

吊环有单臂吊环和双臂吊环两种。使用要求有：

（1）吊环应配套使用。

（2）不得在单吊环下使用。

（3）经常检查吊环直径、长度变化情况，成对的吊环直径长度不相同时不得继续使用。

（4）应保持吊环清洁，不得用重物击打吊环。

22. 吊卡的结构和使用要求是什么？

答：基本结构形式：吊卡活门式吊卡由主体、锁销、手柄、活门等部件组成。特点是承重力较大，适于较深井的钻杆柱的起下。月牙式吊卡主要由主体、凹槽、月牙、手柄和弹簧等组成。其特点是轻便、灵活，适用于油管柱或较浅井的钻杆柱的起下。

23. 旋转设备的作用和分类有哪些？

答：转盘是石油修井的主要地面旋转设备，用修井作业旋转设备主要有转盘于修井时，旋转钻具钻开水泥塞和坚固的砂堵；在处理事故时，进行倒扣、套铣、磨铣等工作。此外，在进行起下作业时，用于悬持钻具等。常用修井转盘按结构形式分有船形底座转盘和法兰底座转盘两种形式，按传动方式分有轴传动和链条传动两种形式。

24. 什么是钻井泵？

答：钻井泵是修井作业最基本的循环冲洗设备。

25. 钻井泵基本结构形式和作用是什么？

答：钻井泵主要有双缸作双用和三缸单作用泵两种形式。修井施工中常用的是卧式活塞型双作用泵。带动泵的动力有电动机或内燃机。钻井泵的用途是将水、修井液等打入井内，进行循环冲洗、压井或其他施工作业。

钻井泵的结构主要有：空气包、排出阀、拉杆密封涵、活塞拉杆、皮带轮、上水阀、缸套、中心拉杆、十字头、连杆等。

钻井泵的作用主要用于循环修井工作液，完成冲洗井底，冲洗鱼顶等项作业施工。

26. 水龙头的作用是什么？

答：水龙头是进行冲洗作业的设备之一，作用是悬吊井下管柱，连接循环冲洗管线，完成洗井、冲砂、解卡和冲洗打捞等施工作业。水龙头由固定和转动两部分组成。使用时固定部分与提升大钩相连，悬吊井下管柱；活动部分与方钻杆相连接并能随同钻杆和井下管柱一同转动。

27. 水龙带的作用是什么？

答：水龙带是在钻水泥塞、冲砂和循环压（洗）井等施工中，用于连接水龙头或活动弯头与地面管线，输送洗井或冲砂液体的高压橡胶软管。

28. 水龙带的结构和用途是什么?

答:它由高压橡胶软管和端部接头两部分组成。高压橡胶管是由无缝的耐磨、耐油的合成橡胶内胶层、纤维线编织的保护层、方向交变的螺旋金属钢丝缠绕的中胶层和耐磨、耐油、耐热、耐寒的合成橡胶外胶层组成。

二、井口装置各部分

29. 套管头的定义和用途是什么?

答:井口装置的下部分称套管头,其作用是用来悬挂技术套管和油层套管并密封各层套管间环形空间的井口装置,为安装防喷器和油管头等上部井口装置提供过渡连接,并且通过套管头本体上的两个侧口,可以进行补挤水泥和注平衡液等作业。

30. 油管头的定义和用途是什么?

答:井口装置的中间部分称油管头,是由一个两端带法兰的大四通及油管悬挂器组成,安装在套管头的法兰上,用以悬挂油管柱,密封油管柱和油层套管之间的环形空间,为下接套管头、上接采油树提供过渡。通过油管头四通体上的两个侧口,接套管闸门,完成套管注入、洗井作业或作为高产井油流生产通道。

31. 采油树的定义和用途是什么?

答:采油树是油管头上法兰及以上的设备,它是由一些闸门、三通、四通和短节组成,用于油气井的流体控制和作为生产通道。采油树和油管头是连在一起的,是井口装置的重要组成部分。

32. 采油树连接方式有哪几种?

答:采油树各部件的连接方式有法兰、螺纹和卡箍 3 种。

33. 采油树安装的具体要求有什么?

答:采油树安装有以下要求:

(1)采油树运送到井场后,要对采油树进行验收,检查零部件是否齐全,闸门开关是否灵活好用。

(2)先从套管四通底法兰卸开,与套管连接前必须把套管短节清洗干净,缠上密封带或涂上密封脂,对正扣上紧。上齐采油树各部件并调整方向,使采油树闸门及手轮方向保持一致。对于卡箍连接的采油树要求卡箍方向一致。

(3)对采油树进行密封性试压,一般油(气、水)井采油树用清水试压,试压压力为采油树工作压力,经 30min 压降不超过 0.2MPa 为合格。

三、管杆工具

34. 套管的作用和分类有哪些?

答:套管的作用是为钻井和其他作业施工提供一个良好的通道,保证钻井和作业施工顺利进行。套管按其作用可分为表层套管、技术套管、油层套管 3 种类型。

35. 油管的作用是什么?

答：油管的作用主要是在油气井生产时提供油气流的通道。

36. 油管类型有哪几种?

答：按制造工艺，油管可分为无缝管（S）和电焊管（EW）。按油管螺纹基本连接类型可分为两大类，即 API 标准螺纹油管和非 API 标准螺纹油管。

37. 油管使用的注意事项都有什么?

答：油管使用的注意事项都有以下内容：

（1）油管在使用前用钢丝刷将油管螺纹上的脏物刷掉，同时检查螺纹有无损坏。

（2）在油管接箍内螺纹处均匀涂螺纹密封脂。

（3）油管上扣所用的液压油管钳应有上扣扭矩控制装置，避免损坏油管。

（4）油管从油管桥上被吊起或放下时，油管外螺纹应有保护装置。

（5）特殊井所用油管的上扣方法和上扣扭矩，应按照油管生产厂家的要求进行。

（6）作为试油抽汲管柱时，注意在抽子下入的最大深度以上要保证内通径的一致。

（7）若油管下入深度较深，应使用复合油管。

38. 钻杆的作用是什么?

答：钻杆是钻柱组成的基本单元，是传递转盘扭矩、游车提升、加压给钻具（钻头等）的直接承载部分，是完成修井工艺过程的基本配套专用管材。

39. 钻杆基本结构形式是什么?

答：钻杆基本结构形式有以下内容：

（1）钻杆的管壁相对方钻杆和钻铤薄一些，内径比同规格的方钻杆、钻铤大一些，一般壁厚 9~11mm。

（2）钻杆两端分别配装带粗螺纹的钻杆接头各 1 个（合为一对），称为钻杆单根；管体两端车有外螺纹，配装一副钻杆接头，称为有细螺纹钻杆；管体两端分别与接头对焊而成的，为无细螺纹钻杆或对焊钻杆。

（3）一般钻杆两端需加厚处理，加厚方式有内加厚（贯眼式）、外加厚（内平式）、内外加厚（正规式）3 种形式。

40. 钻杆接头代号表示方法有哪几种?

答：钻杆接头为 211，表示钻杆公称尺寸是 ϕ73mm，钻杆类型是内平式，钻杆接头螺纹是外螺纹。目前修井作业中常用外加厚钻杆，即内平钻杆。

41. 钻杆使用要求是什么?

答：钻杆的使用要求是：

（1）入井钻杆螺纹必须涂抹螺纹密封脂，旋紧扭矩不低于 3800N·m。

（2）钻杆需按顺序编号，每使用 3~5 口井需调换入井顺序。

（3）保持钻杆的清洁、通畅，螺纹完好无损伤。

（4）定期进行无损伤探伤检查。

（5）入井钻杆不得弯曲、变形、夹扁。

（6）钻杆搬迁不得直接在地面拖拽，螺纹处应戴螺纹保护器。

42. 抽油杆的作用和分类都是什么？

答：抽油杆用于连接抽油机与井下泵塞，在抽油机的往复运动中，通过抽油杆使井下的泵塞产生往复运动。常用的抽油杆分为常规钢抽油杆、超高强度抽油杆、玻璃钢抽油杆、空心抽油杆和连续抽油杆。

43. 常规钢抽油杆的等级分为哪几种？

答：一般将常规钢抽油杆分为 C 级、D 级和 K 级 3 个等级。

44. 超高强度抽油杆的特点是什么？

答：超高强度抽油杆承载能力比 D 级抽油杆提高 20% 左右，适用于深井、抽油井和大泵强采井。

45. 什么是空心抽油杆？

答：空心抽油杆就是中间空心的钢质抽油杆。

四、潜油电泵管柱的结构及常见故障

46. 潜油电泵装置的工作原理是什么？

答：潜油电泵装置是在井下工作的离心泵，用油管下入井内，悬挂在油管底部，地面电源通过供电流程，将电能输送给井下潜油电机，潜油电机将电能转换为机械能带动潜油泵工作，井液在潜油泵的作用下，沿抽油工作流程被举升到地面。

47. 潜油电泵装置由哪些组成？

答：潜油泵：指潜油多级离心泵。潜油电泵：包括潜油电机、潜油电机保护器、潜油电泵油气分离器、潜油泵。

48. 什么是潜油电泵装置的标准管柱结构？

答：潜油电泵装置的标准管柱自下而上依次由潜油电机、保护器、分离器、潜油泵、单向阀、泄油阀组成。

49. 潜油电机验收标准有哪些？

答：潜油电机验收标准有以下内容：

（1）箱号、铭牌和型号规格，与发货单相符。

（2）表面无碰伤、刮伤等痕迹。

（3）花键套与轴的配合应符合要求。

（4）盘轴检查，应灵活。

（5）内腔清洁，放油无污物。

（6）三相绕组间及绕组对机壳间的绝缘电阻值应大于 $500M\Omega$。

（7）三相绕组直流电阻不平衡度不大于2%。

50. 保护器有哪些作用？

答：连接潜油电机与潜油泵；承受潜油泵的轴向力；防止井液进入电机；平衡电机内部压力与井内压力；补偿电机油。

51. 保护器有哪几种？

答：有连通式保护器、沉淀式保护器、胶囊式保护器。

52. 分离器分几类？

答：沉降式分离器和旋转式分离器。

53. 潜油泵由哪些组成？

答：转动部分主要由轴、键、叶轮、止推垫、轴两端的轴套和固定螺帽（或卡簧）组成。固定部分主要由导轮、泵壳、上、下轴承外套及上、下接头组成。

54. 潜油泵的结构特点有哪些？

答：潜油泵的结构特点有：

（1）直径小、级数多、长度大。

（2）轴向卸载，径向扶正。

（3）泵吸入口装有分离器。

（4）泵排出口上部装有单向阀、泄压阀。

55. 潜油泵的特性参数有哪些？

答：排量（Q）、扬程（H）、转速（n）、功率（N）、效率（V）。

56. 潜油电缆分几类？

答：潜油电缆包括潜油动力电缆（圆电缆或扁电缆）和潜油电机引线电缆（小扁电缆）。

57. 潜油电缆的结构哪些组成？

答：电缆主要由内外导体、绝缘层、护套层、钢带铠装组成。

58. 潜油电缆的特点是什么？

答：特点是：

（1）耐高压，耐油、水、气，适应井下工况特性。

（2）外形尺寸符合环空要求。

（3）电缆终端有电缆头。

（4）适应施工和井下环境温度，适应范围在 $-30\sim150℃$。

59. 单向阀的作用是什么？

答：潜油电泵停机后，再次启动时，相当于在高扬程下启动，使启动更容易。安装单向阀可以避免停泵以后液体倒流，造成潜油电泵反转事故。

60. 单向阀的安装位置是什么？

答：装在泵出口上方油管 6~8 个接箍处。

61. 泄油阀的作用是什么?

答：在电泵施工中使油套连通，放出油管中的存油，就可避免井液喷流到井场内。

62. 泄油阀的安装位置是什么?

答：在单向阀上部一根油管上安装一个泄油阀。

63. 潜油电泵管柱的起下设备要求?

答：起下设备要求：

(1) 油井作业机必须有合适的工作能力及良好的操作条件，井架必须有足够的高度，以便高效率地服务。

(2) 必须使作业机司机意识到所安装的潜油电泵为精密设备。

(3) 负责安装或起出潜油电泵的作业人员应严格按规程操作。

(4) 井口、游动滑车、天车应三点一线，左右偏差不大于20mm。

64. 油管卡盘的特点是什么?

答：油管卡盘的特点是：

(1) 卡瓦尺寸必须适合所使用的油管。

(2) 只允许使用利齿且干净的卡瓦。

(3) 油管卡盘的盖必须有槽或开口，以便动力电缆通过。

65. 电缆盘的使用要求是什么?

答：电缆盘应距离井口23~30m，应在作业机司机视线之内。电缆盘支架或绞盘的位置应使电缆盘轴与井口装置成直角。电缆的收放应从电缆盘的上方通过。

66. 导向轮的作用是什么?

答：在潜油电泵安装过程中导向轮悬挂电缆、保护电缆，导向轮应固定在高于地面9~14m处，使其位置符合游动滑车的移动。

67. 导向轮的使用要求是什么?

答：导向轮的使用要求是：

(1) 起出或下入井下潜油电缆时，必须使用导向轮。

(2) 在下机组时导向轮应高于地面9~14m处，使其位置符合游动滑车的移动。

(3) 为了准确定位，应当用手移动导向轮，切勿用动力电缆在地面上拉导向轮。

68. 潜油电泵检验要求是什么?

答：应对运到井场的潜油电泵进行检验，核对其规格和型号是否正确，所需要的设备是否全部运到井场。应记下整个潜油电泵机组的系列号，并对全部井下设备总成做出逐件核对和初检尺寸记录。

69. 套管检查内容有哪些?

答：应将一个全尺寸测量工具下到潜油电机安装深度以下18m或下到油井条

件所允许的最大深度。在新井安装潜油电泵之前或从井中起出后，发现电缆或潜油电泵有损伤痕迹或准备把潜油电泵下到更深的深度时，均应进行这一检测。

70. 潜油电泵下井前的试验及检查内容有哪些？

答：潜油电泵下井前的试验及检查内容有：

（1）旋转部件盘动要灵活。

（2）相对应的电气检查，包括绝缘电阻测试，零下15℃要检查绝缘电缆膜是否完好。

（3）相序和电源线路检查。

（4）设备注油是否合适。

（5）所有注油、放气和泄油丝堵的拧紧度。

（6）根据需要进行压力试验。

（7）装配好的潜油电泵不允许立在井架内。

71. 安装电缆卡子的要求有哪些？

答：安装电缆卡子的要求有：

（1）在打电缆卡子前，应检查工具。对操作人员进行培训，确保打卡子质量。

（2）电缆连接处的上下方各打一个电缆卡子。

（3）每个油管接箍上下各打一个电缆卡子。

（4）在铠装电缆上，卡子应扎紧到铠装稍有变形但不应压扁。

72. 电缆卡子拆除的要求有哪些？

答：电缆卡子拆除的要求有：

（1）电泵机组起出时，应记录丢失了多少卡子。由用户决定丢失的卡子数目是否达到危害程度。

（2）必须用合适的专用工具切断卡子。

（3）应当注意被拆除的卡子的情况。若腐蚀明显，应该更换卡子金属材料以防止腐蚀。

73. 电缆下入和起出作业要求是什么？

答：电缆下入和起出作业要求是：

（1）电缆决不许放在地面卷绕，这样做可能损坏电缆。

（2）当把电缆重新绕到电缆盘上时，使电缆排齐。

（3）当电缆从井内起出时，应在电缆的损坏部位做个圮号，以便日后修理。

74. 电机密封失效的故障及处理方法有哪些？

答：密封件失效的故障。处理方法有：电机已经进入井液，需更换电机或将电机烘干后再使用。

75. 机械故障及处理方法是什么？

答：轴弯、轴断、轴裂、止推轴承破损扶正轴承间隙大等机械故障。处理方法：更换电机。电机内有金属屑。处理方法：（1）更换电机；（2）将电机重新清洗烘干后再使用。

76. 电气故障及处理方法有哪些?

答：电气故障及处理方法有：

（1）短路、线路虚接、断相等电气故障。会造成相间直流电阻不平衡、电流不平衡。更换电机，若是因电缆头连接造成的短路、虚接，可重新安装电缆头。

（2）上、下节电机相序倒置电气故障。

处理方法：调换相序或更换电机，使上、下节电机相序保持一致。

77. 井况故障及处理方法有哪些?

答：井况故障及处理方法有：

（1）高含气故障。处理方法：加深泵挂，套管放气，使用双级油气分离器，采用压缩泵。

（2）井温高故障。处理方法：采用耐高温的电缆、电机。

（3）井液黏度大故障。处理方法：采用加热。加破乳剂等多种物理化学的降黏方法。

（4）结垢故障。处理方法：定期酸洗，改变泵挂深度。

（5）结蜡故障。处理方法：定期清蜡或采取一些防蜡措施。

（6）含砂高故障。处理方法：在泵吸入口安装防砂装置。

78. 潜油电泵卡的原因有哪些?

答：套交卡，砂卡，落物卡，蜡卡，垢卡，电缆卡。

79. 卡点上方管柱及电缆的打捞方法有哪些?

答：卡点上方管柱及电缆的打捞方法有：

（1）在潜油电泵被卡后油管电缆未断，可采取上提管柱，在一定拉力下同步炸断油管和电缆的方法将油管和电缆一同起出。

（2）脱落堆积电缆的打捞：打捞时应尽量避免将电缆压实。常用的打捞工具有活动外钩、螺旋开窗捞筒，有时也使用螺旋锥等辅助工具打捞。

（3）卡点的处理：采用常规打捞工具抓取油管，配合上击器、下击器进行重复震击，使卡点松动。

80. 潜油电缆卡的类型有哪几种?

答：顶部堆积卡：这种情况发生在处理潜油电泵遇卡过程中将管柱拔断，电缆落井后堆积。身部堆积卡：发生在起管柱时，电缆未同步起出，堆积在油管周围。

81. 潜油电缆卡的打捞方法有哪几种?

答：电缆脱落一般都成螺旋状盘在套管内壁上，打捞时应尽量避免将电缆压实。常用的打捞工具有活动外钩、螺旋开窗捞筒，有时也使用螺旋锥等辅助工具旋转管柱打捞。

82. 潜油电泵装置管柱的卡点的处理？

答：采用常规打捞工具抓取油管，配合上击器、下击器震击，逐渐使卡点松动，使潜油电泵解卡。是套变卡，把变点让出来，再采用先整形后打捞的办法。在无法震击解卡的情况下可采用磨铣处理。

83. 潜油电泵的打捞工具有哪些？

答：专用工具打捞有：

（1）打捞泵、分离器、保护器部位，可用薄壁卡瓦捞筒、螺旋卡瓦捞筒等。

（2）打捞泵变扣接头部位，可用变扣接头打捞矛。

（3）打捞泵体，可用弹性电泵捞筒或者母锥。

84. 潜油电泵的打捞的注意事项有哪些？

答：潜油电泵的打捞的注意事项有以下内容：

（1）施工前首先将井史资料查清，如井下电泵，电机管柱的结构和规范。

（2）根据井下事故状况编写施工设计，按设计准备各类专用工具。

（3）每一道工序严格按设计进行，前一道工序完成在进行下一道工序，工具在符合井下情况要求。

（4）每次打捞都要详细描述捞出落物的数量、规范。

85. 电潜泵卡的故障类型有哪些？

答：电泵机组砂卡、砂埋。死油死蜡小物件卡。电缆脱落堆积卡。套管破损卡死电潜泵。

86. 什么是死油、死蜡卡阻机泵组？

答：由于油层吐砂严重，将电泵机组以下的工艺尾管砂卡、砂埋。

87. 什么是小物件卡阻机泵组？

答：小物件卡阻机泵组是较常见的故障。小物件一般常指掉入油套环空的螺栓、螺母、电缆卡子等。

88. 什么是电缆脱落堆积卡阻电潜泵？

答：在检换电泵作业中，由于电缆不能与管柱同步，上提负荷过大而拔脱油管，使电缆脱落堆积，造成电缆堆积卡电泵机组。

89. 什么是套管破损卡阻电潜泵？

答：由于机组部位或机组以上套管变形、错断，使机泵组的工艺管柱受卡拔不动。

90. 电潜泵故障处理施工的要求有哪些？

答：压井时应用循环法压井，严格限制挤注法压井。试提时，最高负荷不超过油管允许提拉负荷，不得将油管柱在试提时拔脱扣而使电缆在不必要断脱处断脱。

通井：至人工井底或设计要求深度。

完井：按设计要求下入完井管柱交井。

五、有杆泵采油

91. 有杆泵采油的分类有哪几种?

答：有杆泵采油包括抽油机有杆泵采油和地面驱动螺杆泵采油。

92. 抽油机有杆泵采油方式的应用和优点是什么?

答：抽油机有杆泵采油方式占主导地位，约占人工举升井数的90%。其抽深和排量能适用大多数油井。优点：结构简单，成本低，厚壁泵筒承载能力大。

93. 地面驱动螺杆泵采油方式有哪几种?

答：地面驱动螺杆泵容积式泵，其抽深可达1700m，最高日排液可达250m³，适用于低产浅井。其优点是地面设备体积小，对砂、气不敏感。其缺点是泵的寿命短。

94. 有杆抽油泵的作用和分类有哪几种?

答：安装在油管底部，沉没在井内液体之中，通过抽油机、抽油杆传递的动力抽汲井内的液体。有杆抽油泵分为管式泵和杆式泵两大类。

95. 有杆抽油泵工作原理是什么?

答：抽油泵柱塞下行程时，固定阀关，游动阀开，柱塞到达下死点时，游动阀关闭，柱塞上行时，当其运动速度超过漏失速度后，井口开始排油；同时下腔室内压力下降，固定阀打开，泵吸入液体。柱塞到上死点时，固定阀关闭，柱塞开始下行，游动阀打开，向油管内排油，柱塞到下死点排油结束。

96. 管式泵的结构特性有哪些?

答：结构：主要由泵筒总、柱塞总、固定阀、固定装置和固定阀打捞装置等组成。

97. 杆式泵的结构特性有哪些?

答：结构：主要由内、外两个工作筒及活塞组成。外工作筒上带有扶正接箍、支承短节、卡簧装置等。内工作筒将固定阀、衬套、活塞、游动阀等组装为一个整体。

98. 杆式泵的分类有哪几种?

答：按照固定位置和运动件可分为定筒式顶部固定杆式泵、定筒式底部固定杆式泵和动筒式底部固定式泵。

99. 特种抽油泵的种类有哪几种?

答：流线型抽油泵、液力反馈抽稠油泵、VR—S抽稠油泵、BNS井下稠油泵。

100. 稠油抽油泵的使用范围是什么?

答：由于稠油的黏度很高、阻力很大，用常规抽油泵无法正常抽汲，因而专门设计了抽稠油的抽油泵。

101. 双作用抽油泵的优点有哪些?

答：将单作用的常规泵改为双作用泵，从而在泵径和抽油参数相同的条件下，排液量大幅度提高。

102. 防腐抽油泵的使用依据是什么?

答：为了解决井液对抽油泵产生腐蚀，缩短抽油泵的使用寿命，在常规抽油泵的基础上，根据产出液的腐蚀特性，选用不锈钢、镍铁合金、铝青铜合金等制造抽油泵零部件以增加抽油泵抗腐蚀能力。

103. 有杆泵常用配合工具有哪几种?

答：泄油器、油管锚。

104. 泄油器的作用和分类有哪些?

答：改善井口操作条件，减少井场污染，同时提高井内液面，在一定程度上避免井喷的一种器具，按操作方式分类，分为液压式和机械式两大类。

105. 泄油器的机构组成有哪些?

答：抽油杆控制的泄油器，其基本结构有 3 种：一是卡簧式，二是锁球式，三是凸轮式。卡簧式应用较多。

106. 油管锚的作用和种类?

答：用油管锚将油管下端固定，可以消除油管变形，减少冲程损失。油管锚分为机械式油管锚和液力式油管锚两大类。

107. 机械式油管锚的定义和分类是什么?

答：张力式油管锚：利用中心管锥体上移撑开单向卡瓦坐锚，它靠定位销钉在倒 J 形轨道槽的位置来实现锚定和解锚。这种油管锚按锚定方式分为张力式、压缩式和旋转式 3 种。

108. 液力式油管锚的分类有哪些?

答：按锚定方式分为压差式和憋压式两种。

压差式：它是利用油井开抽后，油管内与环形空间液面差，推动锚内活塞将卡瓦推出锚定在套管壁上。

憋压式：将油管锚下到预定深度，坐锚是通过油管憋压推出卡瓦锚定在套管上。解锚时上提油管卡瓦体松动，是一种较理想的油管锚。

109. 什么是抽油杆脱接器?

答：抽油杆脱接器是一种用在抽油泵直径大于泵上油管直径的油井上，使抽油杆与柱塞在井下脱开和连接的工具。

六、检泵作业

110. 检泵的原因有哪些?

答：蜡卡，泵漏，砂卡，为了查明原因，采取恰当措施，需要进行探砂面与冲砂等，提高泵效率或泵的参数，加深或上提泵挂深度，发生了井下落物或套管出现故障，需要大修作业等原因。

111. 检泵操作规程（工序）有哪些?

答：检泵作业施工工序主要有压井、起抽油杆、起管柱起泵、探砂面冲砂、通井刮蜡、组配下泵管柱、下泵、下油管、下抽油杆、试抽，完井。

112. 压井或者洗井的作用是什么？

答：在检泵作业时，注意保护油层。根据油层压力系数选择压井液的密度。均应避免用固相压井液压井。保护油层不受污染。用清水洗井（压井）循环两周以上，将井筒内的原油及脏物清洗干净。

113. 起抽油杆技术要求有哪些？

答：洗压井后，卸掉抽油机驴头负荷，卸掉悬绳器。拨驴头后，起出井内抽油杆，有四道油管桥架的抽油杆桥上。起出的活塞要放置在不易被磕碰的地方妥善保管。

114. 起泵的技术要求有哪些？

答：油管及泵体起出后，摆放油管桥上，并用热蒸汽清洗干净。对起出的深井泵应注意保护，不得摔击，并与活塞一起及时送修。油管清洗后，准确丈量，并做好记录。

115. 探砂面、冲砂的技术要求都有什么？

答：探砂面、冲砂的技术要求都有：

（1）使用专用冲砂弯头。

（2）冲砂弯头及水龙带用安全绳系在大钩上。

（3）禁止使用带封隔器、通井规等大直径的管柱冲砂。

（4）冲砂过程中要缓慢均匀地下放管柱，以免造成砂堵或憋泵。

（5）冲砂施工中途若作业机出故障，必须进行彻底循环洗井。若水泥车或压风机出现故障，应迅速上提管柱至原砂面以上 30m，并活动管柱。

116. 组配下泵管柱的技术要求都有什么？

答：（1）准确丈量油管，每 10 根为一出头并编号，摆放整齐。累计长度误差不超过 0.02%。

（2）严格按设计要求，计算下井管柱长度、根数和管柱总长度。

（3）计算管柱深度时，应包括油补距。

117. 下泵的技术要求都有什么？

答：下泵的技术要求有：

（1）按设计要求核对泵径、类型、检验合格证，检查泵的完好性。

（2）管式泵，取出活塞涂抹黄油后，放在安全的地方。

（3）完成生产管柱，试压。

（4）连活塞下抽油杆深泵试抽。

（5）安装光杆按原则，调好防冲距。

（6）拨正驴头，挂好毛辫子，起动抽油机憋压合格可交采油队。

118. 调防冲距的原则是什么？

答：按每 100m 泵挂深度调防冲距 50~100mm 的原则。

119. 试抽憋压的技术要求有哪些?

答：试抽憋压：压力 5MPa，稳压 5min，压降不超过 0.5MPa 为合格。

120. 检泵质量标准是什么?

答：抽油杆、油管、回音标、泵径、泵深符合设计要求。产量不能低于检泵前的产量。

121. 检泵过程中的安全要求有哪些?

答：检泵过程中的安全要求有：

（1）开工前要有开工许可证，各岗要对 HSE 检查表上的每一项认真检查。检查员负责班组安全检查工作。

（2）冬季施工要防止冻管线，设备和管线冻结后只须用蒸汽解冻。

（3）施工管线试压压力为工作压力的 1.5 倍。

（4）施工现场必须配备各种安全警示牌、警示旗等标志。

122. 检泵的质量技术标准有哪些?

答：施工要达到"清洁、密封、准确、及时、精良"十字作业要求。

123. 检泵过程中的环保要求有哪些?

答：检泵过程中的环保要求有：

（1）施工中，严格按照作业队环境保护作业指导书执行。

（2）在施工中要注意保护植被，不超范围占地。

（3）施工过程中要保证各种管线接口密封，阀门灵活好用，杜绝跑、冒、滴、漏现象。

（4）在敏感作业地区施工，要采取有效措施减少污染物落地。

（5）具有使用条件的现场，必须使用污油污水回收装置，并做好使用记录。

（6）施工完成后，在规定时间内将井场恢复原貌。

124. 常规曲柄平衡抽油机的工作原理是什么?

答：工作原理：电动机通过皮带和减速器带动曲柄作匀速圆周运动，曲柄通过连杆带动四杆机构的游梁以支架上中央轴承为支点，油泵柱塞做上下往复直线运动，实现机械采油。

125. 通井的目的是什么?

答：消除套管内壁的杂物或毛刺，使套管内畅通无阻。核实人工井底深度，检测套管变形后能通过的最大几何尺寸。

126. 压井施工的资料准备内容有哪些?

答：包括井史、井下管柱结构现状、套管现状、生产情况、历次作业施工简况、井口装置型号规格、井场情况、道路、电源、施工方案及完井要求、施工设计等。

127. 压井施工按照循环方式可分几类?

答：反循环压井、正循环压井。

128. 替喷的目的和作用是什么?

答：替出井内的压井液和井内压井工作液沉淀物，恢复油井生产。

129. 套管刮削器的工艺原理是什么?

答：套管刮削器装配后，刀片、刀板自由伸出外径比所刮削套管内径大 2～5mm 左右。下升时，刀片向内收拢压缩胶筒或弹簧筒体，最大外径则小于套管内径，可以顺利入井。入井后，在胶筒或弹簧的弹力作用下，刀片、刀板紧贴套管内壁下行，对套管内壁进行切削。每一次往复动作，都对套管内壁刮削一次，这样往复数次，即可达到刮削套管的目的。

130. 套管刮削器的用途有哪些?

答：套管刮削器主要用于常规作业、修井作业中清除套管内壁上的死油、封堵及化堵残留的水泥、堵剂、硬蜡、盐垢及射孔炮眼毛刺等的刮削、清除。

131. 反冲砂的概念是什么?

答：就是冲砂液由套管与冲砂管的环形空间进入，冲击沉沙，冲散的砂子与冲砂液混合后沿冲砂管内径上返至地面的冲砂方式。

132. 正冲砂的概念是什么?

答：就是冲砂液沿冲砂管内径向下流动，在流出冲砂管口时以较高流速冲击砂堵，冲散的砂子与冲砂液混合后，一起沿冲砂管与套管环形空间返至地面的冲砂方式。

133. 正反冲砂的概念是什么?

答：就是采用正冲的方式冲散砂堵，并使其呈悬浮状态，然后改用反冲洗，将砂子带到地面的冲砂方式。

134. 气化液冲砂的概念是什么?

答：当在油层压力低或漏失的井进行冲砂时，常规冲砂液无法将冲散的砂子循环到地面，因而采用泵出的冲砂液和压风机压出的气混合而成的混合液，进行施工的冲砂方式。

135. 冲管冲砂的概念是什么?

答：就是采用小直径的管子下入油管中进行冲砂，清除砂堵的冲砂方式。

七、封隔器找水

136. 封隔器找水的工作原理是什么?

答：下测试管柱，用封隔器将各层分开，坐封后开井求产，找出出水层的位置。优点是工艺简单，能准确地确定出水层位；缺点是施工周期长，无法确定夹层薄的油水层的位置。

137. 油井出水的原因有哪些?

答：油井出水的原因有以下内容：

（1）固井质量不合格，造成套管外窜槽而出水。

（2）射孔时误射水层。

（3）套管损坏。

（4）增产措施不当。

（5）生产压差过大。

（6）断层、裂缝等造成外来水侵入。

（7）由于邻井注气、注水注穿油层而造成油井出水。

138. 常用的油井找水技术有哪几种？

答：常用的油井找水技术有四种方法：

（1）综合对比资料判断法。

（2）水化学分析法。

（3）根据地球物理资料判断法。

（4）机械法找水。

八、作业施工辅助工序

139. 套管技术状况检测的分类都有什么？

答：套管技术状况检测常用工程测井法和机械法两种。工程测井法包括：井径测井、井温与连续流量测井、彩色超声波电视成像测井、印模与陀螺方位测井。机械法检测，就是利用印膜对套管和鱼头状态进行印证。

140. 工程测井法包括哪几种方法？

答：工程测井法包括：井径测井、井温与连续流量测井、彩色超声波电视成像测井、印模与陀螺方位测井。

141. 机械法检测使用几种印模？

答：按制造材料可分为铅类印模（通称铅模）、胶类印模（通称胶膜）、蜡类印模（通称蜡模）和泥类印模（通称泥模）。按印模结构形式可分为平底形、锥形、凹形、环形和筒形。

142. 铅模的用途和结构是什么？

答：铅模是探视井下套管损坏类型、程度和落物深度、鱼顶形状、方位的专用工具。

常用的铅模有平底带水眼式铅模和带护罩式铅模两种形式，由接箍、短节、骨架及铅体组成，中心有直通水眼以便冲洗鱼顶。

九、措施井施工

143. 注水泥塞设计资料收集哪些内容？

答：作业井的套管规格、层位、射孔井段、地层渗透率、温度、压力系数、产液量、液性、漏失情况。

144. 油井水泥主要活性成分是什么？

答：由硅酸三钙、硅酸二钙、铝酸三钙、铁铝酸四钙 4 种化合物组成。它们在水化时对水泥物理性能将产生较大的影响，故称为水泥的"活性成分"。

145. 管外窜槽的类型和表现形式有哪几种?

答：油（水）井窜槽的类型有两种：一种是地层窜槽，指地层内部的层与层之间的窜槽；另一种是管外窜槽，是指套管与水泥环或水泥环与井壁之间的窜槽。

管外窜槽有以下异常现象：

（1）地下水或注入水窜进油层，油井大量出水。

（2）油井的产液量增加，但原油产量下降，含水上升。

（3）套管有下陷或突然上升现象。

（4）不能进行分层开采或其他分层措施。

146、油水井和注水井窜槽的危害是什么?

答：油水井窜槽的危害是：

（1）边水或底水的窜入，造成油井含水上升，影响油井的正常生产。

（2）因水窜浸蚀，造成地层坍塌使油井停产。

（3）严重水窜加剧套管腐蚀损坏，从而造成油井报废。

注水井窜槽的危害：

（1）达不到预期的配注目标，影响单井（或区块）原油产能，影响砂岩地层泥质胶结强度，造成地层坍塌堵塞。

（2）加剧套管外壁的腐蚀，导致套管变形或损坏。

（3）导致区块的注采失调，使油井减产或停产。

147. 套管外窜槽预防措施是什么?

答：套管外窜槽预防措施：

（1）要确保固井质量的合格。

（2）作业施工时，避免对套管猛烈的冲击与震动，保护水泥环。

（3）尽量减少射孔孔眼数，应杜绝误射事故的发生。

（4）采取有效工程和工艺技术措施，防止套管腐蚀，延长套管使用寿命。

（5）避免在高压差下注水。

（6）分层压裂或分层酸化施工时，应采用套管平衡压力的方法，避免损坏套管。

148. 找窜的概念是什么?

答：确定油水井层间窜槽井段位置的工艺过程叫找窜。

149. 油水井找窜工艺的分类有哪几种?

答：共分为声幅测井找窜、同位素测井找窜和封隔器找窜 3 种找窜方法。

150. 封隔器找窜的原理是什么?

答：封隔器找窜是使用封隔器下入欲测井段，用来封隔欲测井段与其他油层，然后根据所测资料来分析判断是否窜槽。

151. 单水力压差式封隔器找窜的方法是什么?

答：将一级水力压差式封隔器（K344 系列）下至找窜的两个层段夹层中部，封隔器下部连接节流器，最下部接球座。找窜时，从油管内注入高压液体，通过测量与观察来判断欲测层段是否窜槽。

152. 什么是套压法找窜?

答：套压法是采用观察套管压力的变化来分析判断欲测层段之间有无窜槽的方法。若套管压力随着油管压力的变化而变化，则说明封隔器上、下层段之间有窜槽；反之，若套管压力不随油管压力的变化而变化，则说明层间无窜槽。

153. 什么是套溢法找窜?

答：套溢法是指以观察套管溢流来判断层段之间有无窜槽的方法。采用变换油管注入压力的方式，同时观察、计量套管流量的大小与变化情况，若套管溢流量随油管注入压力的变化而变化，则说明层段之间有窜槽；反之，则无窜槽。

154. 什么是双水力压差式封隔器找窜?

答：双水力压差式封隔器找窜为在节流器下面再接一级水力压差式封隔器。两级封隔器刚好卡在下部层位射孔段的两端，节流器正对着射孔井段。是将验窜管柱下入欲测井段位置，从油管内注入高压液体，用套溢法进行观察判断。

155. 低压井封隔器找窜的注意事项有哪些?

答：低压井封隔器找窜的注意事项有以下内容：

（1）找窜前要先进行冲砂、通井、探测套管等工作。

（2）油管数据要准确。

（3）测量窜槽时应坐好井口。

（4）当测量完一点要上提封隔器，应先活动泄压，缓慢上提，以防止地层大量出砂，造成验窜管柱卡钻。

（5）找窜过程中显示有窜槽，应上提封隔器验证其封，若封隔器密封则说明资料结果正确，反之更换封隔器重测。

156. 高压井封隔器找窜的原理是什么?

答：在高压井找窜时，可用不压井不放喷的井口装置将找窜管柱下入预定层位。油管及套管装灵敏压力表。从油管泵入液体，使油管与套管造成压差，并观察套管压力是否随油管压力变化而变化。

157. 漏失井封隔器找窜的方法有哪些?

答：在漏失严重的井段找窜时，无法应用套压法或套溢法验证，应采取强制打液体与仪器配合的找窜方法。如采用油管打液体套管测动液面的方法，采用套管打液体油管内下压力计测压的方法进行找窜。

158. 油水井封窜的方法有哪些?

答：封堵窜槽的方法较多，按照封堵剂种类划分，主要有水泥封窜、补孔封窜；高强度复合堵水剂封窜等。

159. 循环法封窜的工艺原理是什么？

答：水泥封窜技术是在欲封堵层段挤入一定量的水泥浆，使之进入欲封堵层窜槽内，使水泥浆凝固来达到封堵窜槽的目的。根据水泥浆进入地层的方式不同，水泥封窜又可分为：循环法、挤入法、循环挤入法 3 种方法。

160. 循环法封窜的施工步骤有哪些？

答：循环法封窜的施工步骤有：

（1）按施工设计要求下入封堵窜槽管柱，使封隔器坐封。

（2）投球、冲洗窜槽部位。

（3）泵入水泥浆。

（4）顶替至节流器以上 10~20m 处，上提封窜管柱，使封隔器位于射孔井段以上。

（5）反洗井。

（6）上提油管，关井候凝。

（7）试压、检验封堵情况。

161. 挤入法封窜的工艺原理是什么？

答：将水泥浆挤入窜槽部位，以达到封窜的目的。该施工方法封窜比较可靠，能够封堵复杂的窜槽。但封窜过程中会有大量水泥浆进入油层，容易堵塞油流通道，污染油层，工艺较复杂，易造成井下事故。

162. 补孔封窜技术的原理是什么？

答：补孔封窜工艺原理是，在相互窜通的未射开高含水层与邻近生产层之间，补射专门炮眼，在挤注高强度硬性堵剂充填水泥环窜槽通道的基础上，再挤入高强度堵剂，从而达到彻底封堵未射的高渗透含水层，达到封窜的目的。

163. 油井堵水技术的分类有哪几种？

答：油井堵水技术包括机械堵水技术和化学堵水技术。

164. 机械堵水的概念是什么？

答：机械堵水是使用封隔器及其配套的控制工具来封堵高含水产水层，以解决油井各油层间的干扰或调整注入水平面驱油方向，达到提高注入水驱油效率，增加采油量的施工工艺过程。

165. 机械采油井堵水管柱的分类有哪些？

答：各种机械采油井堵水管柱一般均采用丢手管柱结构，分为机械采油支撑防顶堵水管柱和机械采油整体堵水管柱两类。

166. 机械采油支撑防顶堵水管柱的组成由哪些？

答：机械采油支撑防顶堵水管柱机械采油支撑防顶堵水管柱主要由 KQW 防顶器、KNH 活门、KPX 配产器（或 KHT 堵水器）、Y141 封隔器和 KQW 支撑器等井下工具组成。卡堵层段的管柱丢手在井内，以便各类抽油机械采油。

167. 整体堵水管柱的组成和分类是什么？

答：主要由 Y141 封隔器、KPX 配产器（或 KHT 堵水器）等井下工具组成。

卡堵层段的管柱可分为电缆桥塞和机械桥塞两大类。

168. 机械堵水井下工具的分类有哪些?

答：井下工具按功能分为封隔器、控制工具和修井工具。

169. 封隔器分类及型号编制方法?

答：封隔器分类及型号编制方法如下：

封隔器分类代号：Z 表示自封式，Y 表示压缩式，X 表示楔入式，K 表示扩张式。

封隔器支撑方式代号：1 表示尾管，2 表示单向卡瓦，3 表示无支撑，4 表示双向卡瓦，5 表示锚瓦。

封隔器坐封方式代号：1 表示提放管柱，2 表示转管柱，3 表示钻铣，4 表示液压，5 表示下工具。

封隔器解封方式代号：1 表示提放管柱，2 表示转管柱，3 表示自封，4 表示液压，5 表示下工具。

封隔器钢体最大外径直接用其外径数值，以阿拉伯数字表示，单位为 mm。

170. 什么是机械采油堵底水管柱?

答：主要由 Y411 丢手封隔器等井下工具组成。丢手封隔器安装于底水层上部，封堵层之间，允许工作压差小于 15MPa。下入打捞管柱，上提一定值的张力负荷，封隔器即可解封。施工成功率高，工作可靠。

171. 什么是机械采油平衡丢手堵水管柱?

答：主要 KSQ 丢手接头、KNH 活门、Y344 封隔器、KQS 配产器（或 KPX 配产器、KHT 堵水器）等井下工具组成。该管柱的卡堵段丢手于井内，尾管下至井底。油层上部 2~5m 和油层下部 2~5m 各下一个平衡封隔器，以平衡相邻封隔器间液压产生的作用力，以确保管柱安全可靠地工作。

172. 什么是机械采油固定堵水管柱?

答：主要由 KSQ 丢手接头、Y443 封隔器、Y443 密封段、KDK 短节和 KXM 导向头等井下工具组成。该管柱也适用于斜井，卡堵层之间允许工作压差为 30MPa，能与各类机械采油井井下抽油设备相适应。

主要缺点是必须逐个安装封隔器，封隔器不能解封，只能采用磨铣工艺才能清除。

173. 桥塞在油井堵水作业中的应用有哪些?

答：桥塞是目前在国内外广泛使用的一种油井层间分隔装置。工作原理：靠尾管支撑井底，油管自重坐封，上提油管解封的压缩式封隔器。

174. 控制工具和修井工具的分类有哪些?

答：有配产器、堵塞器、支撑器、油管悬挂器、投捞器、安全接头、打捞矛、磨铣工具、丢手接头、活门等。

175. 下井管柱类型有哪几种?

答：有以下 4 种：

（1）找水管柱或笼统注水管柱。

（2）分层配注、分层配产管柱。

（3）各种施工作业管柱，如压裂、堵水、酸化、冲砂、磨铣等管柱。

（4）机械采油管柱。

176. 组配管柱的程序是什么?

答：组配管柱的程序是：

（1）熟悉设计，掌握油水井各种数据。

（2）丈量实物长度，包括油管悬挂器、下井工具。

（3）计算所需油管长度，丈量、选择油管，连接下井工具。

（4）按照下井顺序将下井管柱摆放好，复核、计算出实配深度，填入油管记录。

177. 下井管柱的组配方法（以分层配注、分层配产管柱为例）是什么?

答：下井管柱的组配方法是：

（1）分层配产管柱结构和分层配注管柱结构设计清楚。

（2）计算所需油管长度。

（3）计算实配深度：

① 第一级封隔器实配深度=油补距+油管挂长度+选用油管长度+第一级封隔器上部长度。

② 第二级封隔器实配长度：第一级封隔器实配深度+第一级封隔器下部长度+选用油管长度+配产（水）器长度+第二级封隔器上部长度。

③ 第三级封隔器实配长度=第二级封隔器实配深度+第二级封隔器下部长度+选用油管长度+配产（水）器长度+第三级封隔器上部长度。

④ 底部球座实配长度=第三级封隔器实配长度+第三级封隔器下部长度+选用油管长度+配产（水）器长度+底部球座长度。

178. 配管柱操作要求实施步骤是什么?

答：配管柱操作要求实施步骤是：

（1）配管柱前要认真阅读施工设计书：

① 掌握下井管柱结构，下井工具名称、规范、用途、先后顺序和间隔标准。

② 掌握有几个卡点、卡点深度、卡距、夹层厚度。

③ 掌握套管接箍位置、射孔井段、人工井底和油补距。

④ 计算好下井工具之间所需油管长度。

⑤编出配管柱记录顺序号，准备好短节。

（2）丈量油管：

① 认真检查要丈量的油管，包括螺纹、管体腐蚀情况、无弯曲和裂痕、孔洞等。

② 用内径规通油管。

十、大修施工

179. 测卡点施工计算公式是什么?（应注明公式字母的含义及单位）

答：测卡点施工计算公式是：

$$L = K \cdot \lambda / P$$

式中　L——卡点深度 m;

　　　λ——油管平均伸长，cm;

　　　P——油管平均拉伸拉力，kN;

　　　K——计算系数。

180. 常见井下作业事故的类型有哪几种?

答：常见井下作业事故的类型有 3 种：

（1）工艺技术事故：如井喷。

（2）井下卡钻事故。

（3）井下落物事故。

181. 砂卡的概念是什么?

答：在油水井生产或作业过程中，由于地层砂或工程砂埋住部分管柱，使管柱不能提出井口，这种现象叫砂卡。

182. 砂卡处理方法有哪几种?

答：砂卡处理常用的方法有以下 5 种：活动管柱解卡、套铣倒扣法解卡、震击解卡、憋压法解卡、内冲管解卡。

183. 砂卡的预防有哪几种?

答：砂卡的预防有以下 5 种：

（1）生产管柱下入深度要适当。

（2）注水井放压要控制，特别是套管放压。

（3）冲砂施工：

① 换单根要快，冲至设计深度后要彻底循环洗井，待砂子返出后，再停泵起管柱。

② 不得带大直径工具探砂面。

③ 不能用大直径工具冲砂。

④ 在深井或大直径套管内冲砂时，可采用正、反冲砂法或泡沫冲砂等工艺。

（4）打捞作业施工前要彻底冲洗鱼顶，捞获后要边冲洗边上提，待负荷正常后再卸管线。

（5）尾管深度应距预计砂面有足够的距离。

184. 井下落物卡的分类有哪些?

答：井下落物分为 4 类：管类落物、杆类落物、绳类落物、小件落物。

185. 井下落物的危害有哪些?

答:井下落物的危害有:

(1) 堵塞油层,影响油井生产。

(2) 增加油井维修次数。

(3) 妨碍增产措施的进行。

(4) 造成卡管柱事故。

(5) 造成油井侧钻甚至报废。

186. 井下落物的预防有哪些?

答:井下落物的预防有:

(1) 施工前摸清套管情况,避免卡钻事故。

(2) 尾管和封隔器深度要适当,减少砂卡。

(3) 下井工具完好,避免因工具损坏和部件散落而造成井下落物。

(4) 避免管柱松脱造成的井下落物。

(5) 井口应装自封封井器。避免因操作不慎造成小物件落井。

(6) 测井、射孔时,操作手要精力集中,避免因遏阻、遇卡,造成仪器、工具落井和电缆落井事故。

187. 井下落物的处理方法有哪些?

答:井下落物的处理方法有:

(1) 捞出落物:下各种打捞工具将落物整体或分段捞出。

(2) 磨铣落物:下磨铣工具把落物磨铣掉。

188. 打捞管类落物的工具有哪些?

答:滑块捞矛、可退式捞矛、卡瓦打捞筒、开窗捞筒、公锥、母锥等。

189. 打捞杆类落物的工具有哪些?

答:卡瓦打捞筒、活页捞筒、三球打捞器、外钩等。

190. 打捞绳类落物的工具有哪些?

答:内钩、外钩、老虎嘴等。

191. 打捞小件落物的工具有哪些?

答:强磁打捞器、一把抓、反循环打捞篮等。

192. 磨、套铣工具的分类有哪些?

答:平底磨鞋、凹底磨鞋、领眼磨鞋、梨形磨鞋、内齿铣鞋、外齿铣鞋、裙边铣鞋及套铣筒等。

十一、修井作业常用磨、套铣工具

193. 平底磨鞋的用途和结构是什么?

答:(1) 平底磨鞋的用途:平底磨鞋是用底面所堆焊的 YD 合金或耐磨材料去磨研井下落物的工具。

（2）平底磨鞋的结构：平底磨鞋由磨鞋本体及所堆焊的 YD 合金或其他耐磨材料组成。

194. 平底磨鞋的工作原理是什么？

答：平底磨鞋的工作原理：平底磨鞋以其底面上 YD 合金和耐磨材料在钻压的作用下，吃入并磨碎落物，随循环洗井液带出地面。

195. 平底磨鞋的磨铣工艺对磨屑的辨认依据是什么？

答：对磨屑的辨认，磨屑返出井口有片状、丝状、砂粒状等，落鱼材料含碳量高，其磨屑为长丝状，落鱼含碳量较低，出现的磨屑为长度较短的丝条状，有时也出现长鳞片状磨屑。

196. 平底磨鞋的磨铣工艺钻压的控制方式有哪些？

答：在磨铣与钻进中，应根据不同的落鱼，不同的井深，选用不同的钻压。

（1）平底、凹底、领眼磨鞋磨削稳定落物时，可选用较大的钻压。

（2）锥形（梨形）磨鞋、柱形磨鞋、套铣鞋与裙边铣鞋等由于承压面积小，不能采用较高的钻压。

197. 平底磨鞋的磨铣工艺转速控制是多少？

答：一般应选用在 100r/min 左右。但应当与钻压配合使用。

198. 平底磨鞋的磨铣工艺对井下不稳定落鱼的磨铣方法有哪些？

答：应采取一定措施，使落物于某一段时间内暂时处于固定状态，以便磨铣。

（1）向下溜钻。使钻具因下落惯性产生伸长，冲击井底落物，使落物顿紧压实。

（2）上提钻具，转动一定角度再进行冲顿。要防止金属碎块卡在磨鞋一边不动。不断将磨鞋提起，边转动边下放，改变磨鞋与落鱼的接触位置，保证均匀磨铣。磨铣铸铁桥塞时，磨鞋直径要比桥塞直径小 3~4mm。

199. 对钻具蹩跳的处理方式有哪些？

答：对钻具蹩跳的处理方式有：

（1）磨铣时出现跳钻，由于落物固定不牢而引起的，一般降低钻速可以克服。

（2）产生跳钻时，要把转速降低至 50r/min 左右，钻压降到 10kN 以下。待磨铣正常，再逐渐加压提高转速。

（3）当钻具被憋卡，产生周期性突变时，必须上提钻具，排出磨鞋周边的卡阻物或改变磨铣工具与落鱼的相对位置，同时加大排量洗井，将磨下的碎屑物冲洗出地面。若上提遇卡，可边转边提解卡。

200. 磨铣中注意事项有哪些？

答：磨铣中注意事项有：

（1）下钻速度不宜太快。

（2）作业中途不得停泵，以防止磨屑卡钻。

（3）如果出现单点长期无进尺，应防止磨坏套管。

（4）在磨铣过程中，应在磨鞋上部加接钻铤或扶正器，以保证磨鞋平稳工作。

（5）不能与震击器配合使用。

201. 套铣筒的用途和结构有哪些？

答：套铣筒是与套铣鞋联合使用的套铣工具，其功能除旋转钻进套铣之外，可用来进行冲砂、冲盐、热洗解堵等。结构：套铣筒是由上接头、筒体、套铣鞋组成。

202. 套铣筒套铣的注意事项有哪些？

答：套铣筒套铣的注意事项有：

（1）下套铣筒时必须保证井眼畅通。在深井、定向井、复杂井套铣时，套铣筒不要太长。

（2）套铣筒下钻遇阻时，不能用套铣筒划眼。

（3）井深时，下套铣筒要分段循环修井液。

（4）下套铣筒要控制下钻速度，由专人观察环空修井液上返情况。

（5）若套不进落鱼时，应起钻。不能硬铣，避免造成鱼顶、铣鞋、套管的损坏。

（6）套铣筒入井后要连续作业，当不能进行套铣作业时，要将套铣筒上提至鱼顶 50m 以上。

（7）套铣过程中，若出现严重蹩钻、跳钻，无进尺或泵压上升或下降时，应立即起钻分析原因。

203. 钻头类工具基本结构形式和用途有哪些？

答：基本结构形式有刮刀钻头和牙轮钻头两种形式，各种形式的钻头在套管内使用，主要用于钻磨水泥塞、死蜡、死油、砂桥，特殊情况下可用来钻磨绳缆类的堆积卡阻。

204. 钻头类工具工作原理是什么？

答：钻头尖端部的切削部位焊有 YD 型硬质合金或其他耐磨材料，在管柱旋转和钻压作用下，通过切削旋转排屑，打开或者除去被钻物体或材料，如同钻床的钻头钻孔一样。

205. 钻头类工具操作方法及要求有哪些？

答：钻头类工具操作方法及要求有：

（1）钻头外径尺寸与套管尺寸及被钻磨物相匹配。

（2）钻头上必须接装安全接头。

（3）钻头水眼保持通畅。

（4）钻压一般不超过 15kN，转数控制在 80r/min 以内，冲洗排量应不低于

$0.8m^3/min$。泵压在错断井旅工时应控制在 5MPa 以内。

（5）钻进过程中不得随意停泵，如停泵将管柱及钻头上提 20m 以上。

（6）条件允许时，可加装下击器及配重钻铤，为钻头提供钻压。

206. 可退式打捞筒的用途和特点是什么？

答：用途：可退式打捞筒是从落鱼外部进行打捞的一种工具，可打捞不同尺寸的油管、钻杆和套管等鱼顶为圆柱形的落鱼。可与安全接头、下击器、上击器、加速器等组合使用。

可退式打捞筒的主要特点是：（1）卡瓦与被捞落鱼接触面大，打捞成功率高，不易损坏鱼顶。（2）在打捞提不动时，可顺利退出工具。（3）篮式卡瓦捞筒下部装有铣控环，可对轻度破损的鱼顶进行修整、打捞。（4）抓获落物后，仍可循环洗井。

十二、套管修复的种类和方法

207. 挤水泥封固修复套管的适用范围和优缺点？

答：挤水泥封固：对于套管穿孔和通径无变化的套管破裂，可采用对破裂部位挤水泥浆封固的方式。这种修复方法的优点是施工简便，成本费用低。缺点是浅层不适用，地层越浅，越难承受高压。

208. 套管修复的通胀整形适用范围？

答：套管轻微缩径可选用梨形胀管器、三锥辊整形器、偏心辊子整形器等工具，通过碾压下放的方法使之通过缩径位置。

209. 磨铣扩径修复套管适用范围？

答：磨铣扩径：套管缩径较严重或有一些错断情况下，可以通过使用铣锥磨铣的方法使通径扩大。这种方法有时需要其他修复方法配合，如磨铣后挤水泥或下内衬管等。

210. 爆炸整形修复套管适用范围和优缺点？

答：对于缩径不很严重的井使用。它是用电缆携带炸药到套损井段，点火后高压气体的高压膨胀和冲击使缩径部位得到扩张，这种方法的优点是施工简便，成本较低。缺点是不十分可靠，有时会使事故复杂化。

211. 套管膨胀管补贴适用范围？

答：适用于通径未改变的腐蚀穿孔和误射孔井段。采用一种壁厚波纹管下至预定位置后，用胀头从波纹管的下方拉向上方，将波纹管平胀开，牢牢补贴在穿孔位置。波纹管外涂有一层环氧树脂，使波纹管与套管密封。

212. 套管内衬管补贴的原理是什么？

答：将组装好的补贴管和专用补贴工具送到预定井深，从油管内打压，启动坐封工具，使工具活塞向上运动，缸体相对向下运动，产生两个大小相等、方向相反的力。将补贴管上、下两端的金属锚锚爪胀开，同时两端的软金属密封材料受挤压变形，密封了补贴管外两端的环形空间，达到了加固密封的目的。

213. 套管外衬的方法是什么?

答：浅层部位套管发生损坏，在套管外部套下一层直径大一些的套管，将损坏部位覆盖住。然后在两层套管之间挤注水泥固井。优点是施工后套管内径不改变又能承受高压。缺点是施工成本较高。

214. 套管补接的方法是什么?

答：首先切割套管，或采用倒扣的方法将损坏套管取出，然后用完好套管携带一个补接器下井。补接器下至鱼顶抓捞成功后，下放补接器，通过补接器的循环通道向外挤水泥，之后再上提补接器，使补接器与下部套管处于拉伸状态，完成井口的悬挂和支撑工作。水泥浆凝固后钻水泥塞、通井。

215. 取套换套的方法及优缺点是什么?

答：将坏套管捞出，然后下入完好套管与底部套管对扣连接。这种修复方法的优点是修复后，套管抗压强度高，内通径不改变，是最理想的修复方法。缺点是施工局限性较大。施工周期较长，作业费用较高。

216. 套管修复施工的安全环保要求是什么?

答：严格按照企业的井下作业安全技术规程组织生产，要特别注意防火、防工程事故、防环境污染和人身安全事故等工作。井场要害部位要有醒目的安全标识。

（1）所有上井的封井器、采油树均需试压，并有试压合格证。保证各手轮开关灵活、各连接处密封。

（2）封井器的开关控制装置灵活好用，能随时关闭井口，使井口处于有控状态。

（3）井口反出液要进干线或者使用设备接，防止污染地面。

（4）施工的设备、工用具应在地面铺设防渗布，防止设备工用具润滑油污染地面。

十三、编制封隔器找水施工方案

217. 封隔器找水施工方案的编写内容有哪些?

答：有以下内容：

（1）基本数据。

（2）油井简况。

（3）施工目的。

（4）施工作业程序。

（5）质量标准及技术要求。

218. 封隔器找水施工方案找水程序有哪些?

答：封隔器找水施工方案找水程序有：

（1）按施工方案要求，进行压井、通井、刮削施工。

（2）单级 Y211（或 Y441，Y421）封隔器+工作筒。管串结构：自下而上，丝堵+油管+常开滑套+Y211（或 Y441、Y421）封隔器+常关滑套+油管+油管挂。

施工方法：将封隔器下到卡封位置，封隔器坐封，确定产水层位。上提解封起出找水管柱。

（3）多级封隔器用 Y211，Y421，Y341 或 Y441+工作筒组合。

（4）对于大斜度的井应采用液压坐封方式的封隔器。

219. 油层出水的原因是什么?

答：固井质量差，造成层间窜槽，导致水层水或注水层的水进入井筒。射孔时误射孔。套管损坏，水层的水进入井筒内。增产措施不当，使油水层连通造成油层出水。采油制度不合理和注水方式不当，造成油层底水和注入水沿高渗透层或高渗透层段过早侵入油层。

220. 油井找水的主要方法有哪些?

答：油井找水的主要方法有：

（1）综合对比资料判断出水层位。

（2）水化学分析法。

（3）根据测井资料判断出水层位。

（4）机械找水法。

十四、编制封隔器堵水施工方案

221. 封隔器堵水施工工艺使用工具有哪些?

答：Y441，Y341，Y211，Y445 封隔器，油管或电缆投送式封隔器，安全接头，丢手接头。

222. 封隔器堵水施工设计的编写内容有哪些?

答：（1）确定堵水井；（2）确定堵水方案；（3）施工准备；（4）施工要求。

223. 封隔器堵水工艺操作井筒准备有哪些?

答：封隔器堵水工艺操作井筒准备有：

（1）通井：用小于套管内径 $\phi 6 \sim 8mm$ 通井规通到井底，检查套管是否变形。

（2）刮削：用套管刮削器刮削套管壁到堵水层以下 50m。

（3）洗井：用与地层相配伍的洗井液洗井 1~2 周。

224. 封隔器堵水工艺操作堵水管柱组配注意事项有哪些?

答：根据堵水施工组配堵水管柱，封隔器及其他辅助工具的规格、型号、连接位置必须正确。

225. 封隔器堵水工艺操作下管柱注意事项有哪些?

答：下堵水管柱过程中应操作平稳，下钻速度控制在 0.5m/s 之内，防止顿钻。

226. 封隔器堵水工艺操作坐封注意事项有哪些?

答：堵水管柱下到设计位置并经过校深后，根据该封隔器的坐封原理进行坐封施工。

227. 封隔器堵水工艺操作验封注意事项有哪些?

答：根据现场情况，采用适当的方法验证工具的封隔效果。

228. 封隔器堵水工艺操作验证封堵效果的方法是什么?

答：通过排液或投产，将堵水前后的产量和液性进行对比，验证堵水效果。

229. 封隔器堵水的概念是什么?

答：将封隔器下入井中，采用机械或液压坐封方式，使封隔器坐封，达到封堵油井中的某一高含水层段，使该高含水层液流不能进入井筒。这种堵水方法叫封隔器堵水。

230. 封隔器堵水技术的应用条件有哪些?

答：应用条件有：

（1）适用于单一的出水层或含水率很高，无开采价值的层段。

（2）需封堵层段上下夹层稳定，固井质量合格，且夹层大于 5.0m。

（3）油层套管无损坏，井况良好。

（4）出水层段岩性坚硬，无严重出砂。

231. 封隔器堵水管柱类型有哪些?

答：封隔器堵水管柱类型有以下三种：

（1）封下采上，封堵下部水层，开采上部油层。

（2）封上采下，即封堵油层以上出水层段，开采其下油层。

（3）封中间采两头。即在一套油水层段上，封堵中间出水层段。

232. 丢手工具结构及工作原理是什么?

答：该工具主要由丢手和打捞两部分组成。丢手工具位于控制管柱的最上部，紧接最上一级封隔器。封隔器坐封后，通过打压、提放管柱、转动管柱，打开丢手部分坐封，完成丢手，起出丢手时，使用打捞工具抓住丢手打捞部分，起出丢手以下管柱。

233. 单流开关结构及工作原理是什么?

答：该工具主要由上下接头、正反循环通道组成，连接在丢手接头之上，其作用是当下封隔器管柱时，环空的液体沿反循环孔进入油管内，保持油套平衡。当坐封时，工具内的钢球阻挡了管柱内的液体流入套管，沿着正循环通道将液体传至封隔器内，达到坐封目的。

234. 化学堵水的概念是什么?

答：化学堵水是以某些特定的化学剂作为堵水剂，将其注入地层高渗透层段，通过降低近井地带的水相渗透率，达到减少油井产水，增加原油产量的目的。

235. 常用化学堵水方法简介（共7类主要方法）?

答：有7种化学剂：

（1）沉淀型无机盐类堵水化学剂。

（2）聚合物冻胶类堵水化学剂。

（3）颗粒类堵水化学剂。

（4）泡沫类堵水化学剂。

（5）脂类堵水化学剂。

（6）生物类堵水化学剂。

（7）其他类堵水化学剂。

十五、编制封隔器找窜施工方案

236. 封隔器找窜的工艺现场施工使用工具有哪些?

答：Y341，Y211，K344 封隔器、节流器、球座等。

237. 编制封隔器找窜施工方案基本数据有哪些?

答：施工井的主要数据，如射孔井段、套管尺寸、人工井底、生产管柱等。

238. 编制封隔器找窜施工方案油井简况及施工目的是什么?

答：简要描述油井目前的生产状况及以往所采取的措施。施工目的：

（1）根据油井的综合资料分析，确定使用的工具和所达到的目的。

（2）通过施工确定找窜的井段，为进行下步措施提供依据。

239. 编制封隔器找窜施工方案施工作业程序有哪些?

答：施工作业程序有：

（1）工具准备根据井况和层数，选用机械式或液压式封隔器、工作筒等工具进行单级或多级组合。

（2）压井、洗井液准备选用合理的压井液，地层配伍性好，不污染油层。用量为井容的 1.5~2 倍。

（3）井筒准备通井、刮削、洗井，检查套管质量，清除井壁上的污物。

（4）找窜程序：管柱配备：要求给出下井工具的顺序和连接方式。绘制详细的管柱结构图，并标出深度尺寸。管柱封隔器坐封：详细列出封隔器的坐封操作程序，井口选型。

（5）测试求产：施工方式根据管柱组合和层序详细列出。

（6）资料录取抽汲或放喷求产时，取全液样，做油水分析化验。满足封隔器找窜施工方案质量标准及技术要求。

240. 施工用液准备的原则是什么?

答：选用和配制压井液和洗井液，如钻井液、氯化钙、活性水等，根据地层压力确定压井液的密度，以压而不喷、安全施工，与地层配伍性好，不污染油层为原则。用量为井容的 1.5~2 倍。

241. 地面储液罐、废液罐和计量罐准备及流程的原则是什么?

答:选用1m³ 或2m³ 计量罐,储液罐和废液罐的数量可根据井况选定,以满足施工要求为原则。如自喷则安装分离器及相应流程所需管线。

242. 洗井压井要求有哪些?

答:用清水或其他压井液彻底洗压井,将井筒清洗干净,用液量为井容的1.5~2 倍,达到进出口液性一致。替出井内液体进废液罐进行处理。

243. 下封隔器及水井管柱要求是什么?

答:下入的油管丈量准确,清洗干净,螺纹均匀涂好密封脂,上扣至规定的扭矩,严禁超扭矩作业。速度控制在0.5m/s 之内,严禁猛刹猛放,确保封隔器顺利坐封。封隔器卡点准确,坐封载荷或加液压控制在该封隔器规定范围内。

244. 放射性同位素测井找窜分类有哪些?

答:根据找窜目的和油层井段长短不同,可将同位素找窜分为两种方式:全井合挤同位素找窜和分层段。

245. 全井合挤同位素找窜的步骤是什么?

答:全井合挤同位素找窜的步骤是:

(1) 清理井筒、洗井,完成施工管柱。

(2) 配制放射性跟踪试剂。

(3) 测油井的自然放射性基线。

(4) 试挤,记录其泵压、挤入量。

(5) 替入(或电缆带入)一定体积的同位素液。

(6) 加深油管洗井,然后上提油管、喇叭口至射孔顶界以上。

(7) 测放射性曲线,对比两次测试结果,分析有无窜槽,如有,确定出窜槽层位及井段位置。

246. 分层段挤同位素找窜步骤是什么?

答:分层段挤同位素找窜步骤是:

(1) 清理井筒(包括通井、刮削),彻底洗井。

(2) 起出井内管柱,测放射性基线。

(3) 下入一级或多级封隔器管柱,验封。

(4) 按卡层位置完成找窜管柱。

(5) 替入放射性同位素液至油管鞋位置。

(6) 加深管柱至井底,反洗井,起出全部管柱。

(7) 测放射性同位素曲线,对比两次测井曲线,检查有无窜槽存在和窜槽所在井段位置。

247. 声幅测井找窜的使用范围是什么?

答:声幅测井,检查油层套管外壁固结的水泥环质量,根据声幅曲线分出好、中、差、无水泥4 个等级。但是声幅测井仅反映了固井第一界面(套管和水泥环）质量，而不反映第二界面（水泥环和地层）情况，因此，用声幅测井解释固井质量好的井段，也存在着窜槽的可能性。

十六、编制注水泥塞施工方案

248. 注水泥塞施工设计的油井基本数据有哪些？

答：油井基本数据：钻井深度、人工井底、油层套管、水泥返高、油补距、试油井段、封堵井段。

249. 注水泥塞施工设计的注灰塞具体要求有哪些？

答：预计灰面位置、灰塞厚度、理论灰浆量、实际配成灰浆量（附加量，一般附加量取理论灰浆量的 1.2 倍）、灰浆密度、添加缓凝剂、促凝剂、上返井段。

250. 注水泥塞施工设计的施工方法有哪些？

答：施工方法有：

（1）下油管底带管鞋至要求的深度洗井合格后，将油管完成在注灰位置，装好井口。

（2）接好正、反洗井管线，试压合格。

（3）配灰浆：配成密度、数量符合设计要求的灰浆。

（4）正替灰浆。

（5）上提管柱反洗井，将多余的灰浆洗出井筒。

（6）上提油管候凝装井口，关井候凝。

（7）候凝后，加压探灰面，重复两次，洗井畅通后，试压。

（8）特殊情况下，可采用灌注法或挤注法。

251. 注水泥塞施工设计的施工准备及安全注意事项有哪些？

答：施工准备及安全注意事项有：

（1）油井水泥标号、质量需符合要求。

（2）注灰前洗井达到进出口液性一致。

（3）注灰前准备足够的反洗井液。

（4）注灰地面管线上紧试压，不得刺漏。

（5）灰浆量、顶替量必须计量准确。

（6）施工中起重设备发生故障立即反洗井。

（7）在两层之间小于 5m 的夹层井段注灰塞时，管柱进行磁定位校深，以确保水泥塞深度的准确性。

252. 注水泥塞现场施工用液准备有哪些？

答：备足符合要求的压井液（钻井液或清水）。一般为井筒容积的 1.5～2 倍。其次准备两倍以上设计顶替量、反洗井的用液量，其密度与洗井用压井液密度一致。

253. 油井水泥准备有哪些？

答：将油井水泥及其他添加剂按设计用量运到井场，按质量标准进行检查。

要求水泥不受潮不结块，牌号与设计相符。

254. 井眼准备有哪些？

答：对于一般非自喷井，通常采用清水洗井，泵车大排量彻底洗井一周半至两周，脱气降温。确定地层是否漏失。对于油层压力高于静液柱压力的井，则用钻井液或氯化钙反循环压井，待井压住后再进行下步工作。

255. 配制水泥浆有哪些？

答：根据施工设计，配制所需灰浆数量，并准确测量所配灰浆密度。

256. 注水泥塞的要求？

答：将配制好的灰浆通过泵车，经油管替入井内，准确计量替入的灰浆量，待灰浆替完后，迅速替入顶替液。顶替液必须计量准确、无误。

257. 起管柱，反洗井，候凝的步骤是什么？

答：当灰浆、顶替液按要求替完后，上提管柱至预计灰面深度以上 1~2m 接反洗井管线反洗井，将管柱内及环空的灰浆残余洗出井筒。反洗井后，上提管柱至预计灰面 100m 以上，关井候凝。如果有地层漏失现象。洗井时应采用垫稠钻井液的方法。即用清水将配制好的稠钻井液顶替至漏失井段，然后上提管柱至注灰塞深度，循环洗出多余的稠钻井液。如果井漏失严重，预封井段距人工井底较短，则填砂埋住漏失井段，然后再注水泥塞；当漏失严重，预封井段距人工井底较长，采用钙化稠钻井液或钙化稠钻井液中加入封堵剂的方法处理漏失层。

258. 探灰面、试压的步骤是什么？

答：候凝结束后，下油管加压 10~20kN 探灰面，连续探 3 次深度相符后根据有关套管试压标准进行试压。

十七、处理常规卡钻事故

259. 处理常规卡钻事故的工艺使用工具有哪些？

答：套铣筒、倒扣捞矛（筒）、可退捞矛（筒）、安全接头、上击器、下击器、作业设备等。

260. 处理常规卡钻事故的工艺操作方法有哪些？

答：测卡、憋压恢复法解卡、喷钻法、冲管解卡、大力提拉活动解卡、长时间悬吊解卡、振动解卡、套铣解卡、倒扣解卡、磨铣法解卡、爆炸松扣。

261. 解除砂卡的方法有哪些？

答：采用活动管柱解卡、憋压循环解卡、连续油管冲洗解卡、诱喷法解卡、套铣筒套铣 5 种方法。

262. 活动管柱解卡的方法是什么？

答：对砂桥卡钻或卡钻不严重的井可提放反复活动钻具，使砂子受振动疏松下落解除；砂卡较严重的可在设备负荷和井下管柱强度许可范围内大力上提悬吊一段时间，再迅速下放，反复活动的方法解除砂卡，解卡前，必须认真检查设备保障各部位可靠、灵活好用，每活动 10-20min 应稍停一段时间，以防管柱疲劳而断脱。

263. 什么是憋压循环解卡?

答：发现砂卡立即开泵洗井，若能洗通则砂卡解除，如洗不通可采取边憋压边活动管柱的方法。憋压压力应由小到大逐渐增加，不可一下憋死，憋一定压力后突然快速放压同时活动管柱效果会更好。

264. 什么是连续油管冲洗解卡?

答：用连续油管车选择连续油管，下入被卡管柱内，下到砂面附近后开泵循环冲洗出被卡管柱内的砂子，深度超过被卡管柱深度后，继续冲洗被卡管柱外的砂子逐步解除砂卡。

265. 什么是诱喷法解卡?

答：地层压力较高的井发生砂卡可采用此种方法，用诱喷的方法使井能够自喷。通过放喷使砂子随油气流喷出井外，从而起到解卡的目的。

266. 什么是套铣筒套铣?

答：套铣就是在取出卡点以上管柱后，采用套铣筒等硬性工具对被卡落鱼进行套铣、清除掉卡阻处的落鱼，以解除卡阻。

267. 什么是挤碎法解卡?

答：根据落物形状大小及材质，把落物拨正后，从环空落下去，或管柱提放、转动将其挤碎，达到解卡的目的。

268. 取出卡点以上落物法解卡的方法是什么?

答：被卡管柱下面有大工具（如封隔器等），落物材质坚硬不易挤碎，活动管柱无效，测算卡点深度，将卡点以上管柱倒出，然后根据落物情况，选择合适的工具，将落物捞出，如捞不出可选择套铣筒将其套掉，再捞出落井管柱。

269. 什么是洗井法解卡?

答：如落物不深并且不大，可采用悬浮力较强的洗井液大排量正洗井，同时上提管柱，直到把落物洗出井外后使管柱解卡。

270. 什么是盐酸循环法解卡?

答：对于卡钻不死，能开泵循环通的井，可把浓度 15% 的盐酸替到水泥卡的井段，靠盐酸破坏水泥环而解卡。

271. 什么是倒扣解卡法?

答：倒扣解卡法：先测算卡点深度，将水泥面以上管柱全部倒出，再下套铣筒，将被卡管柱与套管之间环空的水泥铣掉，套铣一根，打捞倒扣一根，直至将被卡管柱全部倒出。此方法要保证洗井液及排井充足，加下单根动作要迅速，防止灰屑下沉造成新的卡钻。

272. 什么是磨铣法解卡?

答：磨铣法，即首先将水泥面以上管柱全部倒出（或切割），再用平底磨鞋或锅底磨鞋将被卡的管柱及水泥环一起磨掉。

273. 机械整形法解卡的使用范围?

答：变形不严重的井，可采取机械整形（胀管器、滚子整形器）或爆炸整形的方法将套管修复好达到解卡目的。

274. 磨铣法解卡的使用范围?

答：变形严重的井，可下铣锥或领眼高效磨鞋，进行磨铣打开通道解卡，然后补贴套管。常规卡钻事故的类型及原因分析。

275. 砂卡的类型及原因分析?

答：砂卡的类型及原因分析是：

（1）由于地层疏松或生产压差过大，油层中的砂子随油流进入油套管环空后逐渐沉淀造成砂埋管柱形成砂卡。

（2）冲砂作业时，不能将砂子洗出或完全洗出井外造成砂卡。

（3）压裂施工中，由于砂比大，压裂液不合格及压裂后放压太猛造成砂卡。

（4）在填砂作业时，由于砂比太大，未持续活动管柱，也会造成砂卡。

276. 落物卡的类型及原因分析?

答：落物卡的类型及原因分析是：

（1）由于井口未装防落物保护装置造成井下落物。

（2）由于施工人员责任心不强，不严格按操作规程施工，会造成井下落物。

（3）由于井口工具质量差，强度低，造成井下落物。

277. 水泥卡的类型及原因分析?

答：水泥卡的类型及原因分析是：

（1）由于注水泥塞时没有及时上提管柱，水泥凝固将井下管柱卡住。

（2）注灰时间拖长或催凝剂用量过大，使水泥浆过早凝固。

（3）井内注灰管柱深度或顶替量计算错误。

（4）使用水泥的温度低，而井下温度过高，或井下遇到高压盐水层，以致早期凝固。

278. 套管变形卡的类型及原因分析?

答：套管变形卡的类型及原因分析是：

（1）错误地把管柱、工具下在套管损坏处。

（2）由于泥岩膨胀，井壁坍塌造成套管变形或损坏。

（3）由于构造运动或地震等原因造成套管错断、损坏发生卡钻。

（4）操作或技术措施不当也会造成套管损坏而卡钻。

279. 水垢卡的类型及原因分析?

答：有以下两种：

（1）注水水质不合格，含氧等化学成分及杂质过高。

（2）注水管柱长期生产未及时更换。处理卡钻辅助工具。

280. 安全接头的原理和作用？

答：安全接头主要由螺杆和螺母两部分组成，螺杆上部为内螺纹，便于使用时与钻具相连接。其下部为螺距较大的方外螺纹，与螺母相连接。螺母上部为螺距较大的方内螺纹，与井下管柱或工具相连接。螺杆与螺母均有止扣台阶，安全接头的方螺纹与钻具相反，而其上部和下部连接螺纹则与油管（或钻杆）螺纹相配合。在如遇下井工具被卡，利用螺杆与螺母之间方螺纹容易卸扣的特点将正扣钻杆正转（或反扣钻杆反转），便可将井下管柱从安全接头的螺杆与螺母处卸开，避免再次造成井下事故。

十八、设计简单打捞工具

281. 设计简单打捞工具使用的工具量具有哪些？

答：（1）测量工具：游标卡尺、外径千分尺（螺旋测微器）、外卡钳、内卡钳、钢板尺、盒尺。

（2）制图工具：角板、圆规、丁字尺、绘图仪等。

282. 设计简单打捞工具的设计原则的有哪些？

答：设计原则的有：

（1）打捞工具下入方法。

（2）打捞工具的可退性。

（3）工具的强度问题。

（4）打捞工具的可操作性。

（5）打捞工具尽可能设计有循环通道。

（6）打捞工具与现有工具的匹配性。

（7）打捞作业不改变原井身结构。

283. 设计简单打捞工具的现场情况调研的有哪些？

答：现场情况调研的有：

（1）该井的井况，包括井身结构和套管内径等资料。

（2）调查形成落物原因和有无早期落物，分析落物井下状态。

（3）落物原因、遇卡原因、落物在井内状况。

284. 设计简单打捞工具的打捞方式的确定有哪些？

答：根据打捞处理方案或处理意见确定打捞方式，即采用软捞还是硬捞。根据打捞方式确定打捞工具的连接形式和工具的操作方式，确定打捞工具的连接扣型或其他连接型式。

285. 设计简单打捞工具的设计可行性分析有哪些？

答：针对形成的打捞工具的工作原理和操作方法进行可行性分析、校正。根据具体实际井况分析，确定打捞工具和打捞处理意见与打捞工具的要求之间的差别和改进措施。

286. 设计简单打捞工具的确定工具的装配总图有哪些?

答：在设计总装配体时，应使工具实现的功能尽量满足打捞处理意见的要求。打捞工具的工作原理图（或总装配图），确定打捞工具的外形尺寸（保护最大外径、最小内径、连接扣型等）。

287. 设计简单打捞工具的拆画零件图加工有哪些?

答：确定零件具体尺寸、材料，进行零件强度的校核，若零件的强度不能满足要求，则需修改零件的尺寸或选用强度更高的材料，使之满足打捞强度要求。防止零件尺寸间的冲突。在完成所有的零件图后，要求重新按比例画出打捞工具的总装配图。

288. 设计简单打捞工具的审批加工有哪些?

答：工具的设计完成后，交相关部门、领导审核、审批，得到批准后，进行加工生产。加工前，与机械厂加工工艺人员讨论零件工艺的合理性。必要时，修改零件的结构形式。加工完成后，在地面进行模拟打捞试验，检验工具的各项性能指标和操作。如果有问题，必须进行整改，满足设计要求。

289. 设计简单打捞工具的打捞现场组织实施有哪些?

答：工具入井前，对施工人员交底，说明工具的工作原理和操作方法及其注意事项。井口要有防喷措施、防掉落物的措施。根据实际情况，备足相应的修井液。

290. 软捞打捞方式有哪些?

答：软捞采用的是绳类工具即钢丝、钢丝绳、电缆等。软捞是用钢丝绳或钢丝将打捞工具下到井内进行打捞。这种方法的优点是起下速度快，可不压井。缺点是只能用于落物简单、重量较轻的落物打捞。在软捞时，必须做到下放速度慢、深度准。

291. 硬捞打捞方式有哪些?

答：硬捞就是用钻杆、油管或抽油杆等钢体将打捞工具下到井内进行落物打捞，优点是管柱可以旋转，缺点是起下慢，劳动强度大。

292. 打捞工具设计的技术安全要求有哪些?

答：技术安全要求有：

（1）在设计工具时对井况了解清楚，避免设计工具的盲目性。

（2）当采用硬捞的打捞方式时，在工具的设计过程中，应尽可能考虑实现循环修井液的要求，满足冲砂、洗、压井等的基本作业需求。

（3）设计打捞工具时，应考虑工具的可退性。

（4）在整个修井过程中，应注意保护周边环境，防止废液落地。

293. 金属的切削工艺种类有哪些?

答：其中常用的是车削、钻削、镗削、刨削、铣削、拉削和磨削等，车床、钻床、刨床、铣床和磨床是5种最基本的机床。

十九、编制套管修复施工方案

294. 编制套管修复施工方案使用的工用具有哪些?

答:震击器、水力锚、安全接头、衬管补贴工具、波纹管补贴工具、整形器、各种磨铣工具、套管回接工具。

295. 事故井的基本数据和技术状况主要包括什么?

答:主要包括以下参数:开钻日期、完钻日期、完井日期、井别、完钻井深、人工井底、油补距、套补距或联入、水泥返高、固井质量,油层套管的外径、钢级、壁厚、深度,目前生产井段、需补贴井段、补贴段相邻接箍位置、补贴段以上最大井斜及方位变化等。

296. 套管修复的目的和要求是什么?

答:施工目的通常是封堵射孔井段或套管穿孔、漏失井段,或对套管变形井段进行修复,以恢复正常生产的需要等。

297. 套管修复措施有哪些?

答:通过通井、打铅印、测井等措施,将损坏类型和确切的损坏位置确定下来。然后根据不同情况,确定具体的修复措施,整形、补贴或者取换套管等。

298. 套管修复注意事项有哪些?

答:安全、环保、井控等方面的一些具体要求。要根据有关国家、地方政府的相关环保和安全法规,以及一些相关的行业标准和企业标准等,结合该地区的地质构造和井下压力情况,确定合理的安全、环保和井控措施,确保安全生产。

299. 套管修复所需工具、设备有哪些?

答:由于套管损坏的情况不同,使用的工具和设备也不同。如果套管损坏程度较轻,可能通过一种或几种整形工具整形就能解决问题。较少的设备就能完成。如果套管损坏情况复杂,就要上大型的修井设备,进行磨铣、套铣、取套、换套或补接等作业。

300. 套管修复井身结构图?

答:通常给出施工前的井身结构图和施工后的井身结构图。

301. 套损的原因和类型有哪些?

答:套损的原因和类型有:

(1) 地层运动造成的套管损坏,包括缩径、错断、弯曲等。

(2) 长期注水造成泥岩膨胀引起的套管损坏,包括缩径、错断、弯曲等。

(3) 化学腐蚀造成的套管损坏,长期腐蚀造成套管穿孔。

(4) 井下作业造成的套管损坏。

(5) 钢材本身内应力的变化也会使套管破裂。

302. 斜向器的分类和原理有哪些?

答:斜向器又称导斜器,斜向器根据固定方式的不同可分为两种:一种是插杆型，一种是封隔器型，斜向器主体是一个被斜切掉一部分的楔形半圆柱体，被切的部分叫导斜面，斜度一般为 2.5°～4°。

303. 开窗铣锥的分类和原理有哪些？

答：这种铣锥由多级组成，底部锥度大，上部锥度小。它的底部和外圆周铺设有硬质磨铣材料，窗口的形状主要靠外圆周的磨铣材料磨铣，底部呈钝圆尖角形状，使得窗口开到底部后，铣锥较容易完成下边缘的磨铣。可分为开窗铣锥、修窗铣锥和钻铰铣锥 3 种。

二十、编制防砂施工方案

304. 防砂设计的工用具准备有哪些？

答：通井规、套管刮削器、防砂筛管、充填工具、扶正器、封隔器、填砂漏斗、蓄水罐。

305. 防砂方法的选择原则是什么？

答：根据防砂地层和油、气井的不同类型和特点，对照防砂方法筛选设计原则，选出最合适的防砂方法和完井类型。

306. 防砂施工的反洗井的处理原则是什么？

答：反洗井的目的是洗出施工管柱中多余的砾石，直到返出液体内干净无砂为止，排量应大于或等于 0.5m³/min。

307. 油井出砂的危害有哪些？

答：油井出砂导致了原油采出难度加大，破坏生产设备，严重影响着采油系统的正常生产。前期的防治主要是完井阶段的任务，井下作业的任务是维护油井的正常生产，主要以后期治理及防砂作为重点。

308. 油井出砂的原因是什么？

答：油井出砂是指在生产压差的作用下，储层中松散沙粒随产出液流向井底的现象。造成油井出砂的原因主要有以下两种：

（1）储层岩石的性质及应力分布是造成油气井出砂的主要原因。

（2）大压差生产、注水开发及增产措施等开采措施是造成油井出砂的另一主要原因。

309. 油、气井防砂方法分类有哪些？

答：按照防砂的原理可以将防砂方法主要分为：砂拱防砂、机械防砂、化学防砂、热力焦化防砂 4 种。

310. 油、气井防砂方法的选择依据是什么？

答：油、气井投入开发之前，应结合油田具体情况选择防砂方法和确定防砂工艺措施。应综合考虑下述因素：

（1）完井类型。

（2）完井井段长度。

（3）井筒和井场条件。

（4）地层砂物性。

（5）产能。

（6）费用。

311. 什么是化学防砂技术?

答：化学防砂施工工艺通过施工管柱向井内出砂地层挤入定量的化学剂和预涂层砾石以胶固地层或在井壁外及近井地层形成可渗透的人工井壁，阻止地层砂进入井筒，降低油井出砂，确保油井正常生产。

312. 化学防砂的特点有哪些?

答：化学防砂的特点是施工较简便；防砂后井筒内不留工具管柱，防砂失效后容易补救；适合于粉细砂岩及严重出砂的地层和低含水油井；化学防砂宜处理短井段。

313. 化学防砂的分类有哪些?

答：化学防砂可分为固砂剂防砂、人工井壁防砂和其他化学防砂方法 3 大类。

314. 化学防砂的施工要点及注意事项有哪些?

答：化学防砂的施工要点及注意事项有：

（1）制定合理的工艺措施及施工参数、用料和配方。

（2）确保制订方案、采购用料等各个质量环节的有机结合，保证整体防砂施工质量。

（3）保证地面施工设备正常。

（4）施工过程各工序连续紧凑。

（5）认真做好油层预处理，确保地下施工环境正常。

（6）施工用具、量具确保清洁，计量准确。

（7）做好化学药品的伤害防护，保护环境。

（8）防砂后，应控制产液量，防止防砂工艺失败。

315. 在试油、小修作业中，起下大直径工具（如封隔器）时发生溢流，应采取怎样的关井程序?

答：（1）发出信号；（2）停止起下（封隔器）管柱作业；（3）抢下钻杆或油管，抢装旋塞；（4）开套管闸门、关防喷器、关内防喷工具；（5）关：关套管闸门，试关井；（6）看：认真观察，准确记录油管和套管压力，以及循环罐压井液减量，迅速向队长或技术员及甲方监督报告。

316. 简述空井筒时发生溢流的关井程序。

答：（1）发信号；（2）停止其他作业；（3）抢下管柱，抢装管柱旋塞；（4）开套管闸门；（5）关防喷器；（6）关套管闸门试关井；（7）看油、套压。

317. 简述试油、小修作业过程中，旋转作业（钻、磨、套铣）时发生溢流或井涌的关井程序。

答：（1）发信号；（2）停止冲洗、钻进作业；（3）抢提出冲洗单根，装管柱旋塞；（4）开套管闸门；（5）关防喷器；（6）关套管闸门试关井；（7）看油、套压。

318. 钻塞施工应注意哪些事项?

答：钻塞施工应注意事项有：

（1）泥车或钻井泵要保持足够的排量，确保井内杂物能被循环液带出井口。

（2）不可盲目加大钻压，螺杆钻具钻塞钻压要控制在 5~15kN，转盘钻塞若使用牙轮钻头其钻压与螺杆钻相同，使用刮刀钻具可适当加大钻压，但最大不超过 50kN。

（3）每次接单根前要大排量充分洗井，接单根要快，接好后立即开泵。

（4）接完一个单根要划眼两次。

（5）钻塞中途如需停泵，应将钻头提至塞面以上 20m。

319. 套管内衬补贴的适用条件及原理是什么?

答：套管内衬补贴的适用条件及原理是：

（1）套管内衬补贴适用于套管通径没有改变的穿孔和误射孔井段，对通径变化的套管要经整形后进行补贴。

（2）它的原理是采取壁厚一般为 3mm 波纹管，管外涂一层环氧树脂，用胀头将其送至补贴位置，然后从波纹管下方拉至上方，将波纹管拉平展开，并牢牢地补贴在套管内壁上。

320. 下铅封注水泥套管补接器补接套管的主要操作步骤?

答：下铅封注水泥套管补接器补接套管的主要操作步骤有：

（1）出井内损坏套管、清洗鱼顶。

（2）下补接器管柱。

（3）当补接器接近鱼顶时，缓慢下放并右旋管柱，至井下套管顶出密封圈保护套为止。

（4）上提管柱，使卡瓦卡紧套管。

（5）开泵对密封器进行密封检查，泵压 10~15MPa。

321. 常见的造成套管损坏的原因有哪些?

答：常见的造成套管损坏的原因有：

（1）层运动造成套管缩径、错断、弯曲。

（2）高压施工造成套管破裂和断脱。

（3）长期注水引起泥岩膨胀造成套管缩径、错断、弯曲。

（4）化学腐蚀造成套管穿孔。

（5）误射孔、重复射孔损坏套管。

（6）套管本身钢材内应力变化造成套管破裂。

（7）下套管时检查不严，误下坏套管。

322. 使用通胀扩径法修复套管的操作要点有哪些？

答：操作要点：

（1）钻杆携带数根钻铤，下部连接扩径整形工具，通过磕压下放使之通过套管缩径位置。

（2）在选择胀管器时，要逐步加大外径尺寸，每次加大 1~3mm，不可一次加大太多。

（3）对于有螺纹槽的胀管器，在上提下放过程中容易被卸开，因此下井前必须上紧螺纹，避免造成井下落物。

323. 套管内、外衬法补接套管的原理和特点是什么？

答：原理和特点是：

（1）管内衬法是在套管通径未变的情况下，将一节外径略小于井内套管内径的套管下在井内套管的破裂部位，然后注水泥固井。

（2）这种方法修复后的套管强度高，但套管通径减小。

（3）套管外衬法是在破坏的套管外面套上一个大直径的套管，将损坏部位盖上，再挤注水泥固井。

（4）这种方法修复后的套管强度高，套管通径不变，但施工成本高，难度大，深层作业困难。

324. 单水力压差式封隔器套压法找窜作业过程中，如何判断是否窜槽？

答：采用下列方法判断：

（1）用观察套管压力的变化来分析判断欲测层段之间有无窜槽。

（2）若套管压力随着油管压力的变化而发生相应变化，则证明封隔器上、下层段间有窜槽。

（3）相反，若套管压力的变化不随油管压力变化而变化，则说明层间无窜槽。

325. 单水力压差式封隔器溢流法找窜作业过程中，如何判断是否窜槽？

答：采用下列方法判断：

（1）用观察套管溢流来判断层间有无窜槽。

（2）具体测量时，采用变换油管注入压力的方式，同时观察、计量套管流量的大小与变化情况。

（3）若套管溢流量随油管注入压力的变化而变化，则说明层段之间有窜槽。

（4）反之，则无窜槽。

326. 双水力压差封隔器找窜与单水力压差封隔器找窜的最大区别是什么？

答：最大区别是：

（1）水力压差封隔器找窜与单水力压差封隔器找窜原理基本一致。

（2）最大区别是双水力压差封隔器找窜在节流器下面。

（3）再接一级水力压差封隔器。

327. 封隔器型套管补接器补接套管的原理是什么?

答：原理是：

（1）隔器型套管补接器是在取出井筒内侧损坏套管后，再下入新套管时的新旧套管连接工具。

（2）在补接器接近井下套管时，边慢旋转，边下放管柱，将套管引入卡瓦。

（3）卡瓦上推胀开使套管通过，再推动密封圈、保护套，使其顶着上接头，密封圈双唇张开，抓牢套管；上提管柱，卡瓦咬住井下套管，双唇密封圈内径封住套管外径，套管外径又封住补接器筒体内径，从而封隔套管内外空间。

328. 套管侧钻铣锥分为哪几类? 各有什么用途?

答：分类及用途：

（1）眼铣锥：它的作用是在正式开窗前在窗口上部先开一个口子，为开窗磨铣做好准备。

（2）开窗铣锥：它的作用是套管开窗。

（3）修窗铣锥：它的作用是对窗口进行修理、调整，使窗口扩大、圆滑、规则。

（4）钻铰式铣锥：它的作用是完成开窗、修窗两项工作。

329. 简述连续油管冲洗解卡的具体做法及应注意的问题。

（1）选择小于被卡管柱内径的连续油管。

（2）将连续油管下入被卡管柱内。下到砂面附近后开泵循环冲洗出被卡管柱内的砂子。

（3）连续油管深度超过被卡管柱深度后，继续冲洗被卡管柱外的砂子逐步解除砂卡。

330. 落物不深并且不大，如钳牙或螺丝等，可采用哪种方法解卡?

（1）可采用悬浮力较强的洗井液大排量正洗井。

（2）同时上提管柱，直到把落物洗出井外后使管柱解卡。

331. 对水泥卡钻没有完全卡死且能循环通的井，一般采取怎样的技术措施解卡?

一般可以把15%的盐酸替到水泥卡的井段，靠盐酸破坏水泥环而解卡。

332. 送斜器的结构、作用、分类和各自的特点是什么?

答：特点是：

（1）送斜器是一个斜度与斜向器相同的圆柱钢管。

（2）它的作用是送斜向器到达预定的深度后，利用钻具重量顿断与斜向器连接的两个铜销钉，达到与斜向器分离，并达到送斜向器的目的。

（3）送斜器分为有循环通道和无循环通道两种。

（4）有循环通道可先下斜向器后注水泥浆，无循环通道要先注水泥浆，在水泥浆初凝时，再送斜向器。

333. 套管开窗分为哪三个阶段？各阶段的技术要求是什么？

答：技术要求是：

（1）套管开窗的第一阶段是从铣锥磨铣斜向器顶部到铣锥底部圆周与套管内壁接触，该阶段的技术要求是先低压低速切削，然后高压中速、快速切削。

（2）第二阶段是从铣锥底部圆周与套管内壁接触到铣锥底部刚出套管外壁，该阶段的技术要求是低压快速切削，保证窗口长度。

（3）第三阶段是从铣锥底部出套管外壁到铣锥最大直径全部铣过套管，该阶段的技术要求是低压低速、定点快速悬空铣进，保证窗口圆滑。

334. 侧钻裸眼钻进时应注意哪几点？

答：应注意：

（1）钻裸眼时的钻具的强度要大于套管内钻具的强度。

（2）起下大直径钻具通过窗口时，操作要平稳，防止顿、碰、提、挂窗口。

（3）经常检查窗口位置，防止磨断钻杆。

（4）注意钻井液性能的调整与钻压、钻速、排量的观察与研究。

（5）钻前要对设备进行检查、维修，以保证钻进的连续性，因故停钻，钻具要提到窗口以上。

（6）严格执行防断、防卡、防掉、防喷措施。

335. 环形防喷器强行起下管柱时，应注意哪些事项？

答：应注意以下事项：

（1）先以 10.5MPa 的液控油压关闭防喷器。

（2）逐渐减小关闭压力，直至有些轻微渗漏，然后再进行强行起下管柱作业。

（3）强行起下管柱时不允许胶芯与管柱之间有渗漏，液控油压应调到刚好满足密封为止。

（4）当关闭压力达到 10.5MPa 时，胶芯仍漏失严重，说明该环形防喷器胶芯已严重损坏，应及时处理后再进行封井起下管柱作业。

336. 环形防喷器现场更换胶芯的方法？

答：方法是：

（1）卸掉顶盖与壳体的连接螺栓。

（2）吊起顶盖。

（3）在胶芯上拧紧吊环螺丝，吊出胶芯。

（4）若井内有钻具，应先用割胶刀将新胶芯割开割面要平整，同样将旧胶芯割开吊出，换上割开的新胶芯。

（5）装上顶盖，上紧顶盖与壳体的连接螺栓。

337. 井内介质从壳体和侧门连接处流出，此故障如何排除？

答：排除方法是：

（1）如果是壳体密封圈损坏，导致井内介质流出，则更换损坏的密封圈。

（2）如果是壳体损伤或有砂眼，导致井内介质流出，则由具有检测资质的厂家对壳体进行检测，确定修理或报废。

（3）如果是侧门本体损伤或出现砂眼，导致井内介质流出，则更换侧门。

338. 液控系统正常，闸板关不到位，此故障如何排除？

答：排除方法是：

（1）如果是闸板室内堆积钻井液、砂子过多，则对闸板室进行清理。

（2）如果是封井器闸板总成变形，导致关不到位，则更换闸板。

（3）如果是活塞密封件损坏，导致活塞不工作，则更换密封件。

339. 简述套铣解卡的具体操作方法及应注意的问题。

答：方法及应注意是：

（1）当采用活动、憋压、冲管等方法均未能解除砂卡时，则首先要测准卡点。

（2）采取综合处理措施，将卡点以上管柱处理出来。

（3）然后下套铣工具，进行套铣作业。

（4）套铣原则是套一根，倒出一根，套铣筒长度超过井内落鱼单根长度即可。

（5）套铣钻具组合：合适套铣筒+钻铤 1 根+匹配的扶正器+钻铤+匹配的扶正器+外打捞杯+钻具+方钻钻杆。

（6）套铣施工中，要求适当控制钻压，套铣结束起钻前，要充分循环洗井，出口含砂量小于 0.2%即可起钻。

340. 简述机械式内割刀的使用方法。

答：使用方法是：

（1）机械式内割刀下到预定深度，切割位置要避开接头或接箍。

（2）正转 3 圈，使滑牙片与滑牙套脱开；下放钻具，加压 5~10kN，坐稳卡瓦。

（3）以 10~18r/min 的慢转速正转切割工具，切割过程压力不宜加大，要避免憋钻，保护刀片。

（4）每次下放 1~2mm，不得超过 3mm，当下放钻具总长超过 32mm 时，切割完成，钻具应该旋转自如，无反扭矩现象，这时可以把转速提高到 25~30r/min，并重复加压 5kN 两次，若扭矩值不再增加，即证明管柱已被切断。

（5）停止转动，缓慢上提，使刀片复位，如无阻力，即可将割刀起出。

341. 简述水力式外割刀的工作原理。

答：工作原理是：

水力式外割刀靠洗井液的压差给活塞加压传至进刀套剪断销钉，在压差的继续作用下，进刀套下移推动刀片绕刀销轴向筒内转动，此时旋转工具管柱，刀片就切入管壁直至切断。

342. 注塞施工中，起重设备发生故障或泵车坏，现场应如何处理？

（1）注塞施工中起重设备如果发生故障，要立即反洗井。

（2）如果注塞施工中泵车坏，不能正常施工作业时，要立即提油管至安全位置。

（3）必要时将井内油管全部提出。

343. 简述憋压循环法解除砂卡的具体做法及应注意的问题。

（1）发现砂卡立即开泵洗井，若能洗通则砂卡解除。

（2）如洗不通可采取边憋压边活动管柱的方法。

（3）憋压压力应由小到大逐渐增加。

（4）不可一下憋死，憋一定压力后突然快速放压。

（5）同时活动管柱效果会更好。

344. 转盘钻塞和螺杆钻钻塞各有何利弊？

（1）钻盘钻塞：扭矩大、强度高、可靠性强，对于井下微小落物不用打捞亦可施工，对于油井，套管的完好程度无特殊要求，只要钻具能够下入井内即可施工，但劳动强度大，对套管磨损的可能性大。

（2）螺杆钻钻塞：操作简便、劳动强度低、对套管磨损小，但它的扭矩小、强度低，要求塞面无任何微小落物，对套管要求也高，对于通井有遇阻的井不能使用螺杆钻。

参 考 文 献

万仁博，罗英俊 . 1991. 采油技术手册 [M]. 北京：石油工业出版社 .

胡博仲 . 1998. 油水井大修工艺技术 [M]. 北京：石油工业出版社 .

吴奇 . 2002. 井下作业工程师手册 [M]. 北京：石油工业出版社 .

吕瑞典 . 2008. 油气开采井下作业及工具 [M]. 北京：石油工业出版社 .

何牛仔 . 2010. 井下作业工具及管柱的应用发展 [M]. 青岛：中国石油大学出版社 .

谷洪文 . 2010. 油气井打捞工艺技术能手 [M]. 北京：石油工业出版社 .

聂海光，王新河 . 2002. 油气田井下作业修井工程 [M]. 北京：石油工业出版社 .

杜春文，张发展 . 2013. 井下作业设备问答 [M]. 北京：石油工业出版社 .

大庆油田有限责任公司 . 2014. 井下作业工 [M]. 北京：石油工业出版社 .

SY/T 5114—2008 打捞公锥及母锥 .

SY/T 5069—2000 钻修井用打捞矛 [S].

SY/T 5068—2000 钻修井用打捞筒 [S].

SY/T 5147—2000 磁力打捞器 [S].

SY 5084—2012 打捞篮 [S].

SY 5070—2012 钻井、修井用割刀 [S].

SY/T 5110—2000 套管刮削器 [S].

SY 5111—86 铅封注水泥套管补接器 [S]

SY/T 5164—2008 三牙轮钻头 [S].

SY/T 5056—2012 偏心辊子整形器 [S].

SY/T 5496—2010 震击器及加速器 [S].

SY 5067—2008 安全接头 [S].

SY/T 5110—2000 套管刮削器 [S].

SY/T 5068—2009 钻修井用打捞筒 [S].